Les crues sur la Loire
et ses affluents

Alain Giret

Les crues sur la Loire et ses affluents

1856 et 2016

L'Harmattan

Du même auteur

Géographie de l'écoulement fluvial,
L'Harmattan, 2007.

Le Quaternaire : climats et environnements,
L'Harmattan, collection « Biologie, Ecologie, Agronomie », 2009.

Histoire de la biodiversité,
L'Harmattan, collection « Biologie, Ecologie, Agronomie », 2011.

Les cours d'eau français : approche quantitative,
L'Harmattan, 2012

Crues et étiages en France au XXe *siècle : entre nature et aménagements*,
L'Harmattan, 2013.

Alluvionnements et néotectonique quaternaires en Roussillon,
L'Harmattan, 2014.

Ruissellement et écoulement des eaux sur les bassins versants français,
L'Harmattan, 2016.

Les températures et l'effet de serre - Essai sur l'histoire et l'avenir du climat,
L'Harmattan, collection « Acteurs de la Science », 2017

5-7, rue de l'Ecole-Polytechnique, 75005 Paris

http://www.editions-harmattan.fr

ISBN : 978-2-343-14455-9
EAN : 9782343144559

Avant-propos

Si on se réfère à Maurice Champion[1], la Loire aurait toujours fait l'objet de crues pouvant être cataclysmales. Une des plus célèbres remonte aux années 1150. Jusqu'à cette époque, en aval de Tours, le « Val » abritait deux cours d'eau jusqu'à Bouchemaine.

Après Langeais, le fleuve suivait un lit mineur qui bordait le côté nord. Il suivait le cours actuel de la Lane et de l'Authion, pour rejoindre la Maine en aval d'Angers. Le long du coteau méridional, un second lit était occupé par le Cher, qui, rejoint par l'Indre vers Rigny-Ussé, gagnait la région du Néman par le lit actuel de l'Indre, où il confluait avec la Vienne. Cette rivière ne se jetait pas dans la Loire, mais gagnait Bouchemaine, où elle confluait seulement avec la Loire. Un Val d'Anjou élargi se trouvait constitué par les alluvions récentes de la Vienne et de la Loire. Cependant, au cours de l'étiage, les deux lits mineurs communiquaient par un certain nombre de chenaux et la plaine alluviale était colonisée par une vaste forêt. Mais cette plaine était entièrement inondée par des crues majeures au cours de l'hiver et/ou du printemps.

L'une d'elles, plus violente que les autres, aurait même modifié le cours de la Loire au milieu du XIIe siècle. Au cours de la décrue, la Loire abandonna le lit qui allait devenir celui de l'Authion, pour rejoindre le lit de la Vienne à Candes-Saint-Martin. L'intérêt de ce nouveau drainage n'échappa pas aux « Angevins », et dès 1152, le Comte Henri II Plantagenêt autorisait la construction de « turcies », c'est-à-dire de digues longitudinales destinées à fixer « définitivement » le lit mineur du fleuve. Les villes de Saumur et de Chinon se trouvaient « plus près » de Tours et de la navigation sur le fleuve. Simultanément, la rive droite pouvait être asséchée et colonisée par des agriculteurs. L'épopée agricole et commerciale des « Vaux » commençait.

Mais les inondations cataclysmales ne furent pas interrompues pour autant. Maurice Champion a relevé 124 années où les crues furent graves, entre 1150 et 1856. En moyenne, il s'en produisit une tous les six ans, mais leur gravité et leur fréquence se sont accrues du milieu du XVIe au milieu du XIXe siècle. Du fait de ces dates, on y a reconnu un des « effets secondaires » du Petit Âge de Glace.

La crue majeure de 2016 est apparue de la fin du mois de mai au début du mois de juin. Ce sont des dates exceptionnelles pour des cours d'eau de régime

[1] Maurice CHAMPION - *Les Inondations en France depuis le VIe siècle jusqu'à nos jours* - V. Dalmont, Paris, 6 volumes, 1858-1864

pluvial-océanique. Toujours selon Maurice Champion, il s'en serait produit 17 entre 1526 et 1856, c'est-à-dire au cours de ce Petit Âge de Glace. Après 1856, on dispose de chroniques fiables à Blois de 1863 à nos jours, avec cependant une lacune de 1894 à 1899, puis en 1994. Cependant, sur 147 chroniques annuelles, nous n'avons relevé que 10 maximums de mai, 5 de juin et 1 de juillet.

C'est pour cette raison que les inondations de 2016 dans le bassin de la Loire apparaissent originales. Grâce à la Banque Hydro nous avons pu acquérir les données journalières de l'écoulement de 124 stations de jaugeages, dont 27 stations sur la Loire, 16 sur l'Allier, 8 sur le Cher, 23 sur la Vienne et la Creuse et 16 sur la Maine, pour ne citer que les affluents les plus importants. Afin de souligner l'ampleur de la crue printanière, par rapport aux hautes eaux de saison froide, nous avons retenu une « année hydrologique étendue », de 13 mois entre le 1er août 2015 et le 31 août 2016. En parallèle, le site Infoclimat a permis de connaître la pluviométrie dans 28 stations assez régulièrement réparties des confins des Cévennes au Massif Armoricain, en traversant l'Auvergne, le Limousin et le Bassin Parisien.

Nous avons retrouvé les conditions nécessaires à l'occurrence d'une crue tardive (mai à juillet). Il faut que l'ensemble du bassin principal et de ceux des affluents aient connu un hiver particulièrement arrosé, tant en volume qu'en durée. Les précipitations de l'été et de l'automne sont absorbées par le milieu naturel : il faut, en effet, assurer les besoins de la végétation par évapo-transpiration pendant l'été, et la recharge des nappes phréatiques au moins au début de l'automne. Pour qu'une crue survienne, il faut que les pluies puissent ruisseler en grande quantité, ce qui signifie que la saturation des sols, acquise en novembre, soit soutenue par des pluies abondantes. On comprend, que dans ce milieu océanisé, les crues surviennent principalement de décembre à mars. Par la suite, le retour du printemps accroît l'évapotranspiration et réduit le ruissellement.

Pourtant la Loire a connu des crues de juin, dont la terrible inondation de 1856, à laquelle les levées ne résistèrent pas. À cette date, les averses méditerranéennes peuvent franchir les crêtes des Cévennes. Très abondantes, elles engendrent des crues dans la partie amont du bassin, sur la Haute-Loire et sur l'Allier. Mais cela ne suffit pas, il faut que de fortes précipitations persistent sur l'Auvergne et le Velay, sur les massifs anciens : Limousin et Marche (Cher, Creuse et Vienne), Corniche Angevine (Thouet et Layon) et le Massif Armoricain (Sarthe et Mayenne).

Une manière de mettre ce mécanisme en valeur consiste à connaître non seulement la succession chronologique des pluies de décembre à mai, mais aussi leur répartition géographique sur le bassin versant. L'écoulement réagit à chaque averse, mais il est aussi sensible au cumul des pluies car au fur et à mesure de leur chute, elles saturent le sol, et, faute de pouvoir s'infiltrer, elles ruissellent sur le sol et génèrent un écoulement de crue.

Au fil du temps, et de l'amont à l'aval, on peut illustrer des crues qui se sont succédé depuis le début de l'hiver, et qui, peu à peu, ont augmenté en volume au fur et à mesure du cumul des précipitations jusqu'en juin. Mais la dimension du bassin de la Loire attribue un rôle fondamental à l'ampleur régionale, voire locale des averses, ce qui se traduit par un rôle majeur accordé aux affluents dont la répartition géographique est très variable.

Le fleuve est d'abord alimenté par l'amont auvergnat (Haute-Loire et Allier), puis, du Bec d'Allier au Bec du Cher, la Loire ne reçoit pratiquement pas d'affluents, et bien des crues se dissipent entre Nevers et Tours. Par la suite, les apports relèvent du Limousin avec le Cher, la Vienne et leurs affluents, puis de l'ensemble vendéen et angevin (Thouet, Layon) et du Massif armoricain (le bassin de la Maine). On comprendra la complexité de l'analyse du processus de crue ligérienne, dont 2016 n'aura été qu'un exemple.

Pourquoi écrire une analyse de cette crue ? Il existe des dizaines d'articles sur les crues de la Loire, dont les monuments littéraires et scientifiques que furent les ouvrages de Maurice Champion (1864), de Roger Dion (1935) et de Monique Dacharry (1974). Au cours de l'automne 2016, j'ai été contacté par le président du Syndicat de la Sauldre, dont le siège social est à Romorantin. Cet affluent du Cher avait connu une inondation inédite ; un « calcul de coin de table » évoque une récurrence tricentennale qui expliquerait les dommages apparus dans la basse ville, construite dans le lit majeur. On me demanda de faire une conférence explicative auprès de la population de Romorantin et des communes environnantes qui avaient subi de gros dégâts.

La conférence eut lieu le 18 avril 2016 dans l'auditorium de la Maison de la Culture de Romorantin. À ma stupéfaction, il y avait plus 150 personnes, dont la quasi-totalité des maires des communes sinistrées. Au cours du débat qui suivit, j'ai pu me rendre compte de la méconnaissance du public pour ce qui concernait la genèse d'une crue. J'avais déjà écrit plusieurs articles et ouvrages d'hydrologie et, les événements concordant dans le temps, j'ai entrepris l'analyse de la crue de la Loire la plus récente, celle de juin 2016.

Premier chapitre
La Loire en 2015 et 2016

Dans son ensemble, la Loire relève du régime pluvio-évaporal océanique, même si certains affluents du Massif Central connaissent une influence nivale, d'une part, et d'autres, issus des Cévennes, une influence pluvio-évaporale méditerranéenne. L'écoulement quotidien se trouve ainsi dominé par les conditions météorologiques saisonnières.

Il est pluvial en hiver, quand le couvert végétal au repos ne consomme que très peu d'eau de pluie ; les pertes par évapotranspiration sont alors réduites et une part importante des précipitations parvient au réseau hydrographique. Aussi le coefficient d'écoulement est-il relativement élevé (45 % de décembre à mars 2016) et c'est la période des hautes eaux, voire des crues et des inondations. Inversement, à partir du printemps, les besoins de la végétation naturelle et des cultures s'accroissent tandis que la part des précipitations atteignant les chenaux se réduit (le coefficient d'écoulement recula à 7 % d'août à octobre 2016) : c'est l'étiage plus évaporal que pluvial. Les hautes eaux se réalisent donc au cours de la saison froide. À Blois, où les débits sont connus depuis 1863, la Loire écoula 500 m^3/s en moyenne, entre un maximum moyen de février de 586 m^3/s, et un minimum moyen d'août de 118 m^3/s. Si ces moyennes sont ramenées à la base 100, les mois d'hiver (janvier à mars) relèvent d'une base de 112, contre 28 pour les mois d'été (juillet à septembre). En 2016, à la même station de jaugeage de Blois, le débit moyen ne fut que 372 m^3/s, ce qui indique que cette année ne fut pas particulièrement abondante : le coefficient de débit fut nettement plus élevé de janvier à mars : 138, que de juillet à septembre : 31. Mais il avait été de 222 en juin, alors que la moyenne 1863-2016 n'indique qu'un coefficient de débit de 52 (10 % de la moyenne), et juin est généralement un mois d'étiage. Les événements hydrologiques qui se sont produits sur une grande partie du bassin versant rendent compte d'une crue quasi généralisée, et dont les effets se sont fait sentir jusqu'à Saint-Nazaire. Une crue de juin est donc assez exceptionnelle ; toutefois, une des importantes crues connues, celle de 1856, fut une crue centrée sur les derniers jours de mai et les premiers jours de juin, comme celle de 2016. La différence est que la crue de 1856 fut probablement supérieure à la crue centennale (1 chance sur 100 de se réaliser) alors que celle de 2016 ne fut qu'une crue la plus souvent biennale et plus rarement quinquennale.

Il a été possible de reconstituer la pluviométrie de l'ensemble du bassin (documents 1.4 et 1.5) à partir de 27 stations météorologiques assez régulièrement réparties. Entre le 1er août 2015 et le 31 août 2016, le bassin reçut 717,4 mm de pluies, dont 109,1 mm ou 15 % en mai, averses qui, à elles seules justifient la crue de juin. Mais tout hydrologue sait que l'ampleur de la crue dépendra aussi de l'état de surface au moment de l'averse, et plus précisément de la saturation du sol. La part de la pluie qui n'est ni évaporée, ni transpirée, s'infiltre dans le sol avant de s'écouler. Un sol non-saturé absorbera une grande partie de cette eau qui n'atteindra les chenaux que lentement et parcimonieusement. À l'inverse, si le sol est saturé (ce qui est probable après un hiver pluvieux) la réponse du bassin versant sera rapide, du fait de l'occurrence d'un « écoulement rapide de crue » à la surface du sol.

Or, il apparaît que le cumul des précipitations, qui n'était que de 261,9 mm en décembre (37 % du total), grimpa à 350 mm en janvier (49 %). Janvier fut très arrosé : 88,6 mm, et la hauteur moyenne des précipitations resta de 68,1 mm/mois jusqu'en avril. À cette date, le bassin avait reçu 75 % des pluies, pour atteindre 90 % en mai et 98 % en juin. Comme en 1856, les 109,1 mm chus en mai ruisselèrent sur le bassin et provoquèrent une crue qui fut parfois inondante.

I - Comment en est-on arrivé à une crue de juin ?

Souvent, on est tenté de partir de la source, par exemple les jaugeages effectués à Issarlès, non loin du Mont Gerbier-de-Jonc, et de suivre le cheminement de l'eau jusqu'à l'estuaire. Nous avons choisi le cheminement inverse. Les débits de l'année hydrologique 2015-2016 sont relevés à Saint-Nazaire, à l'aval de la quasi-totalité du bassin versant ; et les débits journaliers y sont le résumé de tout ce qui a pu survenir en amont. En effet, l'eau qui parvient à l'estuaire rassemble la part (modeste) issue de la source principale, et des écoulements survenus sur l'ensemble du réseau, Loire et affluents confondus. C'est une sorte de synthèse des processus, qui peut être comparée aux apports pluviométriques journaliers qu'il a été possible de reconstituer.

A - L'hydro-hyétogramme de Saint-Nazaire

On peut s'étonner que le débit puisse être mesuré dans cette partie de l'estuaire, en dépit des marées, mais il semble que les valeurs publiées par la « ***Banque Hydro*** » soient fiables. L'hydrogramme journalier et le hyétogramme sont rendus par le document 1.1. L'écoulement moyen fut de 844,4 m^3/s, ce qui, pour un bassin de 117 480 km^2, se traduit par un module spécifique modeste de 7,2 l/s/km^2. La lame d'eau écoulée en 13 mois ne fut que de 245,3 mm. Mais, entre janvier et juin 2016, l'hydrogramme révèle l'occurrence de neuf épisodes de crues et hautes eaux : 1 830 m^3/s le 13 janvier, 1 500 m^3/s le 3 février, 3 050 m^3/s le 18 février, 2 480 m^3/s le 11 mars, 1 450 m^3/s le 3 avril, 1 440 m^3/s le 11 avril, 1 790 m³/s le 23 avril, 3 790 m³/s le 7 juin et 1 670 m³/s le 19 juin. L'épisode du début du mois de juin fut de loin le plus important.

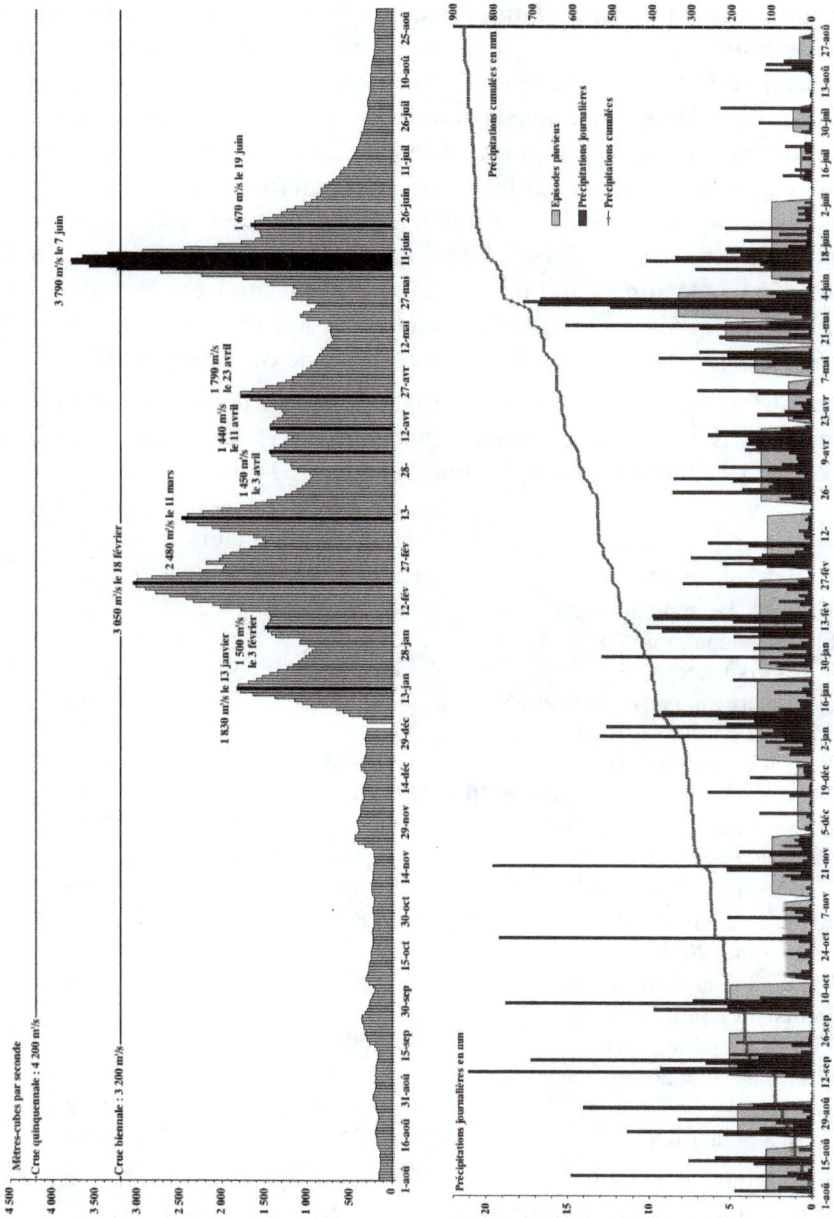

Document 1.1 - La Loire à Saint-Nazaire du 01-08-2015 au 21-08-2016
À gauche : hydrogramme et crues récurrentes, à droite : hyétogramme

Mais précisons notre « ***terminologie*** » : une « ***crue*** » sera un épisode dont, au moins, la pointe dépasse la crue biennale, les débits de pointes qui lui seront inférieures seront nommée « ***hautes eaux*** ». Ainsi, en retenant la récurrence des crues, à Saint-Nazaire, la crue biennale est estimée à 3 200 m^3/s, la crue quinquennale à 4 200 m^3/s, la crue décennale à 4 800 m^3/s, la crue vicennale à 5 500 m^3/s et la crue quinquennale à 6 300 m^3/s. La plupart des événements cités n'ont même pas atteint la crue biennale, ce ne furent que des hautes eaux qui ont été à peine perçues par les riverains. Toutefois, avec 3 050 m^3/s, la crue du 18 février approcha le débit biennal, lequel ne fut dépassé que par les crues de juin. En effet, ces 3 050 m^3/s furent dépassés pendant 5 jours, du 4 juin (3 240 m^3/s) au 9 juin (3 360 m^3/s) ; mais il faut relativiser : le maximum du 7 juin (3 790 m^3/s) n'a atteint que 90 % du débit d'une crue quinquennale. La crue de juin 2016 ne fut qu'une très modeste réplique de celle de juin 1856.

Faut-il faire jouer la saturation du bassin versant dans l'occurrence de cet événement ? Selon le hyétogramme (document 1.1) les précipitations ont été divisées en 19 épisodes entre le 1er août 2015 et le 31 août 2016 ...

	Averse globale en mm	**Durée en jours**	**Intensité en mm/jr**
3 au 17 août 2015	42,1	15	2,81
22 août - 1er septembre 2015	49,9	11	4,54
11 au 25 septembre 2015	75,6	15	5,04
2 au 11 octobre 2015	45,2	9	5,02
14 octobre au 6 novembre 2015	37,9	24	1,58
13 au 30 novembre 2015	43,6	18	2,42
3 au 24 décembre 2015	18,6	22	0,85
28 décembre 2015 au 22 janvier 2016	86,0	26	3,31
26 janvier au 25 février 2016	99,3	31	3,20
1er au 13 mars 2016	35,7	13	2,74
23 mars au 18 avril 2016	83,5	27	3,09
20 avril au 3 mai 2016	19,8	14	1,41
6 au 14 mai 2016	31,3	9	3,48
18 au 23 mai 2016	31,8	6	5,29
25 mai au 2 juin 2016	73,5	9	8,17
7 juin au 3 juillet 2016	66,4	27	2,46
11 au 22 juillet 2016	6,8	10	0,68
27 juillet au 4 août 2016	10,6	9	1,18
17 au 8 août 2016	14,2	18	0,79

... Si massives et violentes ces pluies furent-elles, le bassin resta peu sensible aux précipitations jusqu'en décembre. Le bassin versant les absorba par évapotranspiration jusqu'au début de l'automne, et ensuite par la reconstitution des nappes phréatiques pédologiques et superficielles. Ces réservoirs ne furent saturés qu'à la fin du mois de décembre. Puis janvier et février furent très arrosés ; il a chu 185,3 mm en 57 jours entre le 28 décembre et le 25 février, mais la violence relative resta assez faible : 3,3 mm/jr, ce qui n'engendra pas de ruissellement important. Après un relatif repli, 83,5 mm de pluies sont tombés entre le 23 mars et 18 avril, mais avec une intensité restée modérée : 3,1 mm/jr. On comprend que les crues mesurées à Saint-Nazaire restèrent très en dessous du seuil de la crue biennale, même au début du mois de février. Puis la fin du mois d'avril et la majeure partie de mai n'ont connu que des précipitations modérées, annonçant l'approche de la saison estivale, cependant assez copieuses pour maintenir la saturation du sol.

C'est alors que le bassin fut affecté par de grosses averses : 73,5 mm du 25 mai au 2 juin 2016, soit une intensité de 8,2 mm/jr. Ce fut près de 2,7 fois plus qu'en janvier et février. On comprend que même à l'échelle d'un bassin de près de 120 000 km^2, cette pluviométrie fut suffisante pour engendrer une onde de crue anormale par sa hauteur et par sa chronologie.

À l'évidence, le bassin versant a réagi à la sollicitation d'un événement pluviométrique de grande ampleur, survenant brutalement sur des sols saturés par un hiver arrosé. La Loire est connue pour sa sensibilité au risque d'inondations, mais l'abondance de la documentation en ce début du XXIe siècle permet de mieux comprendre les processus qui se sont croisés. En effet, nous disposons de 31 jaugeages entre Issarlès dans l'Ardèche et Saint-Nazaire. Nous avons aussi 14 stations sur l'Allier, 13 sur le Cher et ses affluents, 28 sur la Vienne et ses affluents et 15 sur le réseau de la Maine pour ne citer que les principaux affluents.

B - En remontant le cours du fleuve royal

Le document 1.2 illustre la distribution des crues biennales, quinquennales, décennales, vicennales et cinquantennales d'Issarlès à Saint-Nazaire d'une part, et la place de la crue maximale de 2016 dans cette distribution d'autre part. Nous avons retenu les 21 principales stations de jaugeage :

Issarlés	**Goudet**	**Chadrac**	**Bas-en-Basset**	**Montrond**	**Villerest**	**Digoin**	**Gilly/Loire**
227 km^2	432 km^2	1 310 km^2	3 234 km^2	4 832 km^2	6 584 km^2	9 315 km^2	13 007 km^2

Nevers	**Cours-les-B.**	**Saint-Satur**	**Gien**	**Orléans**	**Blois**	**Onzain**
15 570 km^2	32 610 km^2	34 126 km^2	35 500 km^2	36 970 km^2	38 320 km^2	40 500 km^2

Tours	**Langeais**	**Saumur**	**Montjean**	**Nantes-St Félix**	**Saint-Nazaire**
42 130 km^2	56 480 km^2	81 200 km^2	109 930 km^2	111 570 km^2	117 480 km^2

Or, en remontant le fleuve, on découvre des anomalies dans le débit des cinq crues de référence ; normalement, le débit brut, exprimé en m^3/s, devrait reculer en même temps que l'aire drainée se réduit. Or ce n'est pas toujours ce que nous observons :

➢ Ainsi, entre Saint-Nazaire et Montjean, le débit des cinq crues de référence s'accroît : il est plus élevé à Montjean qu'à Saint-Nazaire

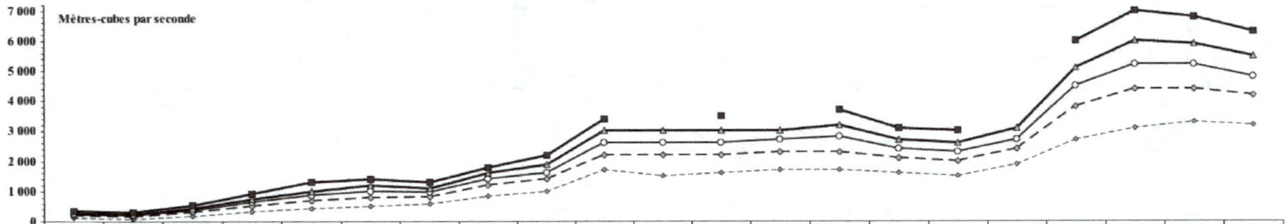

	Issarlés	Goudet	Chadrac	Bas-en-Basset	Montrond les Bains	Villerest	Digoin	Gilly-sur-Loire	Nevers	Cours-les-Barres	Saint-Satur	Gien	Orléans	Blois	Onzain	Tours	Langeais	Saumur	Montjean	Nantes-Saint Félix	Saint Nazaire
Crue BIENNALE	120	88	180	330	430	520	580	850	1 000	1 700	1 500	1 600	1 700	1 700	1 600	1 500	1 900	2 700	3 100	3 300	3 200
Crue QUINQUENNALE	200	160	300	520	700	800	820	1 200	1 400	2 200	2 200	2 200	2 300	2 300	2 100	2 000	2 400	3 800	4 400	4 400	4 200
Crue DECENNALE	240	200	370	640	880	990	970	1 400	1 600	2 600	2 600	2 600	2 700	2 800	2 400	2 300	2 700	4 500	5 200	5 200	4 800
Crue VICENNALE	290	240	440	750	1 000	1 200	1 100	1 600	1 900	3 000	3 000	3 000	3 000	3 200	2 700	2 600	3 100	5 100	6 000	5 900	5 500
Crue CINQUANTENNALE	350	300	530	910	1 300	1 400	1 300	1 800	2 200	3 400		3 500		3 700	3 100	3 000		6 000	7 000	6 800	6 300

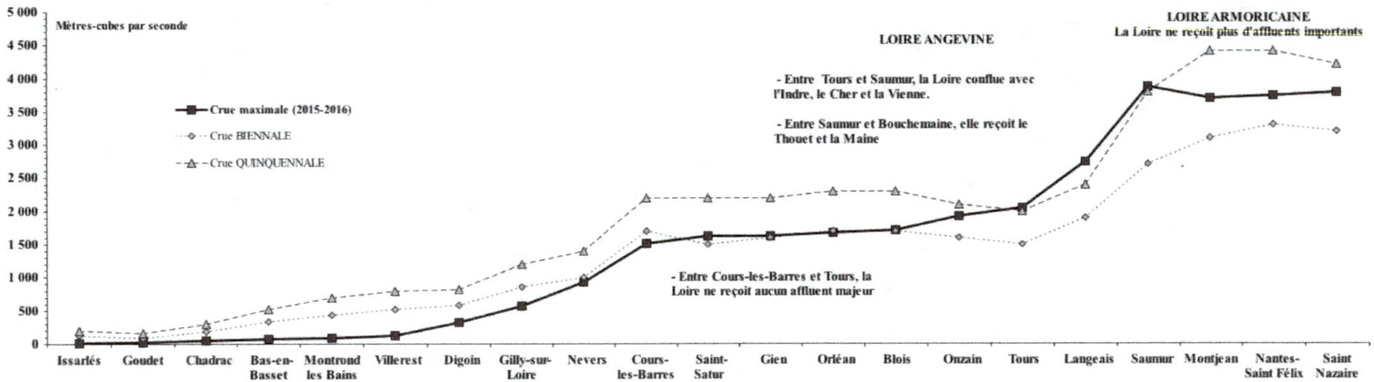

Document 1.2 - Les crues récurrentes et la crue de juin sur la Loire

- Puis entre Montjean et Tours, plus logiquement, les débits de crue reculent, en respectant le rôle de l'aire du bassin versant.
- Mais, entre Tours et Cours-les-Barres, les débits de ces mêmes crues de références sont assez semblables.
- Puis ils reculent (irrégulièrement, il est vrai) jusqu'à Issarlès.

Le document 1.3 décrit la diversité du bassin de la Loire et de son réseau hydrographique. En fait, le drainage de chacune des stations ne constitue pas une progression régulière de la source à l'estuaire :

- En Loire auvergnate, cette aire drainée augmente rapidement d'Issarlès à Montrond-les-Bains. Elle est multipliée par 21 : 227 km^2 à Issarlès et 4 832 km^2 à Montrond-les-Bains.
- Mais, entre Montrond-les-Bains et Nevers, le drainage n'est plus que multiplié par 3, passant de 4 832 à 15 570 km^2.
- Puis en quelques kilomètres, la surface drainée double entre Nevers (15 570 km^2) et Cours-les-Barres (32 610 km^2), du fait de la confluence avec l'Allier (14 310 km^2).
- Par la suite, pendant près de 300 km de cours, le drainage n'augmente que très faiblement (x.1,3), passant de 32 610 km^2 à Cours-les-Barres à 42 130 km^2 à Tours. En effet, entre la confluence avec l'Allier et celles du Cher, le fleuve ne reçoit aucun affluent majeur.
- Tout change entre Tours et Montjean, le « fleuve royal » est grossi de l'Indre (3 071 km^2), du Cher (13 615 km^2), de la Vienne (20 809 km^2), du Thouet (3 669 km^2) et du réseau de la Maine (22 138 km^2). Le drainage passe de 42 130 km^2 (Tours) à 81 200 km^2 (Saumur) et à 109 930 km^2 (Montjean).
- Après Montjean (109 930 km^2), jusqu'à Saint-Nazaire (117 480 km^2), la Loire ne reçoit plus de gros affluents : la Sèvre Nantaise à Nantes (2 360 km^2) et l'Erdre (472 km^2), son drainage n'augmente plus : x. 1,07.

À chacune des stations choisies, les débits des crues de références, quels qu'ils soient, sont le reflet de l'aire drainée. Mais la répartition des apports pluviométriques donnera à chaque affluent un rôle plus ou moins important à un instant donné (ou plutôt pour une crue donnée). C'est ce qu'illustre le second graphique du document 1.2. Nous y avons comparé le plus fort débit de 2016, aux crues biennales et quinquennales.

Remontons toujours le fleuve :

- Entre Saint-Nazaire et Montjean, la crue maximale de juin fut comprise entre 3 700 et 3 790 m^3/s, dans un intervalle qui se situe entre la crue biennale et la crue quinquennale.
- Mais, de Montjean (3 700 m^3/s) et surtout de Saumur (3 870 m^3/s) à Langeais (2 700 m^3/s), le débit maximal avait dépassé la crue quinquennale.
- Plus en amont, de Langeais (2 700 m^3/s) à Blois (1 710 m^3/s) la crue, de quinquennale, redevient biennale, débit qu'elle avait frôlé depuis Nevers (936 m^3/s).

➢ Enfin, en amont de Nevers, suivant notre définition, il ne s'agit plus de crues, mais plutôt de simples hautes eaux sans conséquence, avec des débits très inférieurs à la crue biennale (la probabilité est d'une chance sur deux).

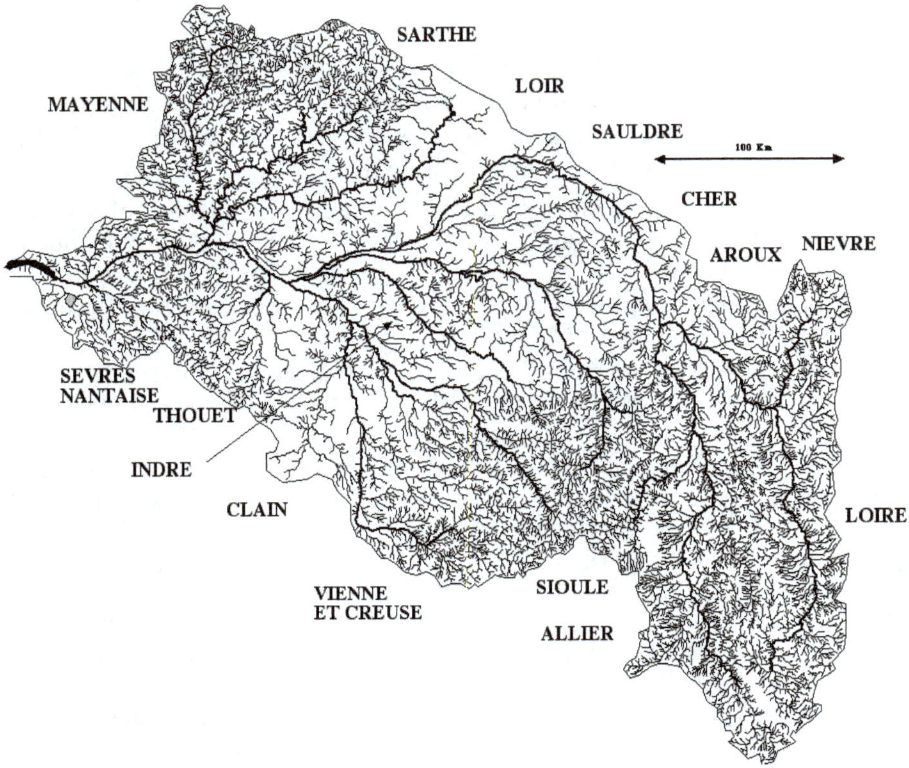

Document 1.3 - Le réseau hydrographique de la Loire et de ses principaux affluents
(On notera l'absence de confluences majeures entre l'Allier et le Cher)

C'est une information riche en enseignements.

➢ La Loire Auvergnate n'a pas connu des très hautes eaux, uniquement des débits hivernaux normalement élevés.

➢ Après Nevers, l'Allier n'a pas contribué à accroître le débit. Par contre dans les « Vaux » entre Nevers et Blois, le débit de crue s'est accru, pour égaler la crue biennale. Or, il n'y a pas d'affluents, et ce ne peut être que le fruit de précipitations locales sur des ruisseaux mais fortement grossis.

➢ Puis tout change en aval de Blois. La crue de juin passe d'une récurrence biennale à une récurrence quinquennale jusqu'à Saumur. Cet afflux ne peut provenir que du Sud du Bassin de Paris et du Limousin, conduit par les réseaux du Cher et de la Vienne.

➢ Passé Saumur, la crue persiste sur les graphiques, mais elle s'atténue en débits, comprise entre une récurrence biennale et quinquennale. Le réseau de la Maine (qui connut des crues cataclysmales dans les années 1980) n'aurait pas connu d'écoulement inhabituel.

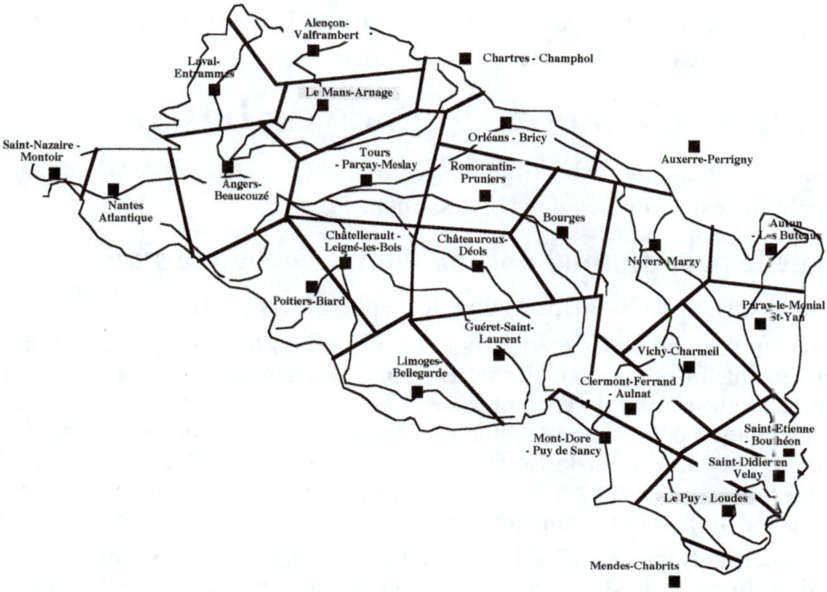

a) Les stations météorologiques et les polygones de Thiessen

Stations météorologiques	Bassin versant de la Loire		Précipitations P de la station			
	Aire en km²	Part relative	Pmm totales	P mm relatives	P % relatives	Discrétisation
Clermont-Ferrand - Aulnat	3 580	3,05%	626,0	19,1	2,2%	< 700 mm
Le Puy - Loudes	4 498	3,83%	666,8	25,5	2,9%	
Saint-Etienne - Bouthéon	2 187	1,86%	704,6	20,0	2,3%	701 à 800 mm
Tours - Parçay-Meslay	7 651	6,51%	713,6	46,5	5,3%	
Laval-Entrammes	4 352	3,70%	756,2	28,0	3,2%	
Mendes-Chabrits	474	0,40%	765,4	3,1	0,4%	
Alençon-Valframbert	4 251	3,62%	785,4	28,4	3,3%	
Romorantin-Pruniers	5 141	4,38%	787,8	34,5	3,9%	
Poitiers-Biard	5 163	4,40%	798,5	35,1	4,0%	
Angers-Beaucouzé	7 359	6,26%	801,5	50,2	5,8%	801 à 1 000 mm
Chartres - Champhol	1 186	1,01%	804,2	8,1	0,9%	
Orléans - Bricy.	4 108	3,50%	809,9	28,3	3,2%	
Châtellerault-Leigné-les-Bois	4 790	4,08%	815,2	33,2	3,8%	
Paray-le-Monial - St-Yan	4 732	4,03%	815,3	32,8	3,8%	
Châteauroux-Déols	5 600	4,77%	823,6	39,3	4,5%	
Le Mans-Arnage	5 226	4,45%	826,6	36,8	4,2%	
Saint-Nazaire - Montoir	978	0,83%	834,2	6,9	0,8%	
Auxerre-Perrigny	806	0,69%	869,4	6,0	0,7%	
Nantes Atlantique	5 648	4,81%	894,6	43,0	4,9%	
Nevers-Marzy	7 570	6,44%	899,8	58,0	6,6%	
Bourges	5 348	4,55%	910,7	41,5	4,7%	
Vichy-Charmeil	5 257	4,47%	932,9	41,7	4,8%	
Autun - Les Buteaux	3 517	2,99%	989,6	29,6	3,4%	
Mont-Dore - Puy de Sancy	2 829	2,41%	1 073,9	25,9	3,0%	001 à 1 200 mm
Limoges-Bellegarde	4 779	4,07%	1 080,2	43,9	5,0%	
Saint-Didier-en-Velay	2 223	1,89%	1 082,3	20,5	2,3%	
Guéret-Saint-Laurent	8 230	7,01%	1 245,1	87,2	10,0%	> 2 200 mm
Bassin de la Loire	117480 km²	100%		873,1 mm	100%	

b) Aire attribuée aux stations et précipitations du 1er août 2015 au 31 août 2016

Document 1.4 - Calcul des précipitations du bassin de la Loire

Mais on sait que c'est la géographie des réseaux affluents qui domine dans la répartition des écoulements structurels moyens et des crues statistiques. Aussi, les crues conjoncturelles (comme celle de juin 2016) ne peuvent répondre qu'à la distribution aléatoire des averses sur le bassin.

II - La pluviométrie globale du bassin

Nous avons pu la reconstituer à partir de 27 stations dont la répartition géographique est soulignée dans le document 1.

A - Quelle part du total doit-on donner à chaque station ?

Nous avons repris la méthode dite des « polygones de Thiessen ».

➢ Chacune des stations météorologiques a été reportée sur le fond de carte du bassin versant. Elles sont ensuite reliées par des « segments de droites » dont les médiatrices constituent un ensemble de polygones entourant chacun une station. L'aire de chaque polygone est d'une part mesurée, puis rapportée à la surface du bassin (117 400 km^2 pour la Loire à Saint-Nazaire). On obtient des coefficients de pondération permettant de calculer l'influence réelle d'une station dans la pluviométrie du bassin (document 1.4).

➢ Les précipitations des 27 stations sont comprises entre 626 mm à Clermont-Ferrand-Aulnat et 1 245,1 mm à Guéret-Saint-Laurent. La moyenne arithmétique des données serait de 856 mm. Nous aurions pu nous en contenter, mais il faut tenir compte du relief. Même si la méthode des « polygones de Thiessen » n'est pas la plus précise, elle a permis de souligner l'effet d'abri auquel sont soumis les cours d'eau dévalant les versants exposés à l'est en Auvergne (le rôle des 626 mm à Clermont-Ferrand, par exemple). On en extrait une valeur issue d'une « cote mal taillée » : 873,1 mm pour l'ensemble du bassin. Nous verrons ci-dessous qu'elle permet aussi de définir une valeur approchée des averses reçues par chacun des grands affluents.

B - Où se situa le centre de gravité des précipitations ?

Le document 1.5 illustre leur répartition géographique, d'une part, et la lame d'eau chue entre le 1er août 2015 et le 31 août 2016, d'autre part. Mais cette cartographie a été associée à celle de la normale interannuelle des précipitations et du relief du bassin, dont l'amont est en Auvergne, le centre dans le Bassin Parisien et l'aval dans le Massif Armoricain.

1°) La normale cinquantennale permet de reconstituer la pluviométrie du bassin, laquelle s'établit entre 5 et 1 500 mm environ (document 1.5.a), en relation avec le relief (document 1.5.b).

➢ Du fait de l'abri constitué par les volcans d'Auvergne : chaîne des Puys au nord, massif du Mont-Dore au centre et massif du Cantal au Sud, la haute Loire et son affluent l'Allier ne sont que moyennement arrosés … Pour trouver des sommets recevant plus de 1 200 mm d'eau, il faut s'approcher de la bordure orientale, des confins du Morvan, au nord-est, à ceux des Cévennes, au sud-est. Ainsi, ni la Loire auvergnate ni l'Allier ne font l'objet d'une alimentation exceptionnelle.

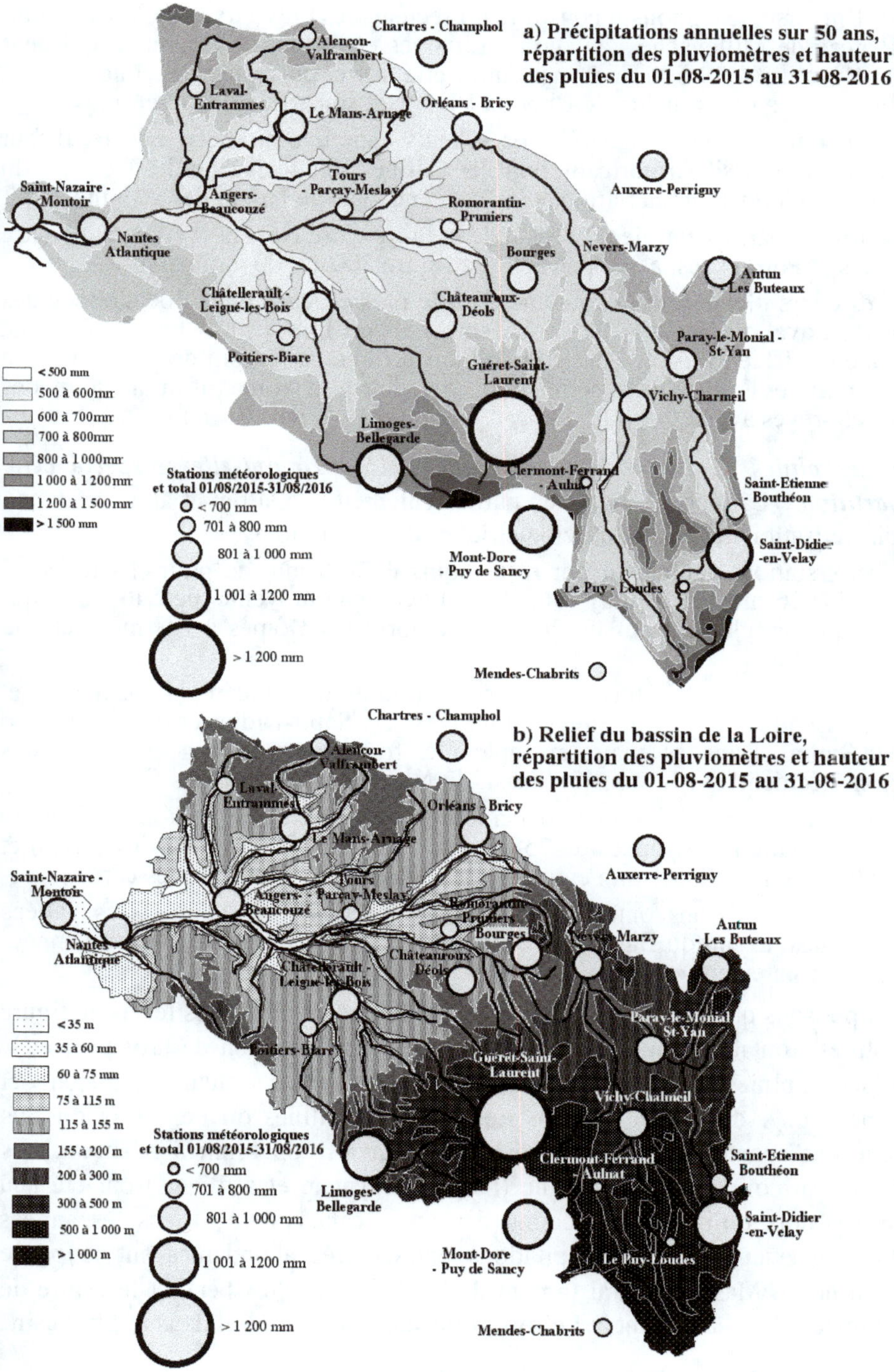

Document 1.5 - Les précipitations sur le bassin de la Loire (1er août 2015 - 31 août 2016)

➢ À l'inverse, le Limousin constitue un secteur très pluvieux avec, notamment, le Plateau de Millevaches, au sud de Limoges et surtout de Guéret, et qui peut recevoir plus de 1 500 mm par an. Cette forte pluviométrie concerne les affluents de la rive gauche : le Cher, la Vienne et son affluent la Creuse.

➢ Pour retrouver des secteurs arrosés, mais dans une moindre mesure, il faut aller vers le Massif Armoricain, dont les Gâtines Vendéennes et les Collines du Perche, qui alimentent la Sarthe et la Mayenne, dans le bassin de la Maine.

➢ Enfin, la partie centrale du bassin de la Loire entre Nevers et Angers, et entre Orléans et Poitiers, est assez peu arrosée : entre 500 et 700 mm par an.

➢ Les cours d'eau dont l'écoulement est le plus efficace dans l'occurrence des crues, en aval du Bec d'Allier, sont, soit issus du Limousin (Cher et affluents, Vienne et affluents), soit issus des collines du Perche (bassin de la Maine). La haute Loire et l'Allier ne bénéficient d'un apport pluvial massif qu'au cours des rares et brèves averses cévenoles.

2°) Les pluies de l'année hydrologique 2015-2016 ont-elles respecté cette répartition ? La réponse est : « en partie seulement ». Qu'on ait alors recours à la discrétisation des totaux pluviométriques des 27 stations :

➢ Deux stations seulement ont reçu moins de 700 mm de pluies : Clermont-Ferrand (626 mm) et Le Puy (666,8 mm) avec une moyenne de 646,4 mm qui s'explique simplement par une position d'abri : les Dômes à Clermont et une cuvette au Puy.

➢ Inversement, les très fortes pluies se sont produites à Guéret (1 245,1 mm) et sur l'ensemble Puy de Sancy, Limoges et Saint-Didier-en-Velay (Xi = 1 078,8 mm). Dans les quatre exemples, les fortes averses correspondent à des régions accidentées : Limousin, Massif du Mont-Dore, rebord des Cévennes.

➢ Le reste des précipitations concerne deux ensembles : 7 stations ont connu des précipitations moyennes de 758,8 mm (en 700 et 800 mm sur les cartes) et 10 autres ont reçu 859,1 mm en moyenne (entre 800 et 1 000 sur les cartes).

➢ Enfin, des régions ont été peu arrosées (parfois < 700 mm) : les vallées auvergnates, le sud du Bassin de Paris et le Massif Armoricain, où cette année-là fut anormalement « sèche ».

Supposons qu'on retienne l'année hydrologique entière, dans le cas de figure de pluies frontales venues de l'Atlantique. La condensation de la vapeur et la genèse des pluies ont été non seulement modestes sur les secteurs « parisien » et « armoricain » du bassin de la Loire, mais les collines du Perche et du Bas Maine ont constitué un abri : 756,2 mm à Laval, 785,4 mm à Alençon. Les affluents armoricains de la Maine (Sarthe, Mayenne et affluents) ont été peu arrosés (alors qu'ils avaient connu des crues cataclysmales dans les années 1990). Inversement, les précipitations ont été très abondantes sur la partie cristalline du Massif Central (amont de la Vienne et du Cher), et le centre de gravité des pluies affectant la Loire se situa dans la Marche et dans le Limousin.

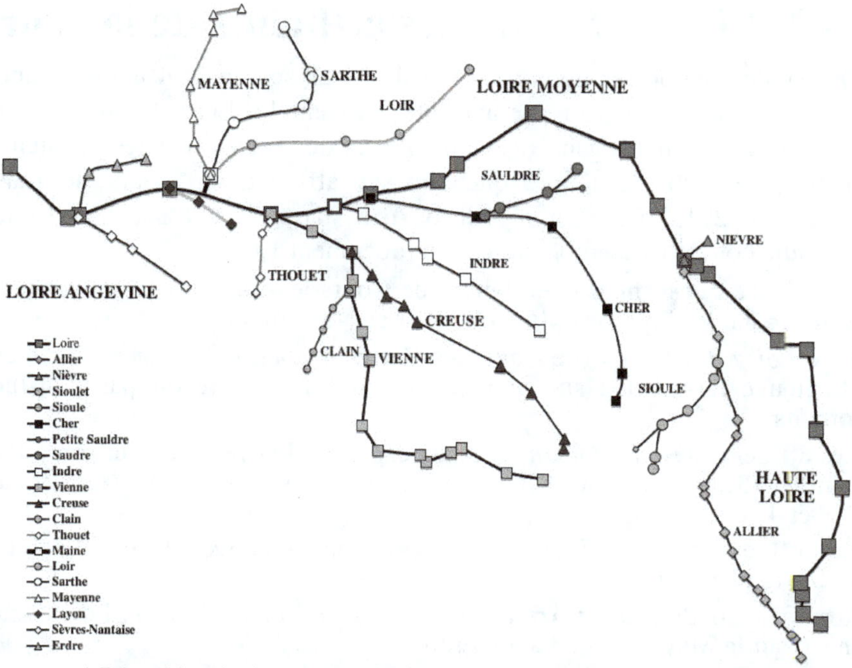

a) Répartition des jaugeages selon les coordonnées Lambert des stations.

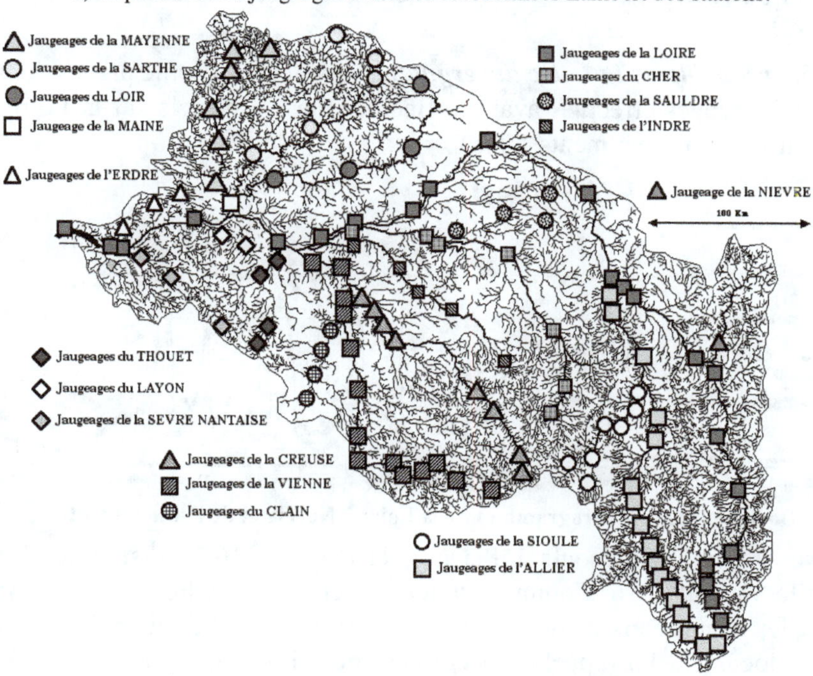

b) Répartition des jaugeages sur le fond de carte du réseau hydrographique.

Document 1.6 - Répartition des jaugeages du bassin de la Loire

III - L'hiver 2015 sur les affluents de la Loire

Des études régionales approfondiront les analyses, mais il nous est apparu pédagogique de commencer par une vue d'ensemble. Entre Issarlès et Saint-Nazaire, 124 stations de jaugeages ont permis de reconstituer les écoulements journaliers tant sur le fleuve que sur ses affluents au cours de l'année hydrologique 2015-2016. La répartition des stations est assez homogène et surtout, elle couvre l'ensemble du bassin (document 1.6).

- La « ***Loire auvergnate*** » (en amont de Cours-les-Barres) : 13 jaugeages sur la Loire, 16 sur l'Allier, 6 sur la Sioule et 1 sur la Nièvre.
- La « ***Loire des Vals*** » (de Cours-les-Barres à Tours) : 8 jaugeages effectués sur le fleuve lui-même ; sur ce parcours, la Loire ne reçoit pas d'affluents importants.
- Les affluents du « ***Limousin*** » : 8 jaugeages sur le Cher (et 4 sur son affluent la Sauldre), 5 jaugeages sur l'Indre, 14 jaugeages sur la Vienne (plus 9 sur la Creuse et 4 sur le Clain).
- Les affluents des « ***Gâtines*** » : 5 jaugeages sur le Thouet, 2 sur le Layon et 4 sur la Sèvre Nantaise.
- Les affluents du ***Massif Armoricain*** : 1 sur la Maine, 4 sur le Loir, 5 sur la Sarthe, 6 sur la Mayenne, et 3 sur l'Erdre.
- La « ***Loire angevine et armoricaine*** » (de Tours à Saint-Nazaire » : 6 jaugeages).

1°) - Rôle probable de la Loire auvergnate : il peut être résumé par les données des deux jaugeages effectués avant le Bec d'Allier : à Nevers sur la Loire et à Imphy sur l'Allier (documents 1.7).

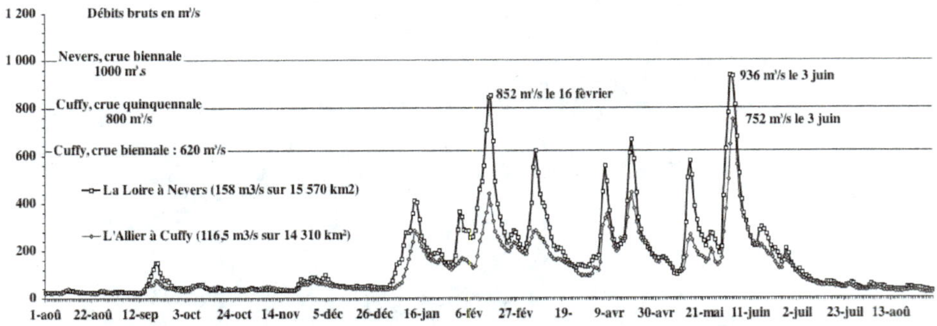

Document 1.7 - Hydrogrammes de la Loire à Nevers et de l'Allier à Cuffy

À Nevers, la Loire écoula 158,3 m^3/s et l'Allier 116,5 m^3/s, entre 1er août 2015 et le 31 août 2016. Comme cela a été décrit sur l'hydrogramme de Saint-Nazaire, les hautes eaux ne débutèrent vraiment qu'au début du mois de janvier 2016. Le document 1.7 rappelle l'occurrence de huit « pointes de crue » ...

	13 janv.	2 fev.	16 fev.	7 mars	7 avr.	19 avr.	15 mai	3 juin	
Nevers	408	361	852	620	491	666	575	936	m³/s
Cuffy	283	166	438	282	350	443	265	752	m³/s

… Mais, quelle est leur position dans les crues fréquentielles ? À Nevers, sur la Loire, la crue biennale est estimée à 1 000 m³/s et la crue quinquennale à 1 400 m³/s. Aucune des pointes de crue signalées n'a atteint la crue biennale, pas même les hautes eaux de juin 2016. Les écoulements de la haute Loire ont peu de chance de se retrouver à l'origine des crues de juin observées en aval.

Sur l'Allier à Cuffy, la crue biennale est estimée à 620 m³/s et la crue quinquennale à 800 m³/s. Si la crue de juin 2016 a dépassé la crue biennale, elle n'a pas atteint les débits de la crue quinquennale.

Ni la haute Loire ni l'Allier ne sont à l'origine des crues du mois de juin observées en aval ; les débits étaient trop faibles et n'ont constitué que des « hautes eaux » peu différentes de celle de l'hiver.

2°) - L'écoulement de la Loire des Vals peut se réduire aux hydrogrammes de Cours-les-Barres (cumul des eaux de l'Allier et de la haute Loire) et de Tours (dernière station avant les confluences avec les affluents venus du sud du Bassin de Paris et du Limousin, document 1.8).

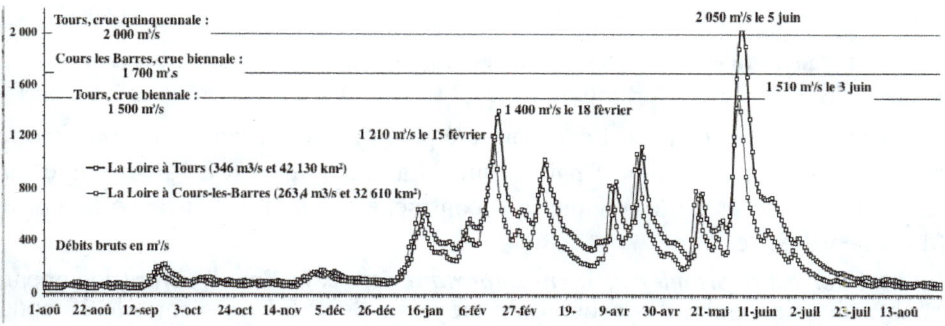

Document 1.8 - Hydrogrammes de la Loire à Cours-les-Barres et à Tours

Entre Cours-les-Barres et Tours, le débit brut annuel s'accrut de 30 % passant de 263,4 m³/s à 346 m³/s. C'est sensiblement la proportion de l'augmentation du drainage passant de 32 610 à 42 130 km². Nous retrouvons les mêmes pointes de hautes eaux avec un décalage de quelques jours à Tours, du fait de la distance parcourue par les ondes de crue …

	14 janv.	15 fev.	26 fev.	7 mars	7 avr.	19 avr.	15 mai	3 juin	
Cours	648	1 210	488	876	831	1 080	795	1 510	m³/s
	16 janv.	**18 fev.**	**28 fev.**	**9 mars**	**10 avr.**	**21 avr.**	**18 mai**	**4 juin**	
Tours	653	1 400	648	1 030	864	1 130	772	2 050	m³/s

… Ce ne sont que des hautes eaux, le plus souvent inférieures à la crue biennale (1 700 m³/s à Cours-les-Barres et 1 500 m³/s à Tours). Toutefois, le 5 juin, la

Loire écoulait 2 050 m^3/s à Tours, soit un peu plus que la crue quinquennale ; 2 jours plus tôt, à Cours-les-Barres, la pointe de crue, alimentée par les hautes eaux de la Loire et de l'Allier (document 1.7), n'avait pas atteint la crue biennale.

Il faudra s'interroger sur le rôle des affluents mineurs alimentés par de fortes averses, dans le sud du Bassin de Paris.

3°) Quel fut le rôle des affluents du Limousin et du sud du Bassin de Paris ? Entre Tours et Saumur, l'aire du bassin versant est presque doublée (x.1,9) et le débit annuel brut passa de 346 m^3/s à 661,5 m^3/s. Surtout, les pointes de crue de juin atteignent une fréquence plus rare. À Saumur, la crue biennale est estimée à 2 700 m^3/s, la crue quinquennale à 3 800 m^3/s et la crue décennale à 4 500 m^3/s. Si les hautes eaux hivernales restèrent en dessous de la crue biennale (sauf celle du 16 février), la crue quinquennale fut dépassée le 5 juin : 3 870 m^3/s.

Mais il faut aussi tenir compte du décalage des pointes de crue entre Tours et Saumur. En toute logique, sur les documents 1.9a) nous devrions retrouver les mêmes pointes de crue à Saumur, mais décalées de quelques jours. Ce n'est pas ce qui est observé ...

	16 janv.	**18 fev.**	**28 fev.**	**9 mars**	**10 avr.**	**21 avr.**	**18 mai**	**4 juin**	
Tours	653	1 400	648	1 030	864	1 130	772	2 050	m^3/s
	13 janv.	**16 fev.**	**27 fev.**	**10 mars**	**10 avr.**	**21 avr.**	**18 mai**	**4 juin**	
Saumur	1 220	2 660	1 550	1 960	1 250	1 760	1 030	3 870	m^3/s

... Jusqu'en mars, les hautes eaux ont été plus précoces à Saumur qu'à Tours, pour devenir contemporaines par la suite. La cause revient à l'hydrologie du Cher, de l'Indre et de la Vienne, qui confluent successivement avec la Loire (document 1.9.b et c).

➢ ***Le Cher est le premier affluent important depuis le Bec d'Allier*** (document 1.9.b). Jaugé à Tours, il y écoula une moyenne de 155,1 m^3/s entre le 1er août 2015 et le 31 août 2016, avec neuf pointes de crue en hiver et au printemps ...

	14 janv.	**3 fev.**	**17 fev.**	**27 fev.**	**7 mars**	**20 avr.**	**26 mai**	**6 juin**	**18 juin**	
Cher	120	193	423	271	425	321	242	828	284	m^3/s

... La plupart de ces hautes eaux furent inférieures à la crue biennale de 490 m^3/s, mais la crue du 6 juin dépassa la crue décennale estimée à 800 m^3/s. Ce ne sont pas les hautes eaux de l'hiver qui expliquent l'avance prise par les crues contemporaines à Saumur. Même la date et l'abondance de la crue de juin (828 m^3/s le 6 juin) sont plus tardives que la pointe observée à Saumur (3 870 m^3/s le 4 juin).

➢ ***L'Indre constitue le deuxième affluent*** (document 1.9.c). Cette rivière est d'un apport moyen plus modeste : 21,6 m^3/s. On lui connaît sensiblement les neuf mêmes pointes de crue que le Cher ...

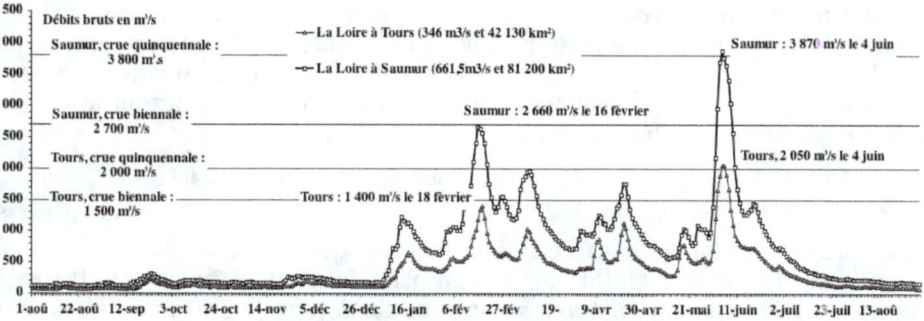

a) Hydrogrammes de la Loire à Tours et à Saumur

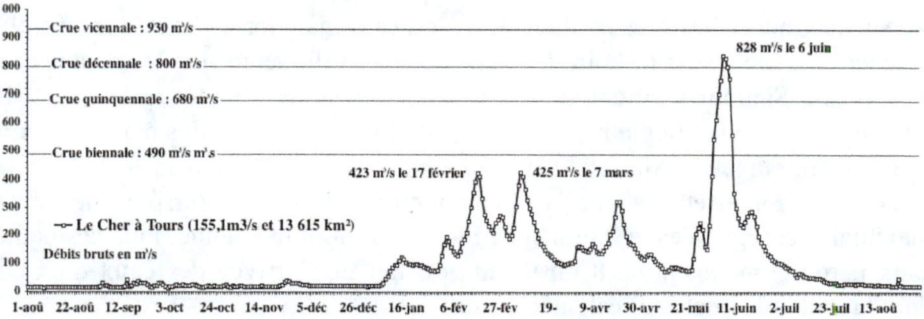

b) Hydrogrammes du Cher à Tours

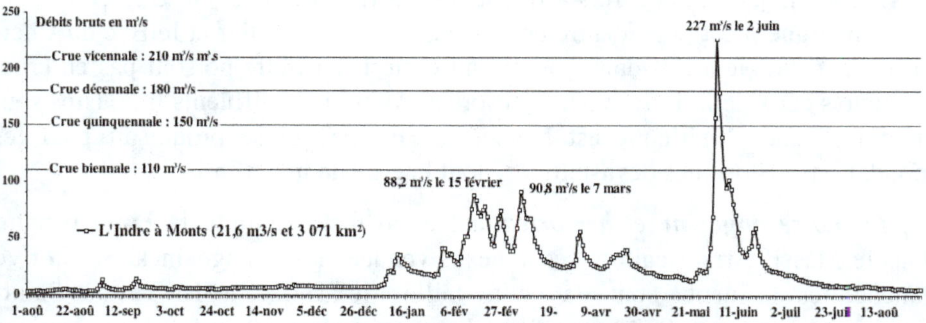

c) Hydrogramme de l'Indre à Monts

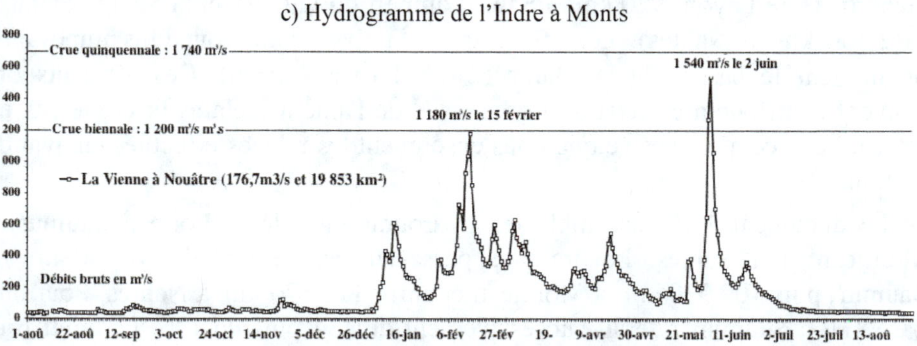

d) Hydrogramme de la Vienne à Nouâtre

Document 1.9 - L'apport des affluents du Limousin et du sud du Bassin de Paris

➢ ***La Vienne est le troisième affluent important avant Saumur*** (document 1.9.d). Nous verrons ci-dessous que la Vienne à Nouâtre cumule les écoulements de la rivière elle-même, et ceux de deux gros affluents : la Creuse et le Clain. Le débit brut annuel est plus élevé : 176,7 m^3/s ; surtout le nombre de pointes de crue est alors multiplié …

	9/1	12/1	2/2	15/2	22/2	6/3	10/3	2/4	18/4	24/5	2/6	18/6
Vienne	413	610	379	1 180	602	630	466	326	544	346	1 540	364 m^3/s

… La plupart des hautes eaux de l'hiver ne provoquèrent pas d'inondation, mais la crue du 15 février (1 180 m^3/s) approcha la crue biennale : 1 200 m^3/s. Toutefois, l'événement majeur reste la crue du 2 juin : 1 540 m^3/s. Cette crue participa aussi à la crue ligérienne du 6 juin à Saumur.

Sur le Cher, l'Indre et la Vienne, les crues de janvier et février furent plus précoces que celles de la Loire à Tours, ce qui expliquerait que les hautes eaux mesurées à Saumur y soient survenues quelques jours plus tôt qu'à Tours. La crue dura alors plus longtemps à Saumur, du fait de l'arrivée des hautes eaux de la Loire tourangelle. Ainsi, la crue maximale de juin se réalisa le 5 dans les deux sites. En effet, à Saumur, l'eau monta du fait de l'arrivée des crues maximales enregistrées le 2 juin sur l'Indre et surtout la Vienne. Puis ces hautes eaux perdurèrent jusqu'au 8 ou 9 juin, du fait de l'arrivée des eaux du Cher, dont la crue maximale se réalisa le 6 juin.

Le rôle majeur de ces trois affluents est parfaitement connu. Une crue issue de l'Auvergne n'est plus « entretenue » entre le Bec d'Allier et le Bec du Cher. Si le Cher, la Vienne et dans une moindre mesure l'Indre ne sont pas en crue, les hautes eaux de la Loire vont se résorber. Mais si les affluents limousins sont en crue, l'onde ligérienne est relancée. C'est ce qui se produisait pour les inondations historiques dévastatrices, dont la crue de juin 1856.

4°) La Loire angevine et armoricaine : en aval de Saumur, la Loire pénètre dans le Massif Armoricain et ses annexes vendéennes et angevines. Sur la rive gauche, les affluents sont de petite taille : le Thouet (716 km^2 à Saint-Généroux), le Layon (920 km^2 à Saint-Lambert du Lattay), et la Sèvre Nantaise à (2 360 km^2 à Nantes). Les affluents de la rive droite sont plus imposants, notamment le bassin de la Maine (2 138 km^2 à Angers). Ces affluents ont souvent contribué à entretenir la crue issue de l'amont (cela avait été le cas en 1856). Mais ce n'est pas ce que nous enseignent les relevés effectués en aval de Saumur.

Le document 1.10 rassemble les hydrogrammes de la Loire à Saumur, à Montjean et à Nantes. Le drainage passa successivement de 81 200 km^2 à Saumur, puis 109 930 km^2 à Montjean et enfin 111 570 km^2 à Nantes. Pour une base 100 à Saumur il serait successivement de 134 puis de 136. Le débit brut moyen de l'année hydrologique 2015-2016 s'accrut de 661,5 m^3/s à 778,2 m^3/s puis à 790,7 m^3/s. Pour une base 100 à Saumur, les valeurs seraient de 118 et

120. Le débit augmenta donc très peu, surtout entre Montjean et Nantes. C'est parfaitement illustré par les hydrogrammes des trois jaugeages du document 1.10 ; ils sont parfaitement parallèles, et quasiment superposés entre Montjean et Nantes. Les pointes de crue y sont quasiment les mêmes …

	13 janv.	**16 fev.**	**27 fev.**	**10 mars**	**10 avr.**	**21 avr.**	**18 mai**	**4 juin**	
Saumur	1 220	2 660	1 550	1 960	1 250	1 760	1 030	3 870	m^3/s
	14 janv.	**17 fev.**	**27 fev.**	**11 mars**	**10 avr.**	**22 avr.**	**19 mai**	**7 juin**	
Montjean	1 610	2 850	1 810	2 290	1 280	1 730	1 040	3 700	m^3/s
	14 janv.	**18 fev.**	**27 fev.**	**11 mars**	**11 avr.**	**22 avr.**	**19 mai**	**7 juin**	
Nantes	1 640	2 920	1 840	2 320	1 390	1 750	1 050	3 740	m^3/s

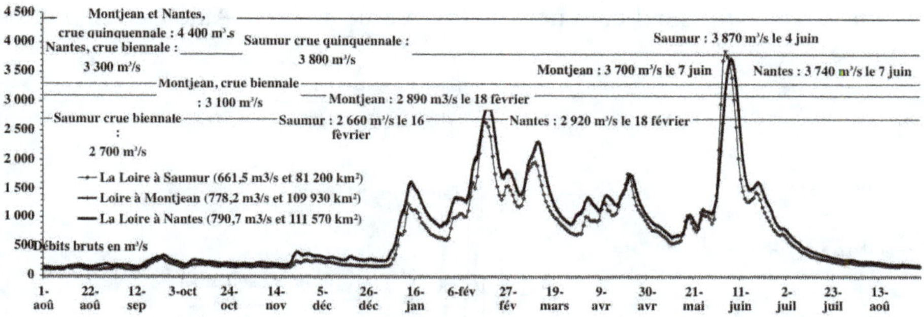

Document 1.10 - Hydrogrammes de la Loire entre Saumur et Nantes

… Le débit le plus élevé de chaque épisode augmente entre Saumur et Montjean, pour se stabiliser de Montjean à Nantes. Toutefois, la crue de juin apporte une nuance. Le maximum a eu lieu trois jours plus tard à Montjean et Nantes, qu'à Saumur, avec surtout un débit légèrement moins élevé.

➢ En règle générale, les crues de l'hiver 2016 restèrent inférieures à la crue biennale, même celles des 16 et 18 février : le débit maximum s'en approcha à Saumur avec 2 660 m^3/s (crue biennale = 2 700 m^3/s), mais elle s'en éloigna à Montjean : 2 890 m^3/s (crue biennale = 3 100 m^3/s) et surtout à Nantes : 2 920 m^3/s (crue biennale = 3 300 m^3/s).

➢ Même la crue du 4 au 7 juin resta modérée. Avec 3 870 m^3/s à Saumur, elle avait dépassé la crue quinquennale (3 800 m^3/s). Mais, à Montjean, elle n'était plus que de 3 700 m^3/s, à peine plus que la crue biennale (3 100 m^3/s) et très en dessous de la crue quinquennale (4 400 m^3/s). Enfin, à Nantes, avec 3 740 m^3/s, si elle dépassa la crue biennale (3 300 m^3/s) elle restait en dessous de la crue quinquennale (4 400 m^3/s).

Les crues n'ont guère été entretenues et il faut en rechercher la cause dans l'hydrologie contemporaine des affluents.

a) Nés dans les Gâtines Vendéennes, le Thouet et le Layon rejoignent la Loire à Saumur, pour le premier, et à Chalonnes, pour le second, en amont de Montjean. Leurs drainages sont voisins, avec de faibles débits bruts pour cette année hydrologique-là : 4,5 m^3/s pour le Layon et 5,4 m^3/s pour le Thouet. On y reconnaît huit pointes de crue …

	12 janv.	**31 jan.**	**10 fev.**	**25 fev.**	**10 mars**	**1 avr.**	**30 mai**	**17 juin**	
Thouet	38,9	35,2	93,2	39,1	25,4	23,6	17,5	15,8	m^3/s
Layon	53,4	42,6	53,9	47,1	26,1	38,4	16,4	5,6	m^3/s

… Les crues ont été concentrées sur l'hiver, et seules celles du 10 février 2016 - 57 $m^3/$ sur le Layon et 93,2 m^3/s ont atteint les crues biennales (respectivement 88 et 57 $m^3/$). Ces débits modestes n'ont eu que peu d'impact sur les crues de Montjean. Surtout, ces deux cours d'eau n'ont que des crues insignifiantes en mai (17,5 m^3/s sur le Thouet et 16,4 m^3/s sur le Layon), et ils n'ont eu aucun effet sur l'entretien de la crue de juin en Anjou et en Loire-Atlantique.

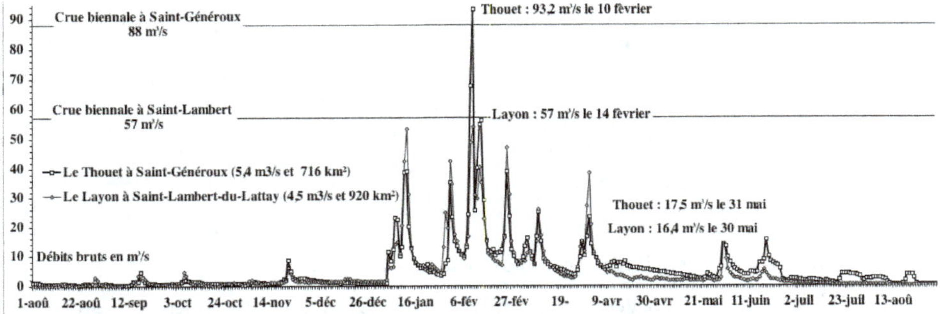

Document 1.11 - Hydrogrammes du Thouet et du Layon

b) Le rôle du réseau de la Maine est, normalement, important. Les crues de 1982, 1987 et celles de 1995 et 2001 avaient largement dépassé 1 000 m^3/s sur un émissaire dont le débit annuel moyen est de 127 m^3/s. Les trois affluents - Loir, Sarthe et Mayenne - ont apporté 128,1 m^3/s à Angers (la moyenne interannuelle). Mais le jaugeage d'Angers fut défectueux en 2015-2016 et nous avons préféré reprendre les jaugeages de chacun des trois cours d'eau : le Loir à Durtal, la Sarthe à Saint-Denis d'Anjou et la Mayenne à Chambellay (document 1.12). Le Loir écoula 35 m^3/s entre le 1er août 2015 et le 31 août 2016, la Sarthe avait alors débité 46,8 m^3/s et la Mayenne 37,7 m^3/s. On y observe 9 pointes de crue à peu près simultanées.

	13 janv.	**1er fev.**	**14 fev.**	**6 mars**	**11 mars**	**3 avr.**	**12 avr.**	**4 juin**	**17 juin**	
Loir	117	91	**156**	103	80	128	54	144	103	m^3/s
	14 janv.	**1er fev.**	**14 fev.**	**6 mars**	**11 mars**	**1er avr.**	**12 avr.**	**1er juin**	**17 juin**	
Sarthe	159	141	**209**	149	171	169	113	136	118	m^3/s
	14 janv.	**1er fev.**	**14 fev.**	**5 mars**	**10 mars**	**30 mars**	**12 avr.**	**29 mai**	**17 juin**	
Mayenne	124	146	180	152	**270**	159	94	33	34	m^3/s

Mais ces crues de juin n'ont pas été marquantes. Sur le Loir et la Sarthe, les crues maximales furent celles du 14 février (respectivement 156 et 209 m^3/s).

Sur la Mayenne, la pointe est plus tardive : 270 m^3/s le 10 mars. Mais ces pointes de hautes eaux sont inférieures à la crue biennale et sont passées inaperçues …

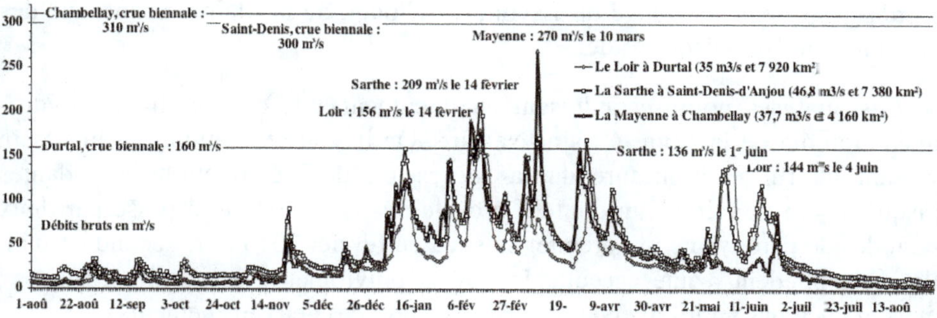

Document 1.12 - Hydrogrammes du Loir, de la Sarthe et de la Mayenne

… Enfin et surtout, les crues de juin ont été insignifiantes. Nous ajouterons la différence entre le Loir et la Sarthe d'une part et la Mayenne d'autre part. Le Loir et la Sarthe avaient encore eu des « hautes eaux » en juin 2016, à l'inverse les « crues » de la Mayenne restèrent à un très faible niveau. La répartition des averses n'a pu s'y trouver que différente.

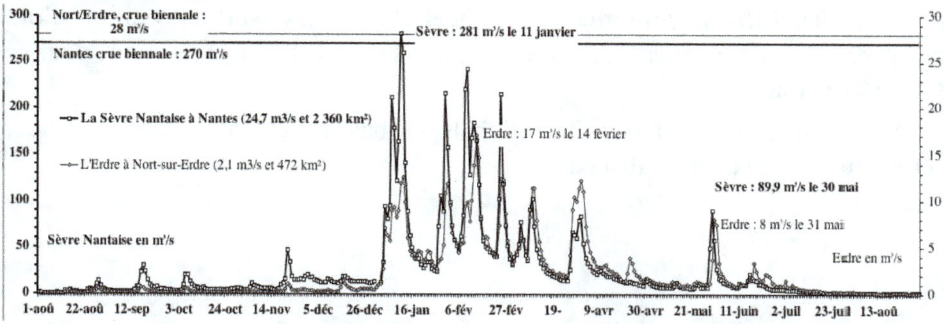

Document 1.13 - Hydrogrammes de la Sèvre Nantaise et de l'Erdre

c) La Sèvre Nantaise et l'Erdre ne jouent qu'un rôle très mineur dans l'hydrologie de la Loire, mais elles rendent compte du rôle de la pluviométrie dans le sud du Massif Armoricain (document 1.13). La Sèvre Nantaise, qui descend des Gâtines Vendéennes, écoula 24,7 m^3/s au cours de l'année hydrologique 2015-2016. L'Erdre est un cours d'eau plus modeste (472 km^2) et elle n'écoula que 2,1 m^3/s (mais le débit avait atteint 65,1 m^3/s le 23 janvier 1995). On y relève cependant neuf crues majeures …

	7 jan.	**11 jan.**	**31 jan.**	**10 fev.**	**13 fev.**	**25 fev.**	**10 mars**	**1er avr.**	**30 mai**	
Sèvre	212	281	217	243	184	216	102	83,1	89,9	m^3/s
	8 jan.	**12 jan.**	**1er fev.**	**10 fev.**	**14 fev.**	**25 fev.**	**10 mars**	**1er avr.**	**30 mai**	
Erdre	9,4	12,6	11,9	9,9	17	12,4	11,4	12,2	8	m^3/s

… Les hautes eaux de juin, pour marquées qu'elles soient sur l'hydrogramme, ne rendent compte que des précipitations modestes par rapport au reste du bassin. Elles sont restées en deçà des crues biennales. La Sèvre Nantaise et l'Erdre n'avaient, à l'image du Layon, du Thouet, de la Maine, connu que des emballements de saison froide.

Ces analyses nous reconduisent au document 1.1, c'est-à-dire à l'hydro-hyétogramme de la Loire à Saint-Nazaire. Qu'il y ait eu saturation du bassin versant au fur et à mesure de la succession de précipitations abondantes jusqu'en juin ne fait aucun doute. Le cycle des crues est aussi passé par deux périodes de paroxysme : le premier se situa en février 2015 et le second en juin. Ils correspondent à une accentuation de la pluviométrie à ces mêmes dates ; mais ni les crues, ni les averses n'ont cessé entre ces deux événements.

Cependant, l'esquisse régionale vient de montrer que la crue qui affecta le « Val » entre Tours et Saint-Nazaire est issue d'une géographie beaucoup plus restreinte. La partie amont du bassin versant - haute Loire et Allier - n'a participé que modestement à la montée des eaux. Le flux provient du sud du Bassin de Paris, notamment du Berry et du Limousin : la Vienne et ses affluents et surtout le Cher, qui apparaît être le centre de gravité de cette crue de juin. À l'inverse, les affluents armoricains - Thouet et Layon, et surtout Maine - n'ont pas participé à l'événement : la crue s'est enflée entre Tours et Saumur, pour se stabiliser par la suite.

À un calcul de la pluviométrie globale du bassin versant, il faut substituer celle, plus régionale, des affluents.

Deuxième chapitre
La Loire dans son bassin versant

Avant d'entrer dans le détail de l'analyse des événements hydrologiques de 2016, il faut revenir sur la géographie physique du bassin de la Loire. Avec un drainage de 117 480 km^2 à Saint-Nazaire (21 % du territoire), c'est le plus grand bassin hydrographique métropolitain. La Loire, c'est le drain naturel de l'Auvergne et d'une grande partie du Limousin. En effet, le « Fleuve Royal » prend naissance au Mont Gerbier-de-Jonc, dans le département de l'Ardèche et ses affluents escaladent la bordure orientale du Massif Central et les Cévennes ; c'est aussi le drain principal du sud du Bassin de Paris. Mais surtout, du fait d'une capture réalisée au Miocène, le fleuve dessine un coude à Orléans, ce qui le conduit à une traversée épigénique du Massif Armoricain. Cette situation contribue au climat ligérien : un « climat océanisé » assez classique. L'alimentation pluviale est plutôt bien répartie sur l'année, avec des pluies cycloniques en hiver, et une sécheresse hydrologique atténuée en été. Mais cette qualité est fortement perturbée par la chaleur des étés, responsable d'une forte évapotranspiration. Il en résulte un régime hydrologique marqué par des très hautes eaux au cours de la saison froide, avec un risque d'inondations cataclysmales. Ces événements sont conditionnés par deux paramètres inhérents au bassin versant. Pour reprendre deux expressions chères à Roger Lambert, nous distinguerons les « constantes du bassin versant » (géologie et géomorphologie) des « variables du bassin versant » (températures et surtout précipitations).

I - Les constantes du bassin versant

Au Mont Gerbier-de-Jonc, la Loire prend sa source à 1 408 m d'altitude, et les eaux atteignent l'Atlantique après un voyage de 1 012 km. Mais le fleuve présente l'originalité d'offrir un tracé nord-sud jusqu'à Orléans pour ensuite s'infléchir vers le sud-ouest et l'ouest.

Au Cénozoïque, la Loire relevait d'un écoulement adapté à une vaste surface d'érosion doucement inclinée vers le bassin de la Seine, dont elle fut un affluent. Mais, au Miocène, une subsidence du socle engendra un vaste golfe ouvert sur l'Atlantique et la Manche : la mer des Faluns. Cette mer attira le drainage issu du Perche, du Bocage Vendéen, du Limousin et de la partie sud du bassin de Paris. Mais surtout, la Loire fut déviée de son cours initial, en direction de l'Atlantique. Par la suite, la mer se retira, mais la cuvette topographique persista et le fleuve a conservé son tracé vers l'océan, utilisant le seuil naturel entre le Bocage Vendéen et le Massif Armoricain.

Les conséquences ont été considérables, et le bassin doit être divisé en plusieurs ensembles naturels. En amont de Nevers, la Loire auvergnate pourrait se réduire aux axes longtemps parallèles de la haute Loire[2] et de l'Allier. La Loire moyenne, entre Nevers et Saumur, dessine un coude sans affluent sur la droite mais qui attire le réseau solognot et surtout limousin. Enfin, en aval de Saumur, le fleuve, est-ouest, est surtout alimenté par la Maine, sur sa rive droite.

A - Les « trois Loire »

L'évolution géologique (document 2.2) a fait que la topographie du bassin versant et la disposition de son réseau hydrographique ont été séparées en trois ensembles que nous retrouvons assez parfaitement dans la conduite de l'écoulement. Dans sa partie amont, la Loire est dominée par le Massif Central, puis elle pénètre dans les strates marno-calcaires du Bassin de Paris, pour, enfin, retrouver le socle hercynien dans le Massif Armoricain.

1°) La Loire est auvergnate jusqu'à Nevers, dans un contexte topographique accidenté (documents 1.3 et 2.1). En effet, les altitudes sont comprises entre 150 et 1 500 m, et l'hydrographie est dominée par deux cours d'eau majeurs : la haute Loire et l'Allier. La direction méridienne de l'écoulement doit être associée à la tectonique cénozoïque (document 2.2) qui accompagna le « rifting avorté » ayant affecté l'est du Massif Central. Des failles nord-sud ont brisé le socle hercynien (granits et roches métamorphiques) provoquant l'apparition de deux processus géologiques :

➢ Le volcanisme joua un rôle important jusqu'au Quaternaire. Ce souvenir se manifeste, du nord au sud, par la Chaîne des Puys, le Massif du Mont-Dore, le Cantal et le Cézallier à l'ouest (ils séparent le bassin de l'Allier de ceux de la Dordogne et du Lot), et par les Sucs du Velay au centre. Ce ne sont pas toujours des enrochements aquicludes, car le volcanisme a engendré de nombreuses formations plus ou moins meubles - scories, pouzzolanes - dans lesquelles les pluies peuvent s'infiltrer.

➢ Ailleurs, le réseau hydrographique incisa le socle hercynien - pour l'essentiel des granits, des gneiss et des micaschistes. Ces roches sont imperméables quand elles sont saines, donc favorables au ruissellement, mais leur couverture d'altérites tertiaires y retient toutefois des nappes précaires,

➢ La tectonique cassante est à l'origine des fossés d'effondrement : la Grande et les Petites Limagnes qui attirèrent l'Allier, les bassins du Forez et de Roanne sur la Loire. Ces fossés ayant été séparés par des horsts : monts du Velay

---

[2] Quand il s'agit du fleuve nous écrirons « haute Loire » afin d'éviter une confusion avec le département de la « Haute-Loire ».

(couverts de volcans), du Livradois, du Forez et de la Madeleine, on comprend le parallélisme des deux vallées sur plus de 300 km de parcours.

➢ Si le réseau hydrographique peut apparaître très dense, cela tient essentiellement à l'énergie du relief. Surtout, les réseaux de la Loire, de l'Allier et de la Nièvre dessinent un « réseau penné » (en forme de plumes d'oiseau) avec un drain principal démesurément long, sur lequel viennent se greffer des centaines de drains secondaires, eux-mêmes parallèles entre eux.

On estime que ce type de réseau ne favorise pas la pondération de l'écoulement (voir ci-dessous).

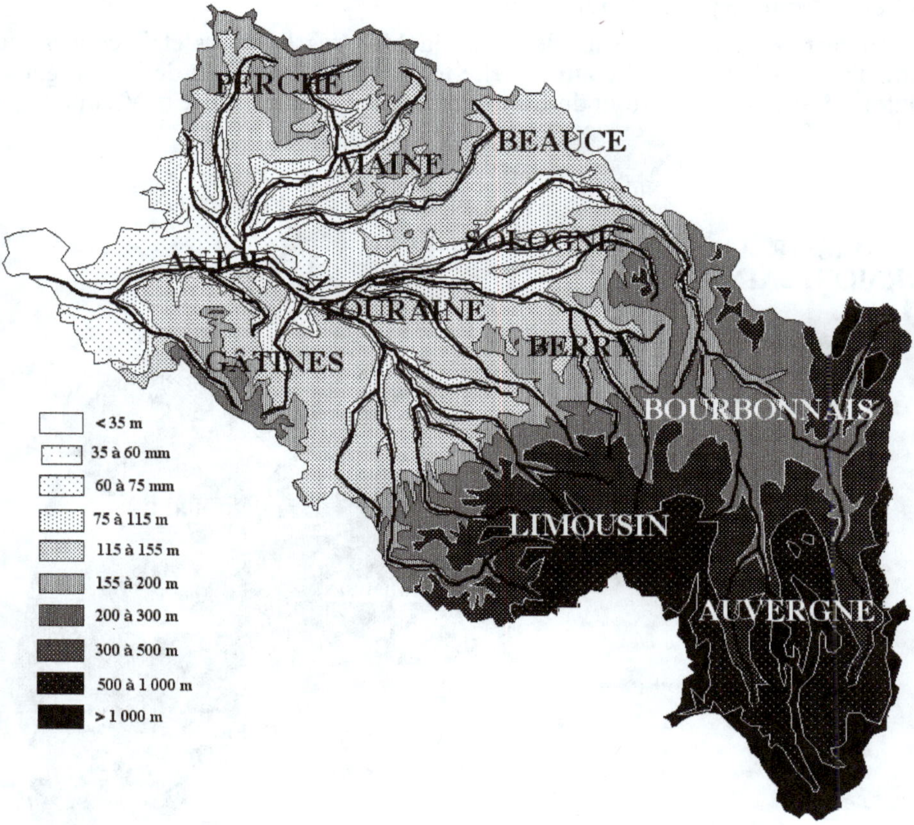

Document 2.1 - Esquisse topographique du bassin de la Loire

2°) La Loire moyenne relève du Bassin de Paris. À Nevers, après sa confluence avec l'Allier, la Loire entre de plain-pied dans la partie méridionale du Bassin de Paris. Mais, dans sa partie orientale, celui-ci resta affecté par la tectonique méridienne qui est à l'origine des collines du Sancerrois. Le cours du fleuve en a conservé la trace.

Jusqu'à Gien, le drainage reste sud-nord, pour ne s'obliquer vers le nord-ouest qu'entre Gien et Orléans. C'est seulement en ce lieu que la subsidence de la Mer des Faluns a fait son office : le cours est attiré définitivement vers l'ouest. La conséquence est l'isolement géographique du cours principal entre Nevers et l'aval de Tours, sur plus de 300 km.

➢ En effet, la faille du Sancerrois a basculé le drainage vers la Sologne, et, de Nevers à Blois, la Loire ne reçoit aucun affluent majeur sur sa rive gauche. Mais sur la rive droite, le horst des collines du Nivernais n'apporte que la Nièvre, le reste du drainage gagnant le Bazois et le bassin de la Seine.

➢ Entre Orléans et Tours, une ride anticlinale affecte le Crétacé et sa couverture cénozoïque sur la rive droite. Le cours du Loir se retrouve parallèle au fleuve, pour ne jamais le rencontrer.

➢ Sur la rive gauche, la subsidence de la Mer des Faluns s'était concentrée entre Tours et Saumur ; elle attira à elle tout l'écoulement issu de la Sologne – Sauldre, Beuvron – et surtout du Limousin – Cher, Indre, Creuse et Vienne.

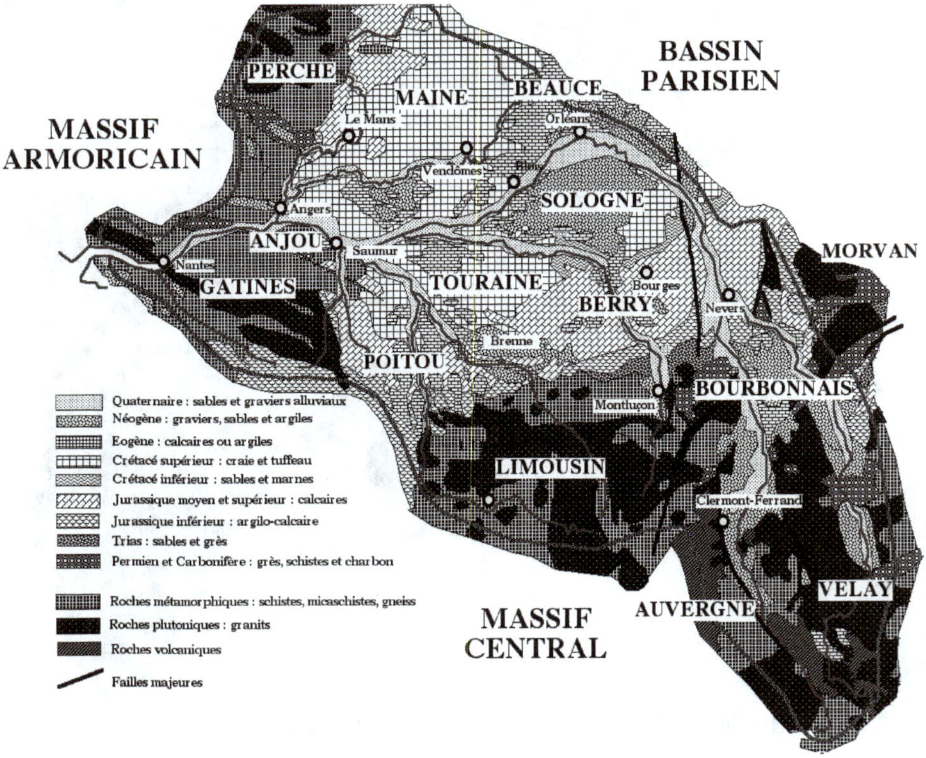

Document 2.2 - Esquisse géologique du bassin de la Loire

Sur plus de 400 km, du Massif Central à l'Anjou, la Loire ne reçoit donc aucun affluent important, et l'aire de son bassin versant ne s'accroît que faiblement : 35 500 km^2 à Gien, 36 970 km^2 à Orléans, 38 320 km^2 à Blois et 42 130 km^2 à Tours. L'écoulement doit essentiellement sa survie à son alimentation auvergnate, ce qui devient préoccupant au cours de la longue saison estivale : l'eau peine à se frayer un chenal au milieu des bancs de sable.

3°) De la Loire angevine à la Loire armoricaine : Entre Tours et Nantes, la Loire s'est frayé un chemin vers l'ouest, en ignorant totalement la tectonique des couches du Crétacé. En effet, attirée par la Mer des Faluns, elle en accompagna le retrait, incisant un chenal épigénique, dans le « tuffeau » tourangeau et angevin et sa couverture détritique cénozoïque, dans un premier temps, puis dans les roches plutoniques et métamorphiques du Massif Armoricain plus en aval.

a) Mais cette géographie a eu des conséquences hydrographiques de premier plan : la Loire a rattrapé les cours d'eau qui, issus du Limousin, des Gâtines Vendéennes, du Perche, mais aussi du Maine (sud du Bassin de Paris), qui, jusque-là, se jetaient dans la Mer des Faluns. Par « l'ironie du sort », la Loire est plus jeune que ses affluents.

➢ Entre le Bec du Cher (à Villandry) et le Bec-de-Vienne (à Candes-Saint-Martin), la Loire reçoit trois affluents limousins : la Vienne, l'Indre et le Cher, dont le drainage cumule 29 950 km^2, ce qui porte l'aire du bassin versant à 81 000 km^2 à Montsoreau, soit un accroissement de 37 %.

➢ À Saumur, l'arrivée du Thouet (3 400 km^2) porte l'aire drainée à 84 600 km^2.

➢ Enfin, à Bouchemaine, avec la confluence avec la Mayenne, la Sarthe et le Loir (29 950 km^2), le drainage atteint 112 000 km^2.

Cela signifie qu'entre Candes et Bouchemaine, sur 60 km de fleuve, l'aire du bassin versant passe de 42 000 à 112 000 km^2, elle est multipliée par 3. Le bassin ligérien s'est accru d'un ensemble hydrographique qui draine la quasi-totalité du Limousin, au sud, et des Collines du Perche, au nord. Trois de ces affluents seulement drainent un bassin versant exclusivement sédimentaire : l'Indre, drain de la craie crétacée du Berry occidental et de la Touraine, le Clain qui s'inscrit dans les calcaires jurassiques du Poitou, et le Loir, qui traverse surtout les couches de tuffeau crétacé du Maine. Mais ce sont aussi les plus petits cours d'eau

À l'inverse, le Cher, la Vienne (et la Creuse), le Thouet, la Sarthe et la Mayenne, ne parcourent les calcaires et craies que dans leur partie aval, la moins accidentée. L'amont est inscrit dans le socle hercynien ou calédonien : le Cher, la Creuse et la Vienne proviennent des collines granitiques et des plateaux de roches métamorphiques du Limousin ; le Thouet, le Layon et la Sèvre Nantaise sont nés dans les Gâtines angevines et vendéennes ; la Sarthe et la Mayenne proviennent des collines parfois accidentées du Perche (on évoque une « Suisse Normande » et des « Alpes Mancelles »).

b) La traversée du sud du Massif Armoricain par un tracé épigénique n'a rien à voir avec une gorge. La vallée est plus étroite et accessible, mais elle ne reçoit plus guère d'affluents : le Layon ne draine que 950 km^2 dans les Mauges, et le bassin de la Sèvre Nantaise, issue des Gâtines du Bocage vendéen, ne couvre que 2 400 km^2. Entre Bouchemaine et Saint-Nazaire, le bassin versant ne gagne que 5 000 km^2.

En résumé, la disposition du bassin fait qu'il existe une césure entre l'amont et l'aval ; comme nous l'avons décrit et quantifié dans le premier chapitre, les pluies auvergnates sont dans l'obligation d'assurer la pérennité de l'écoulement sur plus de 300 km, entre Nevers et Tours. Puis, brutalement, le fleuve est alimenté par l'arrivée des eaux du Massif Central occidental, du Massif Vendéen et du Sud-est du Massif Armoricain ; une confluence d'affluents qui ne se réalise que sur 60 km de vallée. Par la suite, l'apport est à nouveau très modeste, jusqu'à l'estuaire (lequel d'ailleurs commence dès Nantes).

B - Le réseau hydrographique

Lui-même divisé en trois ensembles, il s'organise à partir de trois confluences majeures : la Loire et l'Allier au nord de Nevers, l'Indre, le Cher et la Vienne, en aval de Tours, et la Maine (drain commun au Loir, à la Sarthe et à la Mayenne) au sud d'Angers (document 1.3 du premier chapitre). La pente des drains principaux et la densité du drainage rendent compte des conditions naturelles de l'écoulement : ce que Roger Lambert nomma les « constantes du bassin versant », une expression à laquelle nous adhérons.

1°) Le profil longitudinal d'un cours d'eau rend compte de la facilité (ou de la difficulté) que le chenal peut avoir à acheminer les flux qui lui parviennent de ses affluents ; cette fonction intervenant plus particulièrement dans la vitesse de déplacement des ondes de crue. Dans un repère orthonormé (document 2.3), il s'exprime par la courbe issue du report de l'altitude et de l'éloignement du niveau de base (la mer ou une confluence) des points constituant l'ensemble du lit mineur d'un cours d'eau. Il existe deux modes de représentation. Le cours d'eau et ses affluents peuvent être représenté en valeurs réelles, et l'on obtient une courbe d'allure polynomiale, dans la concavité de laquelle les profils des affluents sont inscrits. Mais, afin de comparer des cours d'eau de longueurs et de dénivelés différents, altitudes et distances sont rapportées à une même base 100, ce qui permet de différencier les courbes des divers profils, dont l'ampleur influence la vitesse de l'écoulement entre l'amont et l'aval.

a) Les profils obtenus sont, en valeurs absolues, une autre façon de décrire la répartition des affluents (document 2.3.a).

➢ *Entre les sources de la Loire et de l'Allier, d'une part, et leur confluence au Bec d'Allier d'autre part*, la Loire a parcouru 482 km et l'Allier 465 km. C'est presque la moitié du développement longitudinal de la Loire, entre le Mont Gerbier-de-Jonc et l'estuaire. Le chenal de la Loire s'est abaissé de 1 388 m et celui de l'Allier de 1 206 m. Ce sont des valeurs considérables car, d'une part, en près de 500 km, les deux cours d'eau ont perdu 89 et 88 % de la dénivellation maximale du bassin, et, d'autre part, le lit s'est abaissé de

2,9 m/km linéaires pour la Loire et de 2,6 m/km pour l'Allier. On comprend mieux l'ampleur des crues le long de ces deux drains et en particulier au Bec d'Allier, où les débits ont peut-être atteint 8 000 m^3/s en 1856.

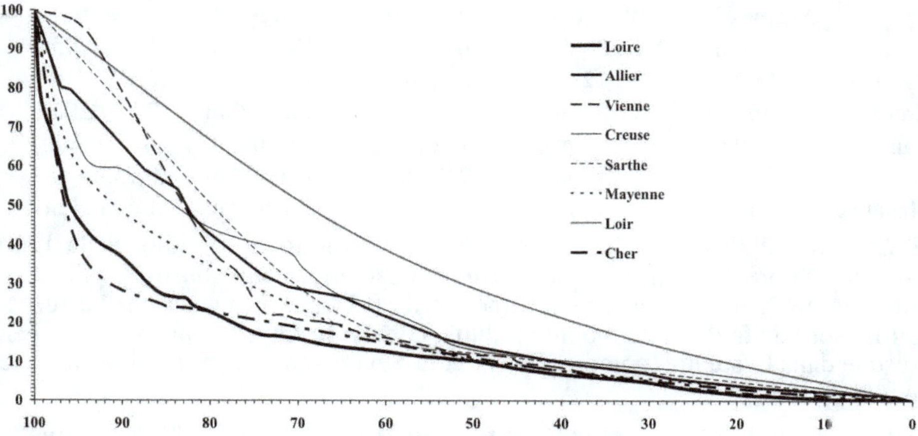

a) Profils en valeurs absolues

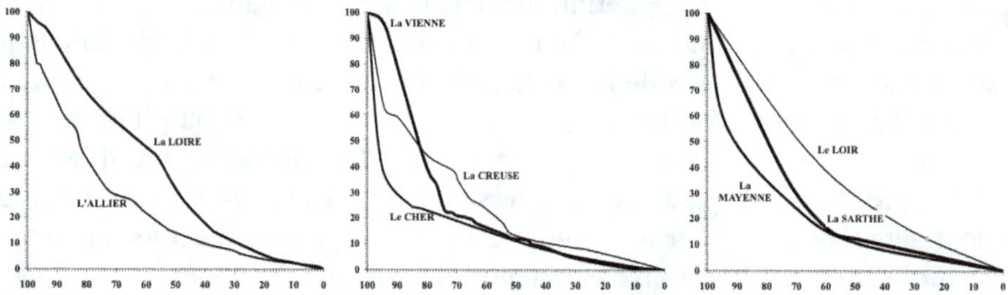

b) Profils en valeurs relatives

Document 2.3 - Le profil longitudinal de la Loire et de ses affluents

➢ *Entre le Bec d'Allier et le Bec du Cher*, il n'existe plus de confluences notables sur 290 km ; alors que l'altitude passe de 163 m au Bec d'Allier à 38 m au Bec de Cher, elle ne s'abaisse que de 125 m ou de 0,43 m/km. La Loire a quitté le Massif Central et sa pente s'affaiblit. On explique ainsi que les flux qui arrivent dans le Val après Nevers peuvent conserver leur hauteur (il est vrai entretenue par des apports latéraux). En septembre 1866, la hauteur de la crue qui atteignait 7 m au Bec d'Allier était encore de 6,80 m à la confluence du Cher.

➢ *Entre le Bec du Cher et Bouchemaine*, la Loire reçoit le Cher, l'Indre, la Vienne et la Maine. Mais, en 85 km, la pente ne s'abaisse que de 38 m au Bec du Cher à 15 m à Bouchemaine. Le lit ne s'est abaissé que de 23 m, soit une pente modeste de 0,27 m/km linéaire. Or la pente des affluents est élevée. Certes, la Sarthe et surtout le Loir ont un profil moins incliné, mais les affluents issus du Limousin ou du Massif Armoricain offrent une pente linéaire moyenne n'ayant rien à envier à l'Allier et à la haute Loire. Depuis toujours, l'afflux de leurs crues inondait le Val d'Anjou et ses cités. Maurice Champion cite le « Déluge de Saumur » en 1615, mais l'inondation fut quasi cataclysmale en

1907. Dans le chapitre précédent, nous avons souligné le rôle du Cher et de la Vienne en juin 2016. Une conjonction entre une crue auvergnate, une crue de la Vienne et du Cher et, enfin, une crue de la Maine, est redoutable.

	Altitude max.	**Altitude min.**	**Dénivelé**	**Longueur**	**Pente**
Cher	700 m	38 m	662 m	368 000 m	1,80 m/km
Vienne	892 m	12 m	880 m	372 000 m	2,37 m/km
Creuse	662 m	24 m	638 m	263 000 m	2,43 m/km
Loir	200 m	18 m	182 m	317 00 m	0,57 m/km
Sarthe	252 m	15 m	237 m	314 000 m	0,75 m/km
Mayenne	344 m	15 m	329 m	202 000 m	1,63 m/km

➢ *En aval de Bouchemaine*, dans le Massif Armoricain méridional, la Loire parcourt encore 150 km avant d'atteindre l'estuaire, mais son lit ne s'abaisse plus que de 25 m, soit une pente linéaire de 0,17 m/km. Quant aux affluents, soit ils sont de taille et de module réduits, comme le Layon, soit ils débouchent presque dans l'estuaire, comme l'Erdre et la Sèvre Nantaise, et ne peuvent jouer de rôle hydrologique.

b) Les profils relatifs précisent ces remarques (document 2.3.b). Autrefois, le profil relatif fut utilisé pour définir l'ancienneté ou la jeunesse de l'incision d'un réseau hydrographique ; loin de nous cette tentation. Mais le graphique qui rassemble les profils relatifs de la Loire et de ses principaux affluents montre la combinaison entre des courbes très concaves (Loire et Cher) ou plutôt tendues (Loir), avec bien des situations intermédiaires. Or, quand le profil est très concave, proche d'une parabole, la vitesse du flux a tendance à se réduire de l'amont vers l'aval car la pente diminue ; à l'inverse, quand il est tendu, proche d'une droite, la vitesse se trouve entretenue et le flux reste rapide.

➢ Les profils de l'Allier et de la haute Loire, en amont de Nevers et de Cuffy, sont relativement tendus, et plus particulièrement celui de la haute Loire. On comprend mieux la soudaineté de la crue au Bec d'Allier.

➢ Les affluents du Limousin - Cher, Vienne, Creuse - présentent un profil plus accidenté. Le profil du Cher est presque concave, celui de la Vienne est anguleux et celui de la Creuse est plus tendu. Ces allures jouent en faveur d'une différenciation de l'arrivée des crues dans le Val. S'il y a de fortes chances pour que les crues de la Creuse et de la Vienne se conjuguent à leur confluence, il est possible qu'elles parviennent à l'embouchure de la Vienne avant que celle du Cher n'arrive au Bec du Cher. Ainsi, en juin 2016, la crue avait atteint son maximum à Nouâtre le 6 juin (1 540 m^3/s, document 1.9.c), alors que la pointe de crue du Cher à Tours se produisit le 6 juin (828 m^3/s, document 1.9.b).

➢ Les profils des affluents de la Maine présentent une courbure plus homogène. La Mayenne et la Sarthe ont une allure plutôt concave, mais dont la courbure reste peu accentuée ; l'onde de crue perdrait de la vitesse, mais de façon modérée, et les deux flux auraient tendance à se confondre à leur confluence. Le Loir, dont on a souligné la modestie de la pente linéaire de son profil, offre, inversement, une allure tendue favorable à la vitesse. On sait que les grandes crues du milieu du XIXe siècle furent largement entretenues par les apports de ces trois cours d'eau.

Nous n'avons pas affaire à des torrents de montagne, mais dans l'ensemble, le réseau hydrographique de la Loire est fortement influencé par son origine soit centralienne, soit armoricaine. Les fortes pluies occasionnées par l'effet de relief sont concentrées assez rapidement dans le réseau hydrographique. Il faudrait aussi aborder un autre aspect du bassin versant, l'ampleur de sa couverture végétale. Le Massif Central, notamment l'Auvergne et le Limousin ne sont plus ces « espaces chauves » décrits dans les manuels scolaires du début du XXe siècle. La déprise agricole a été accompagnée d'une volonté de reboisement, mais les avis divergent quant au rôle réel du couvert végétal, et surtout forestier, dans l'occurrence du ruissellement.

2°) La hiérarchie du réseau hydrographique a été le « cheval de bataille » des hydrologues américains au milieu du XXe siècle : Horton d'abord, puis son élève Strahler. Il est logique de penser que plus le réseau hydrographique est dense, plus la concentration de ruissellement des pluies dans les chenaux sera forte et plus l'ampleur de la crue sera importante. Avant de s'écouler, l'eau ruisselle sur le sol et dans les macroporosités de ses horizons : c'est l'***écoulement rapide de crue***. Cette eau circule ensuite dans des chenaux élémentaires, puis dans des drains plus importants au fur et à mesure des confluences.

a) Le principe de la hiérarchie des réseaux hydrographiques : Strahler, à la suite de Horton, avait démontré que le réseau de chenaux d'un cours d'eau pouvait être hiérarchisé selon une progression géométrique inverse.

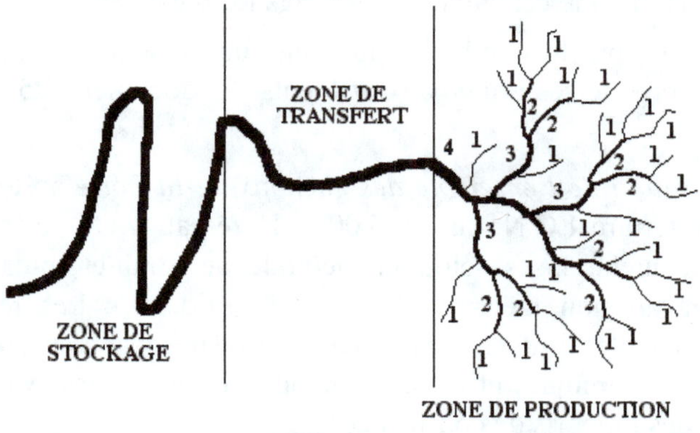

Document 2.4 - Le concept de Schumm et la hiérarchie de Strahler

➢ Les chenaux élémentaires portent le numéro 1 : ce rang est défini par la lettre U, et un cours d'eau élémentaire est de ***rang*** U_1.

➢ Un chenal de ***rang*** U_2 naît de la confluence de deux chenaux de rang 1. La confluence d'un chenal de rang U_2 avec un autre de rang U_1 conserve son rang U_2.

➢ La rencontre de deux chenaux de ***rang U_2*** donne un chenal de ***rang U_3***, mais la confluence d'un chenal de rang U_3 avec un autre de rang U_1 où U_2 conserve son rang U_3.

➢ La rencontre de deux chenaux de ***rang U_3*** donne un chenal de ***rang U_4***, et la confluence d'un chenal de rang U_4 avec un autre de rang U_1, U_2 ou U_3 conserve son rang U_4.

➢ … et ainsi de suite.

Il s'avère que le nombre NU de chenaux de chaque rang s'organise selon une progression géométrique inverse telle que …

$$\mathbf{NI_1/NU_2 = NU_2/NU_3 = NU_4/NU_3 \ldots = NU_{N+1}/NU_N = Constante}$$

… et cette constante appelée ***rapport de confluence Rb*** est une caractéristique du bassin versant pris en compte. Il se trouve que plus le rapport est élevé, plus le nombre de chenaux diminue avec le rang U, ce qui favorise l'occurrence d'une inondation dans les chenaux aval. L'inverse est également vrai. Mais, nous retiendrons qu'un ***fort rapport de confluence est favorable à la genèse d'une crue à la suite d'un passage pluvieux important.***

De son côté, Schumm démontra que l'amont des réseaux hydrographiques : ***rangs U_1 à U_3 voire U_4***, est le lieu de l'agression des versants par les eaux de ruissellement et il le nomme ***zone de production***. En aval, **rangs *U_4 ou U_5*** les éléments arrachés sont transportés, puis déposés. À partir du même raisonnement, les crues sont générées en amont, sur les sites de la zone de production d'alluvions. Par la suite, le flux « formé » constitue une onde de crue qui se déplace dans les chenaux d'ordre supérieur, moins nombreux, mais aussi beaucoup plus longs. Il se trouve aussi que le rapport de confluence cesse d'être une constante quand on le calcule pour les rangs les plus élevés.

Nous avons compté le nombre (important) de chenaux de l'ensemble du bassin de la Loire et de ses principaux affluents. Le document 2,5 rend compte des résultats.

a) La hiérarchisation de l'ensemble des chenaux de la Loire a été effectuée à partir de la couverture I.G.N. au 1 :25 000 : le réseau a été cartographié, les chenaux ont été hiérarchisés selon la méthode de Strahler, puis ils ont été comptés (un travail non mécanisable et vite fastidieux). Les résultats sont présentés sur un tableau (document 2.5.a) et illustrés par des graphiques en échelle semi-logarithmique afin de pouvoir visualiser les variations des coefficients Rb des rapports de confluences.

➢ Dans son ensemble, le réseau hydrographique de la Loire compte près de 130 000 chenaux. Ils se répartissent en 10 ensembles de rang U.

U	LOIRE	Haute Loire	Allier	Nièvre	Cher	Indre	Vienne	Creuse	Clain	Thouet	Layon	Sèvre Nantaise	Maine	Loir	Sarthe	Mayenne
1	**96 740**	**22 441**	**16 793**	**3 209**	**7 934**	**1 726**	**18 508**	6 670	1 796	**1 540**	**1 367**	**2 817**	**16 956**	2 924	7 316	6 715
2	**22 869**	**4 313**	**4 026**	**829**	**2 171**	**497**	**4 492**	1 833	391	**441**	**320**	**667**	**4 529**	769	1 930	1 831
3	**5 406**	**829**	**965**	**214**	**594**	**143**	**1 090**	504	85	**126**	**75**	**158**	**1 210**	202	509	499
4	**1 361**	**220**	**238**	**49**	**156**	**37**	**265**	127	13	**30**	**22**	**44**	**300**	50	132	118
5	**291**	**50**	**51**	**11**	**31**	**11**	**52**	24	4	**7**	**5**	**5**	**68**	13	33	22
6	**72**	**13**	**11**	**3**	**10**	**3**	**11**	7	1	**2**	**1**	**2**	**16**	3	5	8
7	**18**	**1**	**2**	**1**	**3**	**1**	**3**	2		**1**		**1**	**5**	1	2	2
8	**6**	**1**	**1**		**1**		**1**	1					**2**		1	1
9	**2**												**1**			
10	**1**															
Σ (U.1-U.10)	**126 766**	**27 868**	**22 086**	**4 315**	**10 900**	**2 417**	**24 422**	9 168	2 289	**2 147**	**1 791**	**3 695**	**23 087**	3 962	9 928	9 196

Rb	LOIRE	Haute Loire	Allier	Nièvre	Cher	Indre	Vienne	Creuse	Clain	Thouet	Layon	Sèvre Nantaise	Maine	Loir	Sarthe	Mayenne
2/1	**4,23**	**5,20**	**4,17**	**3,87**	**3,65**	**3,47**	**4,12**	3,64	4,60	**3,50**	**4,27**	**4,22**	**3,74**	3,80	3,79	3,67
3/2	**4,23**	**5,20**	**4,17**	**3,87**	**3,65**	**3,47**	**4,12**	3,64	4,60	**3,50**	**4,27**	**4,22**	**3,74**	3,80	3,79	3,67
4/3	**3,97**	**3,77**	**4,05**	**4,37**	**3,81**	**3,86**	**4,11**	3,97	6,54	**4,20**	**3,41**	**3,59**	**4,03**	4,04	3,86	4,23
5/4	**4,68**	**4,40**	**4,67**	**4,45**	**5,03**	**3,36**	**5,10**	5,29	3,25	**4,29**	**4,40**	**8,80**	**4,41**	3,85	4,00	5,36
6/5	**4,04**	**3,85**	**4,64**	**3,67**	**3,10**	**3,67**	**4,73**	3,43	4,00	**3,50**	**5,00**	**2,50**	**4,25**	4,33	6,60	2,75
7/6	**4,00**	**13,00**	**5,50**	**3,00**	**3,33**	**3,00**	**3,67**	3,50		**2,00**		**2,00**	**3,20**	3,00	2,50	4,00
8/7	**3,00**	**1,00**	**2,00**		**3,00**		**3,00**	2,00					**2,50**		2,00	2,00
9/8	**3,00**												**2,00**			
10/9	**2,00**															
Xi (U.1-U.10)	3,68	5,20	4,17	3,87	3,65	3,47	4,12	3,64	4,60	3,50	4,27	4,22	3,49	3,80	3,79	3,67
Xi (U.1-U.4)	**4,28**	**4,64**	**4,27**	**4,14**	**4,04**	**3,54**	**4,36**	**4,13**	**4,75**	**3,87**	**4,09**	**5,21**	**3,98**	**3,87**	**3,86**	**4,23**

a) Le nombre de chenaux et les rapports de confluence

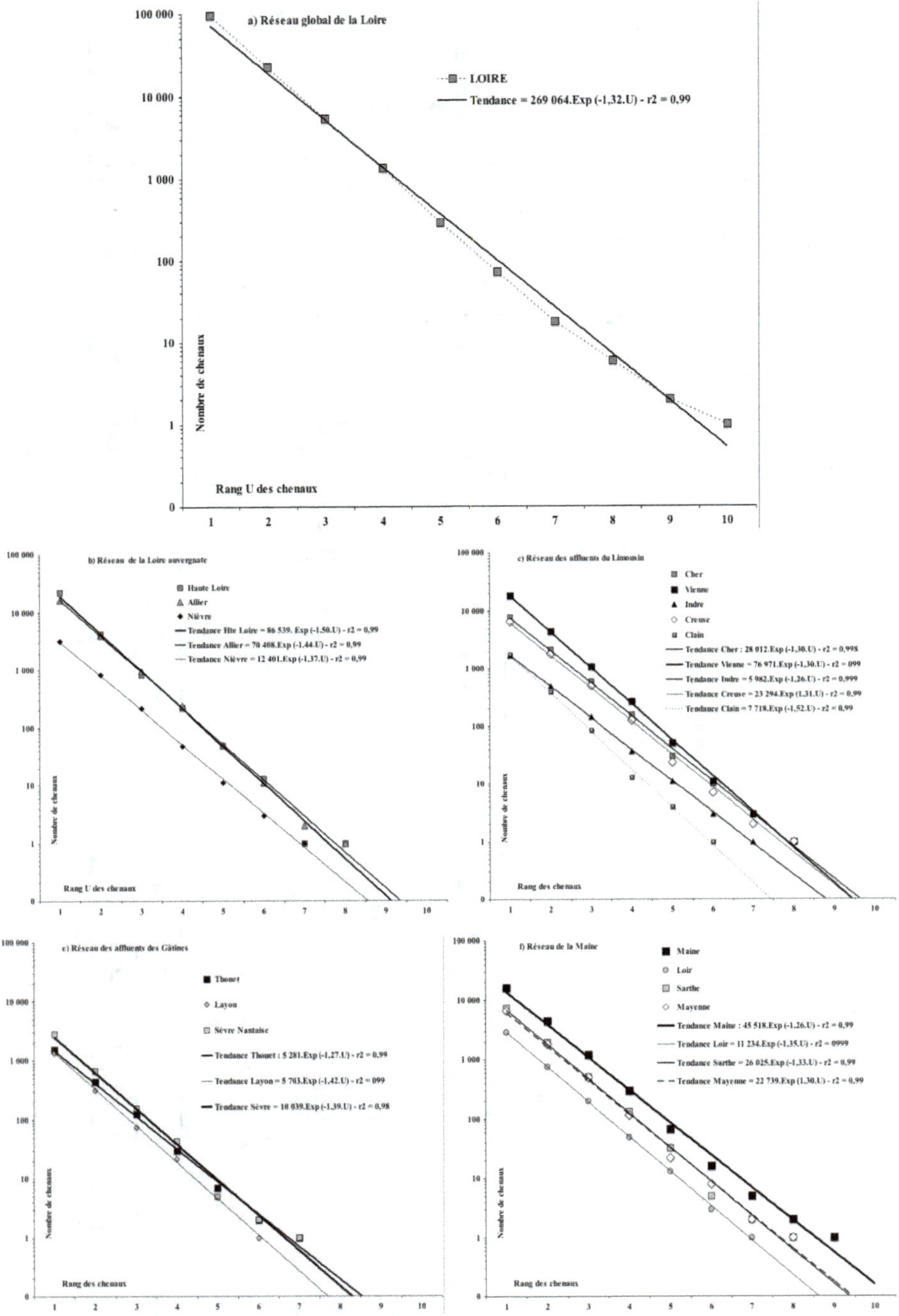

b) Représentations graphiques du recul du nombre de confluences (échelle semi-logarithmique)

Document 2.5 - La hiérarchie des chenaux du bassin de la Loire et de ses affluents

➢ Le rapport de confluences de l'ensemble est **Rb = 3,68**, mais un écart-type de 0,84 rappelle que ce rapport cesse d'être représentatif pour les rangs les plus élevés : par exemple, il n'a que deux drains de rang 9.

➢ Cependant, comme il s'agit de grands nombres, le graphique (a) du document 2.5.b montre que la corrélation des rapports Rb est excellente et surtout parallèle à la courbe de tendance jusqu'au rang $\mathbf{U_9}$.

Or ce rapport est assez élevé, le nombre de drains recule rapidement, ce qui entretient la hauteur de l'onde de crue jusqu'au Massif Armoricain.

a.1) La Loire auvergnate, au drainage méridien, compte près de 55 000 drains, répartis en sept ensembles de rang U sur la haute Loire et l'Allier.

➢ Le rapport de confluence moyen est de **Rb = 4,42** : une valeur plus élevée que celle de l'ensemble du bassin versant (la valeur Rb = 5,2 sur la haute Loire est artificielle : un seul drain pour le rang U_7 et U_8). Mais les chenaux élémentaires sont proportionnellement nombreux, et le nombre des chenaux de rangs U_2 à U_n décroît rapidement.

➢ Nous savons qu'en Auvergne et en Velay, mais aussi dans le Morvan, le contexte topographique est énergique. Dans le chenal principal (***U_7 ou U_8***), la concentration de l'écoulement rapide de crue et le déplacement du flux peuvent être rapides.

La hiérarchie des réseaux hydrographiques de la haute Loire, de l'Allier et de la Nièvre va dans le sens d'un risque de crues cataclysmales important au Bec d'Allier. On notera le parallélisme des courbes de tendance, et surtout la superposition entre les graphes de la haute Loire et de l'Allier, dont les flux risquent de se conjuguer à leur confluence.

a.2) Les cours d'eau issus du Limousin présentent la même originalité.

➢ Les chenaux sont nombreux : près de 38 000 sur l'ensemble Cher, Indre et Vienne. Mais le rapport de confluence est moins élevé : **Rb = 3,75**, soit une valeur proche de celle du Rb de la Loire globale. Graphiquement, cela se traduit par une courbe de tendance plus inclinée sur la Creuse et surtout le Clain.

➢ En effet, l'Indre dans son ensemble et une partie des réseaux du Cher et de la Vienne drainent les calcaires aquitares du Berry et du Poitou, plus pauvres en chenaux à écoulement. Cependant, ce rapport reste élevé sur un affluent de la Vienne : 4,60 sur le Clain.

La concentration des ondes de crue sur le Limousin reste fortement favorisée en direction des chenaux d'ordre supérieur. Or le chenal principal possède une pente elle-même favorable à la concentration d'une onde de crue. Il faut aussi relativiser le rôle des calcaires du Berry et du Poitou ; ils sont « nappés » d'alluvions détritiques argilo-sableuses (le sidérolithique, la Terre de Groie, …) issues du démantèlement du Massif Central, et sur lesquelles le ruissellement est favorisé.

a.3) Le réseau des « Gâtines », celui des cours d'eau issus de la partie du Massif Armoricain située sur la rive gauche n'en est pas moins favorable au ruissellement. Le rapport de confluence est élevé : **Rb = 4** : la concentration des ondes de crue serait rapide. Mais le nombre de chenaux est modeste : un peu plus de 7 000, ce qui réduit fortement leur rôle hydrologique.

a.4) Ce n'est pas le cas du réseau de la Maine (document 2.5.a (f).

➢ L'ensemble du bassin versant des trois contributeurs rassemble près de 17 000 chenaux : 17 % pour le Loir, 43 % pour la Sarthe et 40 % pour la Mayenne.

➢ Le rapport de confluences apparaît inférieur au Rb de la Loire dans son ensemble : **Rb = 3,49** pour l'ensemble du bassin de la Maine. Toutefois, le calcul est faussé par une faible variation du nombre des chenaux de rang U_7 à U_9. À l'évidence, il faudrait écarter de l'analyse ces drains où l'onde de crue chemine longuement.

➢ Il n'empêche que les valeurs moins élevées pourraient illustrer une concentration moins rapide du ruissellement vers les chenaux de l'aval.

Toutefois, mais c'est difficile à exprimer à l'échelle où nous travaillons, le rôle de la hiérarchie des réseaux et du rapport de confluence serait à associer à un processus difficile à saisir. Nous avons évoqué le reboisement en Velay, Auvergne et Limousin, dans le Perche et le Maine, il faudrait inversement évoquer la suppression du bocage dans les années 1970-1980, car l'arasement des haies est une des origines de la concentration du ruissellement lors des crues des années 1990 (voir A. Giret - *Crues et étiages en France au XXe siècle : entre nature et aménagements* - L'Harmattan, Paris, 2013).

b) La hiérarchie restreinte aux chenaux de rang U_1 à U_4 apporte plus de détails. Nous appliquerons le concept de Schumm aux crues et hautes eaux, car les rapports de confluences apparaissent plus élevés.

➢ Dans leur ensemble, le nombre des chenaux de rang U_1 à U_4 recule très fortement au fur et à mesure que leur rang s'accroît : **Rb = 4,28**. Dans sa partie amont, qu'elle soit auvergnate, limousine, angevine, vendéenne ou armoricaine, l'organisation du réseau hydrographique (en accord avec l'énergie du relief, et la nature du sol) est très favorable à la transformation des pluies en écoulement de crue, puis en onde de crue dans les drains de rang supérieur.

➢ Avec un rapport de confluences moyen de **Rb = 4,35**, la réduction du nombre des chenaux entre les drains élémentaires et ceux de rang U_4, est plus proche de la réalité : il y a une concentration rapide de l'écoulement de crue en direction du Bec d'Allier.

➢ Pour ce qui concerne le Cher, l'Indre et la Vienne, le rapport est **Rb = 3,98**, mais si on ne retient que les drains du Limousin, ce quotient s'élève à **Rb = 4,18**. Cela confirme le rôle du Limousin : un réseau dont le nombre décroît rapidement quand le rang des drains augmente, des plateaux plutôt aquicludes, et une pluviométrie abondante. On comprend mieux le rôle hydrologique de cette partie du bassin, qui « réalimente la Loire à mi-parcours ». On notera aussi l'ampleur de rapport de confluences des chenaux de l'amont du Clain.

➢ Ce mécanisme serait aussi celui des « Gâtines », avec un rapport de confluences **Rb = 4,39**, et qui atteint **5,21** sur la Sèvre Nantaise. Mais la position de cette dernière l'exclut de tout rôle hydrologique majeur (l'inondation d'une partie de Nantes).

➢ Enfin, le bassin de la Maine est pédagogique : le rapport des confluences entre les rangs U_1 et U_4 est **Rb = 3,98**, ce qui en soi est élevé. Mais, à ce niveau des bassins, le rôle de la structure géologique prend de l'importance : au fur et à mesure que l'on quitte le Bassin de Paris pour le Massif Armoricain, les rapports de confluences grimpent : **3,87** sur le Loir et **3,86** sur la Sarthe, mais **4,23** sur la Mayenne.

Les inondations du bassin de la Maine se sont amplifiées après 1990 : par réduction du bocage sur la Mayenne et la Sarthe, par excès de drainage artificiel sur le Loir (voir A. Giret - *Crues et étiages en France au XXe siècle : entre nature et aménagements* - L'Harmattan, Paris, 2013).

Pour ce qui est de l'ensemble du bassin, les crues et inondations ont été une des « plaies » des différents « Vals », entre Nevers et Bouchemaine, du fait d'un réseau hydrographique favorable à la concentration de l'écoulement de crue.

II - La variable pluviale du bassin versant

Nous utilisons le singulier, car, pour ce qui concerne les crues, il s'agit de l'erratisme des précipitations. Du fait de son ouverture à l'ouest, le bassin versant de la Loire est bien arrosé : il a reçu 736,4 mm chaque année dans la seconde moitié du XXe siècle. Il faut, bien sûr, nuancer. Les données de 22 stations (Alençon-Valframbert, Angers-Beaucouzé, Auxerre-Perrigny, Bourges, Chartres-Champhol, Châteauroux-Déols, Clermont-Ferrand-Aulnat, Guéret-Saint-Laurent, Laval-Entrammes, Le Mans-Arnage, Le Puy-Loudes, Limoges-Bellegarde, Mendes-Chabrits, Nantes-Atlantique, Nevers-Marzy, Orléans-Bricy, Poitiers-Biard, Saint-Etienne - Bouthéon, Saint-Nazaire-Montoir, Tours-Parçay-Meslay et Vichy-Charmeil), sur une durée de 50 ans, ont permis de reconstituer la pluviométrie moyenne du bassin.

Les résultats sont portés sur le document 2.6 et leur géographie rend compte du mécanisme climatique de l'écoulement et de la naissance d'une onde de crue, même si globalement la Loire et ses affluents relèvent d'un régime pluvial-océanique

A - La géographie des précipitations

Nous avons vu ci-dessus que la répartition des averses dépend beaucoup du relief.

1°) La répartition des pluies interannuelles : le bassin de la Loire apparaît effectivement divisé en trois ensembles pluviométriques (document 2.6) :

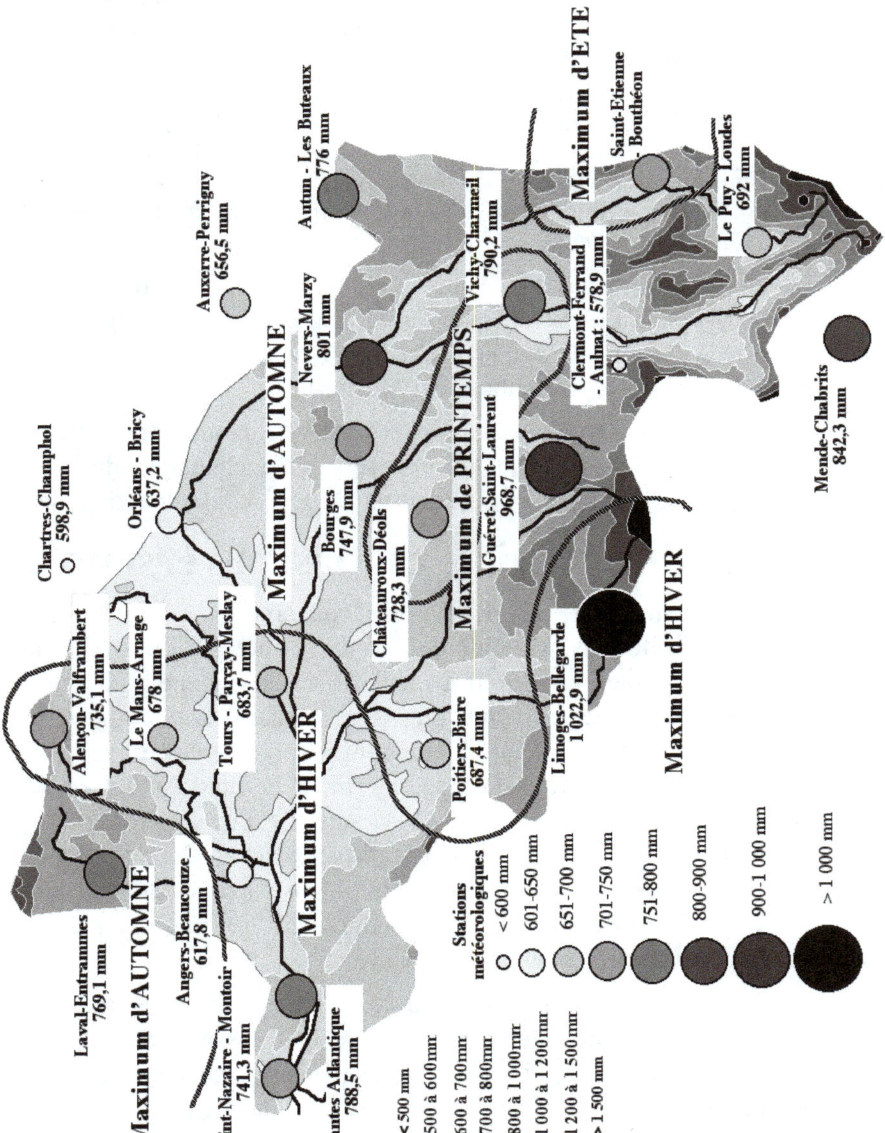

Document 2.6 - Les précipitations sur le bassin de la Loire

(Seconde moitié du XXe siècle)

➢ Le Massif Central apparaît beaucoup plus arrosé, avec une moyenne de 801,7 mm. Mais la carte rappelle qu'il faut opposer les massifs volcaniques et le Socle Hercynien, très arrosés (> 1 000 à Limoges), et les vallées méridiennes qui accompagnent les fossés d'effondrement, souvent très abritées : < 600 mm à Clermont-Ferrand.

➢ À l'opposé, le sud du Bassin de Paris - Beauce, Maine, Berry, Poitou et surtout les « Vals » sont très moyennement arrosés : 661 mm, du fait de l'éloignement de la mer associé à un effet d'abri. L'axe des Vals d'Orléans, de Touraine et d'Anjou, connaît une anomalie pluviométrique négative : 537 mm à Orléans, 618 mm à Angers.

➢ Cependant, la proximité de l'Atlantique et la « rugosité » du Massif Armoricain font que l'Ouest Armoricain et Angevin apparaît plus arrosé, avec une pluviométrie moyenne de 752,5 mm. C'est cette eau qui alimente le Bassin de la Maine.

Mais l'occurrence des hautes eaux dépend de la saison des pluies maximales.

2°) La plus grande partie du bassin est dominée par les pluies de saison froide (novembre à avril). Or, l'eau des précipitations n'est efficace que si elle peut ruisseler et gagner les chenaux, et cette efficacité dépend des températures et surtout de l'activité biologique du couvert végétal. Elle est donc maximale à la fin de l'automne, en hiver et au tout début du printemps, quand le couvert végétal (naturel ou agricole) est au repos. Il ne consomme alors que très peu d'eau et les pluies peuvent se retrouver « hydrologiquement utiles ». Elles s'infiltrent vers les nappes phréatiques pour alimenter les sources, mais surtout elles peuvent ruisseler sur le sol et gagner directement les chenaux.

➢ À l'évidence, c'est le Limousin qui semble le plus concerné, par la pluviométrie hivernale. Or, le Cher, la Creuse et la Vienne constituent les affluents dont les conditions naturelles - nature du sous-sol, énergie du relief, pente des chenaux et hiérarchie des réseaux - sont les plus favorables à la concentration de l'écoulement de crue (documents 2.1 à 2.5).

➢ Ces pluies d'hiver surviennent aussi sur la partie orientale du Massif Armoricain, dont la Sarthe, au réseau très favorable à la concentration des crues.

➢ Enfin, dans une moindre mesure, le Poitou et le Maine sont aussi concernés par des pluies d'hiver avec les bassins du Clain, du Thouet et du Loir.

Les pluies à maximum d'automne concernent plutôt le Perche, l'Auvergne et le Velay.

➢ Dans le Massif Armoricain, elles accompagnent le retour des pluies frontales sur le bassin le plus occidental : celui de la Mayenne.

➢ En Auvergne et en Velay, un raisonnement simple nous conduit à rappeler que seuls les sommets des volcans sont concernés. Certes, le relief est accidenté, le réseau de chenaux est dense et très incliné, mais il est temps de souligner l'importance des roches aquitares - laves et scories - dont la recharge des nappes superficielles et phréatiques se réalise en automne et consomme une grande part de la pluie.

➢ La bordure orientale et méridionale du Massif Central est aussi très arrosée. Surtout, en automne, les averses méditerranéennes de type cévenol peuvent déborder sur l'amont des bassins de l'Allier et de la haute Loire, dans le contexte d'une végétation « traumatisée » par la sécheresse estivale et les incendies.

➢ Enfin, au pied des volcans, la partie orientale du Limousin appartient à ce domaine des pluies d'automne.

Dans son ensemble, les pluies qui dominent sur le bassin de la Loire sont concentrées d'octobre à avril, ce qui les rend très efficaces et explique que les hautes eaux se rencontrent statistiquement en période de dormance végétale, et que les crues surviennent le plus fréquemment en janvier et février.

3°) Deux secteurs font l'objet de pluies de saison chaude. Le Berry et le Bourbonnais, par ailleurs moyennement arrosés, reçoivent leurs averses au printemps, alors que l'automne ou l'été arrivent en deuxième position. Ce seraient des pluies peu efficaces, pourtant elles concernent une région qui participa à la crue de l'Indre en juin 2016.

Quant aux maxima estivaux, on ne les rencontre que sur la bordure orientale du bassin, par le fait que l'abri de la vallée du Rhône réduit les précipitations de saison froide au profit (parfaitement statistique) des averses orageuses estivales, dans un contexte faussement continental.

B - Les types de précipitations et les crues afférentes

Il ne faut pas négliger le rôle du climat général. Dans son ensemble, la climatologie ligérienne relève des pluies frontales du domaine océanisé. Sommairement, le bassin est ouvert à l'influence des trains de perturbation venus de l'Atlantique nord. Cependant, la partie méridionale relève en partie du domaine méditerranéen. Les deux climats sont à pluies de saison froide, mais si le domaine océanisé ignore la sécheresse estivale, le domaine méditerranéen est aride au cours de l'été, et il connaît des précipitations cataclysmales en automne (voire au printemps).

1°) La cyclogenèse est à l'origine de la majorité des précipitations qui affectent l'Europe occidentale, et, par conséquent, la quasi-totalité du Bassin de la Loire (document 2.7). Le processus peut être abordé simplement :

➢ Son origine se situe au-dessus de l'Atlantique Nord : au niveau de l'Islande, l'océan est accompagné par « l'air polaire océanique ». C'est une masse d'air froide et humide et anticyclonique. Elle entre en contact avec l'air tropical océanique, soutenu par l'anticyclone des Açores.

➢ Ces deux masses d'air ne se mélangent pas et le contact se fait par une « interface » inclinée vers le nord, autrefois nommée le « front polaire ». L'air chaud tropical tend à passer par-dessus l'air froid polaire, ce qui explique la pente du front. La pression diminue alors que le front qui se déforme dans le sens antihoraire donne naissance à une dépression qui se déplace vers l'est.

➢ Le front se divise alors en deux branches. La branche orientale est peu inclinée, et l'air tropical océanique pousse devant lui l'air polaire océanique. La branche occidentale est beaucoup plus inclinée, car c'est l'air polaire océanique, lourd et froid, qui repousse devant lui l'air tropical océanique.

➢ On donne à cet ensemble le nom de « perturbation » ; elle est accompagnée de l'ascendance de l'air tropical, plus chaud, au-dessus de l'air polaire, plus froid, ce qui génère un double système nuageux.

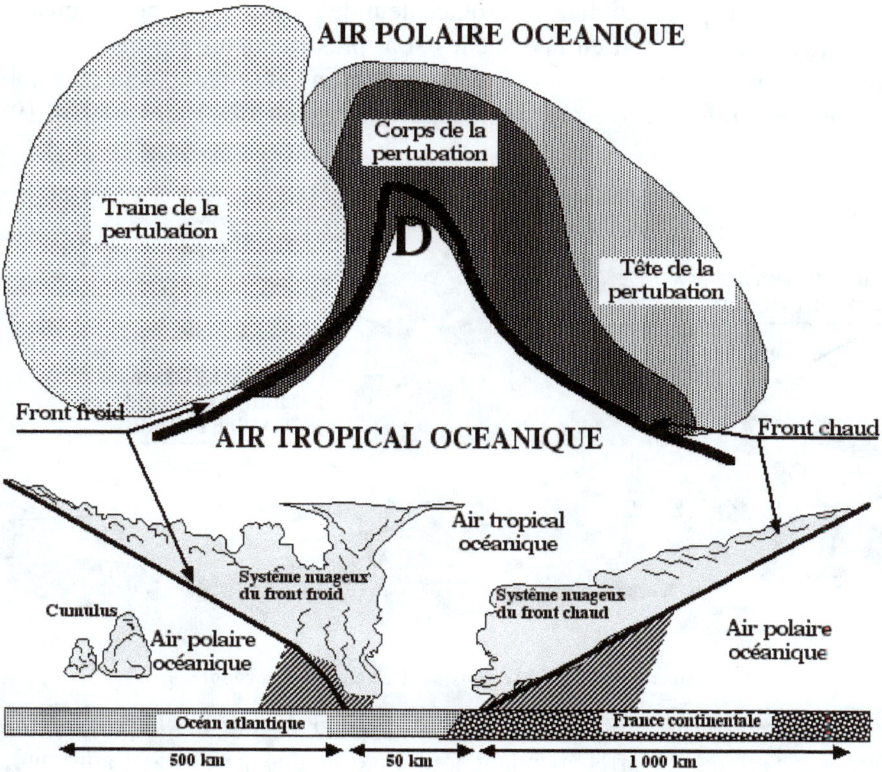

Document 2.7 - Schéma d'une perturbation cyclonique (d'après Météo France)

➢ La branche orientale est appelée « front chaud », car au fur et à mesure de son déplacement, l'air chaud succède à l'air froid. Au-dessus du front, un système nuageux complet commence avec les cirrus de la tête de la perturbation, en avant et en altitude, et se termine par les nimbo-stratus, du corps de la perturbation, en arrière et proches du sol. C'est au-dessous de ce corps de perturbation que s'amorce une pluviométrie abondante, mais peu violente à ce niveau de la perturbation.

➢ La branche occidentale est nommée « front froid », car l'air froid succède à l'air chaud. Ce front plus incliné provoque une ascendance plus brutale de l'air chaud, le corps de la perturbation est étroit mais très instable, accompagné de nuages très pluviogènes, les cumulo-nimbus. Les averses sont violentes et de grande abondance.

➢ En arrière du front froid, la traîne de la perturbation reste perturbée, accompagnée de turbulences qui engendrent des cumulus au sein de l'air polaire océanique, accompagnés d'averses.

Ces perturbations constituent des familles qui peuvent se succéder pendant plusieurs semaines. Elles peuvent se réaliser en toute saison (par exemple « l'été pourri » de 1956), mais du fait du déplacement de l'anticyclone des Açores vers l'Atlantique du sud-ouest en hiver, elles sont plus fréquentes et très actives au cours de la saison froide. Or on sait qu'un hiver long et pluvieux sature le sol du bassin et l'eau ruisselle avec des crues pouvant devenir très fortes : 1910, 1982, 2003.

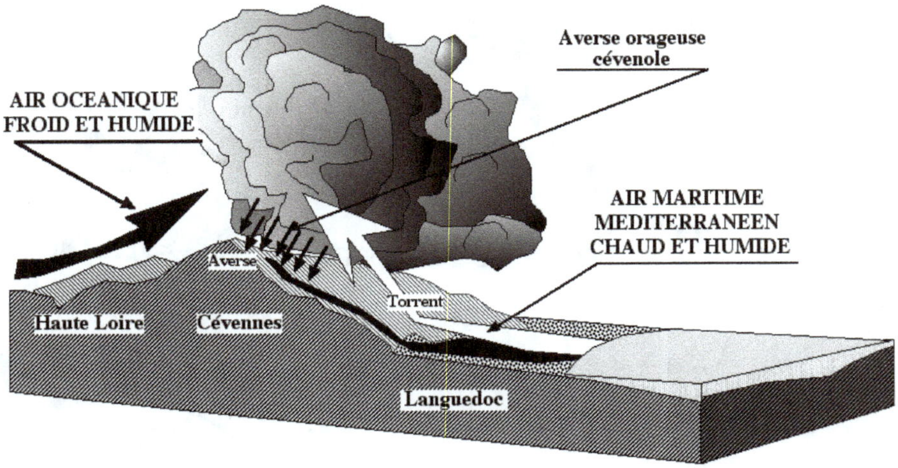

Document 2.8 - Mécanisme d'une averse cévenole

2°) Un autre type de précipitations peut affecter le sud du bassin versant : l'averse cévenole. En effet, pendant tout l'été et une partie de l'automne, la Méditerranée est « surchauffée », et une partie de son eau de surface s'évapore pour engendrer une masse d'air régionale : l'air maritime méditerranéen, très chaud et très humide.

➢ À partir d'octobre, l'air maritime méditerranéen déborde sur le littoral, notamment sur le Languedoc. À la même date, les dépressions atlantiques s'intensifient, et l'air polaire océanique, plus froid mais aussi humide, remonte par les vallées de l'Allier et de la Loire.

➢ La rencontre a généralement lieu sur le versant sud des Cévennes, des Corbières, ou des Préalpes du Sud (document 2.8). Le fruit est une suite d'averses orageuses, les « averses cévenoles », très violentes pouvant donner 300 à 500 mm en 1 heure : l'équivalent de la vidange brutale d'un grand barrage. C'est ce qui ravagea Vaison-la-Romaine en 1992, Nîmes en 1988, les Corbières en 1999.

➢ La rencontre peut exceptionnellement se réaliser sur le versant nord des Cévennes, sur les hautes vallées de l'Allier et/ou de la Loire. On retiendra que ce processus peut aussi survenir au printemps avec le retour d'un flux de sud d'origine méditerranéenne.

L'abondance d'une averse cévenole n'est pas à démontrer. Mais elle se réalise sur des bassins versants que nous avons décrits comme très favorables à la concentration d'une onde de crue. C'est ce qui arriva à Brives-Charensac (Haute-Loire) en le 21 septembre 1980.

3°) - On peut établir une brève typologie des crues. Les modèles pluviométriques peuvent engendrer trois types de crues : crues d'hiver issues du cumul des pluies frontales, crues cévenoles d'automne et crues issues de la conjugaison des deux processus. Nous reprenons ici la définition donnée par l'ingénieur hydrologue Zbigniew Gasowski pour le bassin Loire Bretagne.

a) La plus fréquente est la crue océanique.

➢ Du fait de la succession de nombreux trains de perturbations, le sol du bassin versant finit par se saturer et les dernières averses ne s'infiltrent plus mais se transforment en ruissellement ou « écoulement rapide de crue » qui gagne très rapidement les chenaux.

➢ Les bassins versants concernés sont les mieux exposés aux précipitations venues de l'Atlantique : le Limousin, qui fait barrage aux perturbations apporte de l'eau au Cher, à la Vienne et à la Creuse ; le Massif Armoricain accentue aussi la pluviogenèse au-dessus du Thouet, de la Sèvre Nantaise et surtout de la Mayenne et de la Sarthe dans le bassin de la Maine. Mais le sud du Bassin de Paris peut y participer, sur le Clain, l'Indre et le Loir.

➢ À l'inverse, les cours d'eau auvergnats, plus éloignés sont « moins concernés ».

Les crues de l'hiver et du printemps de 2016 appartiennent à ce processus.

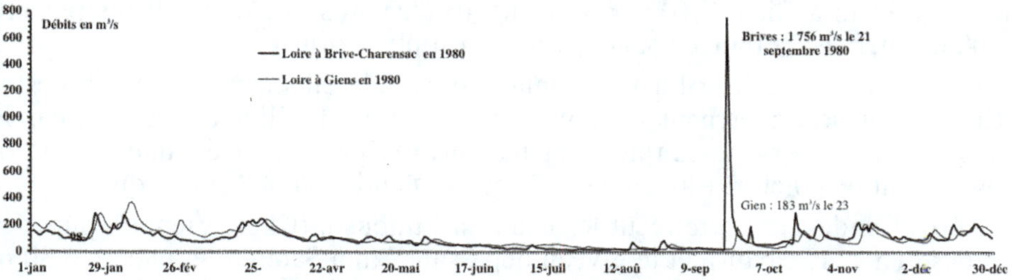

Document 2.9 - La crue cévenole de Brives-Charensac du 21 septembre 1980

b) La crue cévenole est plus spécifiquement centrée sur l'automne. La crue de Brives-Charensac en septembre 1980 servira de modèle (document 2.9).

➢ Pendant près de quinze heures, l'air maritime méditerranéen entra en contact avec l'air polaire océanique au-dessus des chenaux de la haute Loire. On estime que l'intensité de l'averse a pu atteindre 600 mm.

➢ En amont de Brives-Charensac, le bassin n'excède pas 865 km^2. Pourtant, le 21 septembre, le niveau de l'eau passa brusquement de 0,30 m à 6 heures, à 6,7 m à midi. Le débit, mesuré à 13 m^3/s le 20 septembre, atteignait 1 756 m^3/s le 21 (débit instantané estimé à 2 000 m^3/s). Il en coûta la vie à huit personnes, dont deux enfants.

Mais ces crues cévenoles restent limitées au Massif Central : à Villerest, à l'aval d'un bassin versant de 6 585 km^2, la crue n'était plus que de 1 800 m^3/s ; à Gien, 2 jours plus tard, avec 183 m^3/s, elle était à peine décelable.

c) Les crues complexes relèvent de la conjonction d'une crue cévenole et de crues océaniques. Ce sont des crues au moins centennales (occurrence d'1 chance sur 100 pour une année donnée). Il faut aussi un apport cévenol sur une Auvergne saturée par des pluies frontales, et qui rejoint les eaux apportées par les affluents du Limousin, en aval de Tours. Une des plus célèbres fut celle de 1856 qui affecta tous les « Vals » et qui sert encore de référence.

➢ Les mois d'avril et mai 1856 furent anormalement pluvieux : 160 mm de pluies en avril (2 fois la normale saisonnière) puis 270 mm en mai (3 fois cette normale). Au milieu du printemps, l'ensemble du bassin était saturé en eau. Les affluents de la Maine étaient en crue, et leur apport hydrologique aux Ponts-de-Cé pouvait constituer un « obstacle » à un flux venu de l'amont. Or, le Limousin était lui aussi saturé, et Vienne, Creuse, Cher et autres affluents connaissaient de très hautes eaux. Au « Bec des deux eaux » de Candes-Saint-Martin cet apport constituait un autre « obstacle » envers un flux venu de l'Auvergne et du Velay. Le Morvan était également saturé et la Nièvre, en crue, jouait le même rôle « d'obstacle » à Nevers.

➢ Des averses cévenoles se sont produites dans les hauts bassins de la Loire et de l'Allier dans les derniers jours de mai, provoquant une crue de juin.

Les cotes (hauteurs d'eau) n'ont jamais été dépassées depuis.

➢ On mesura près de 9 m au Bec d'Allier, ce qui signifierait un débit de 8 000 m^3/s. Surtout, l'onde de crue auvergnate n'avait pas faibli : en aval, on mesura 7,25 m à Gien, 7,10 m à Orléans, (6 000 m^3/s), 6,80 m à Blois (encore 6 000 m^3/s), puis 7,60 m à Tours, car le val est plus étroit.

➢ À l'évidence, la crue fut entretenue par le ruissellement sur les modestes affluents qui accompagnent le fleuve entre le Bec d'Allier et Candes, car le cours d'eau ne reçoit aucun affluent majeur. On peut aussi évoquer un profil longitudinal peu incliné (document 2.3) qui a ralenti le déplacement du flux.

➢ Après Candes, la Loire reçut les eaux du Limousin (Cher, Vienne), puis des Gâtines (Thouet, Layon), et le niveau dépassait 7 m à Saumur, et encore 6,80 m à Ancenis du fait de la conjonction avec la crue de la Maine et de ses affluents.

➢ Cette inondation a recouvert 100 000 ha, détruit 20 km de levées, et tué 30 personnes. Elle se renouvela en 1866.

Ces grandes inondations sont limitées dans le temps. Maurice Champion et Roger Dion ont étudié ces crues cataclysmales.

➢ Ils en ont relevé trois au XVIe siècle : 1519, 1527 et 1549. Ils en évoquent cinq au XVIIe siècle : 1608, 1628, 1649 et 1689, dont le « Déluge de Saumur » en 1615.

➢ Les inondations du XVIIIe siècle furent les plus graves : trois années consécutives de 1707 à 1709, deux années de suite en 1710 et 1711 (cette dernière affecta les riverains de l'Auvergne à Nantes), crue catastrophique de 1733, cinq années consécutives entre 1749 et 1756 (dont une cote de 7,35 m à Cinq-Mars la Pile en 1755) et enfin, voire surtout, la crue de la Haute-Loire de 1790. L'Allier aurait alors débité 3 800 m^3/s à Pont-du-Château (03) et 7 000 m^3/s à Moulins (destruction de 654 maisons).

➢ Enfin, le XIXe siècle a connu quarante « fortes crues » dont trois « centennales » en 10 ans : crue de 1846 (cote 6,80 m à Orléans), crue de 1856 et celle de 1866 avec une cote de 6,92 m, avec un débit estimé à 6 000 m^3/s à Blois.

Cette présentation du bassin versant et de ses contraintes s'imposait avant de reprendre le fil de la crue de 2016. Le bassin versant est complexe, divisé en trois ensembles. Le réseau hydrographique est dense dans les secteurs montagneux dans un contexte souvent aquiclude. Enfin le profil des affluents favorise l'acheminement de l'onde de crue.

Le climat est favorable à la saturation par l'abondance des pluies frontales, ce que nous avons souligné en 2016, mais le rôle des averses cévenoles ne doit pas être négligé. Enfin, on ne pourra pas échapper à l'impact de la « modification climatique » en cours depuis 1850, ni celle des aménagements : reboisement, aménagements hydrauliques, incision du lit.

Cependant, les crues de la Loire, comme celles de ses affluents sont indiscutablement d'origine pluviale ; aussi, il nous est apparu incontournable de consacrer un chapitre entier à la présentation exhaustive de la succession des averses survenues sur l'ensemble du bassin versant.

Troisième chapitre
Les averses d'août 2015 à août 2016

C'est le document 1.1b qui donne le ton : dix-neuf averses se sont succédé entre le 1er août 2015 et le 31 août 2016 (la liste, le total chu, la durée et l'intensité sont énumérés page 12). L'examen des chroniques pluviométriques dans les stations qui nous ont servi à calculer les précipitations journalières de l'ensemble du bassin (documents 1.4 et 1.5) rend compte d'une quasi-simultanéité de ces averses sur l'ensemble des 28 stations. Comme nous avons reconnu 19 passages pluvieux, nous disposons d'une collection de 532 événements compris entre 244 mm cumulés à Guéret entre le 2 et le 11 octobre 2015 et l'absence de pluie à Autun entre le 11 et le 22 juillet 2016.

I - La méthode de discrétisation des averses

Il est possible de discrétiser ces 532 données afin d'établir des cartes des pluies maximales et minimales des 19 événements pluviométriques, avec pour objectif une meilleure approche des apports hydriques en relation avec les constantes du bassin : relief, géologie, pente et hiérarchie des chenaux. La courbe monotone des averses classées prend une allure très nettement logarithmique …

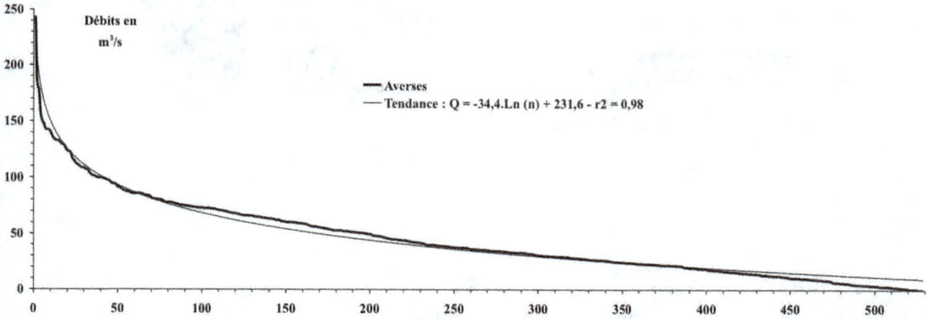

Document 3.1 - Courbe monotone des averses classées du 1er août 2015 au 31 août 2016

… La méthode de Huntsberger établit l'existence de 7 classes d'averses qui se répartissent selon une régression géométrique de la manière suivante :

Classe 1	0 mm	à	1 mm	**Classe 2**	1,1 mm	à	2,5 mm
Classe 3	2,6 mm	à	6,2 mm	**Classe 4**	6,3 mm	à	15,6 mm
Classe 5	15,7 mm	à	39 mm	**Classe 6**	39,1 mm	à	97,6 mm
Classe 7	97,7 mm	à	244 mm				

II - Dix-neuf épisodes pluvieux

Des cartes ont été réalisées (documents 3.2 à 3.20) sur le fond topographique. Les précipitations totales d'une averse donnée y sont précisées d'après les résultats de la discrétisation. Nous y avons adjoint un graphique des valeurs réelles, classées selon la répartition topographique : Auvergne, Pays des Vals, Limousin, Berry, Poitou, Vals de Touraine et Anjou-Maine.

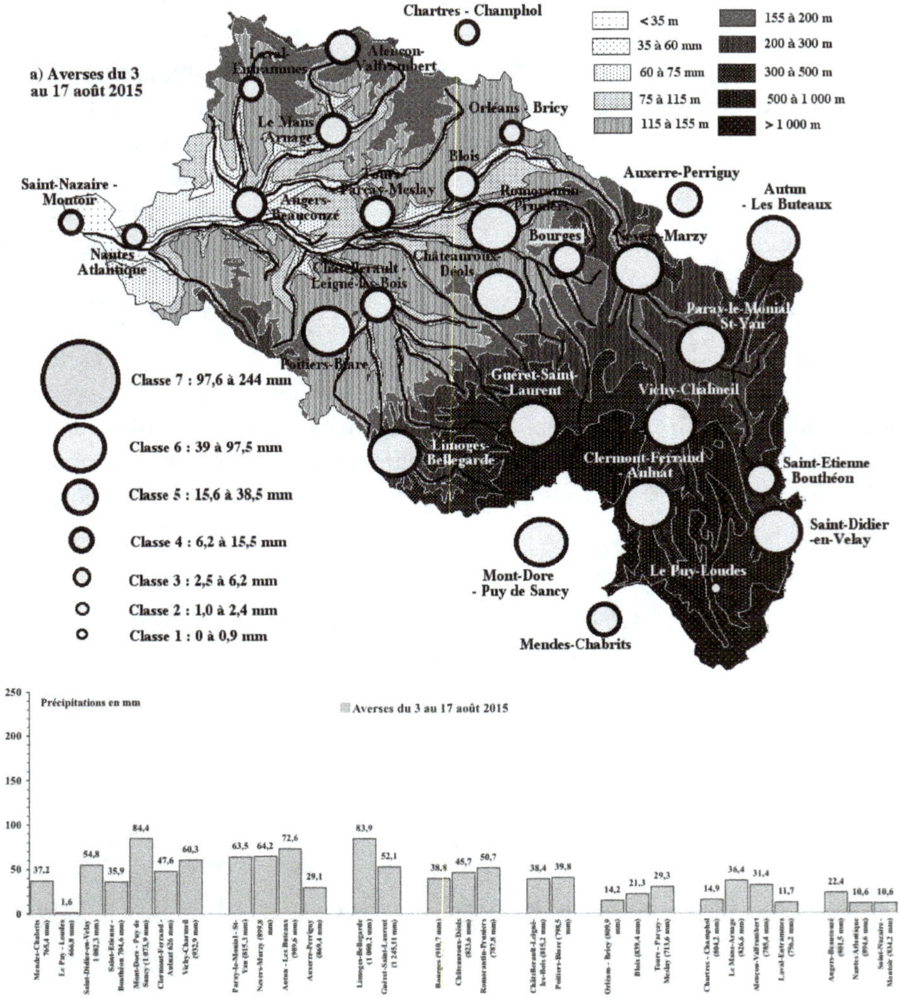

Document 3.2 - Averses du 3 au 17 août 2015

1°) - Les averses du 3 au 17 août 2015 (document 3.2) n'ont guère été copieuses : médiane = 37,2mm, soit la classe 6.

➢ Elles ont affecté la partie médiane (Berry et Limousin) et sud-orientale (Auvergne et Velay) du bassin de la Loire. Cet ensemble d'averses a donc principalement atteint la partie « montagnarde » du cours d'eau.

➢ Cependant, ces précipitations n'ont guère provoqué de ruissellement du fait de la conjugaison de leur modestie (maximum de 84,4 mm au Mont-Dore) et d'une saison (le milieu de l'été) peu propice aux crues (documents 1.7 à 1.9).

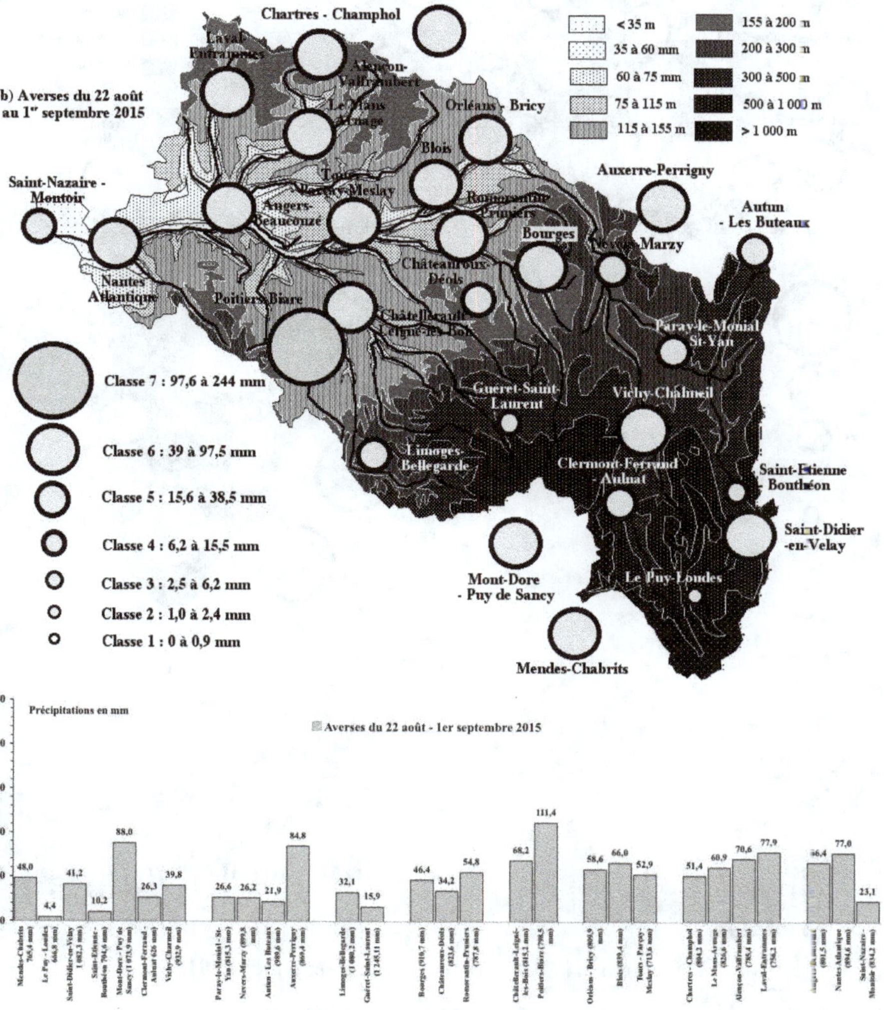

Document 3.3 - Averses du 22 août au 1er septembre 2015

2°) Les averses du 22 août au 1er septembre 2015 (document 3.3) n'ont été que légèrement plus volumineuses : médiane = 49,7 mm (classe 6).

➢ Leur centre de gravité s'était déplacé vers le nord-ouest (pluies frontales). Mais les averses de classe 6 mesurées sur l'Auvergne et le Velay n'ont engendré aucune crue sur la haute Loire et l'Allier.

➢ Certes, des averses de classe 7 ont affecté la station de Poitiers-Biard, mais sans provoquer de débordements sur les affluents de la rive gauche. En effet, le Limousin (Guéret et Limoges) n'a connu que des averses très modestes (classes 3 à Guéret et classe 4 à Limoges).

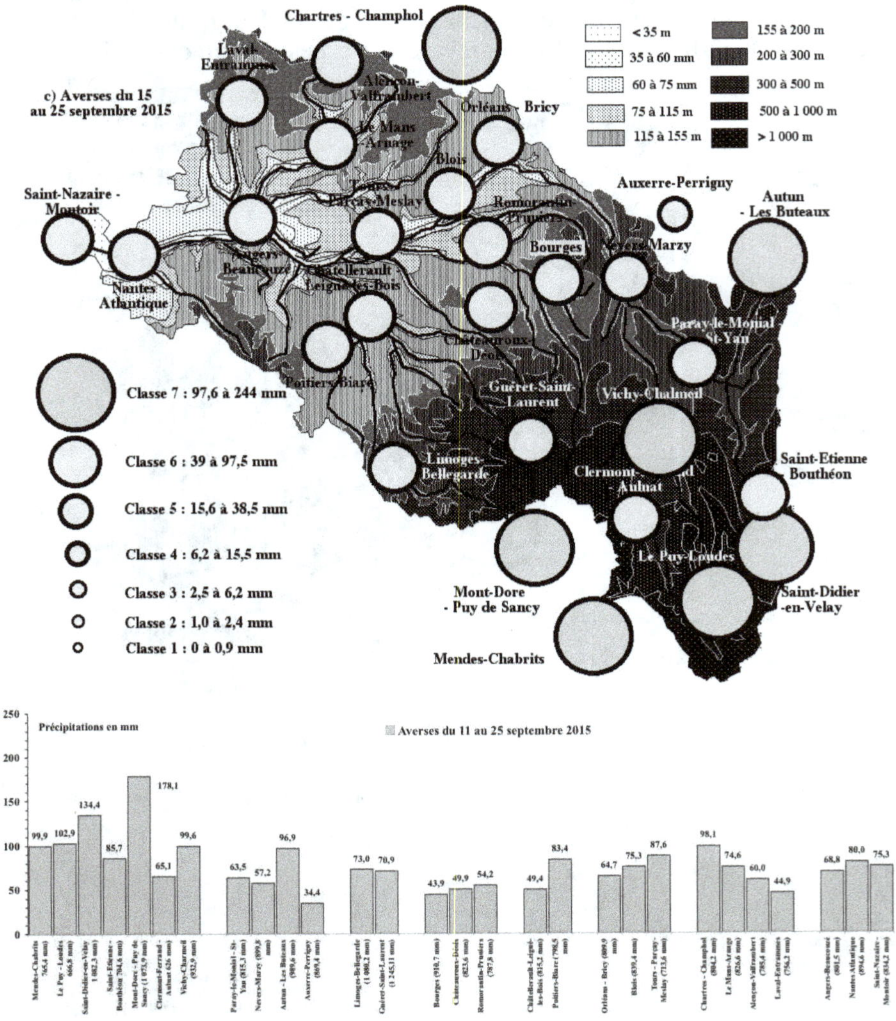

Document 3.4 - Averses du 11 au 25 septembre 2015

3°) Avec les averses du 11 au 25 septembre 2015 (document 3.4), le volume médian avait encore augmenté : 73,8 mm. Il n'y eut pas d'averses inférieures à la classe 5, mais surtout on relève l'occurrence de nombreux sites où la classe 7 a été atteinte.

➢ On releva 99,9 mm à Mendes, 102,9 mm au Puy, 134,4 mm à Saint-Didier en Velay, 178,1 mm au Mont-Dore et 99,6 mm à Vichy, ce qui expliquerait la modeste crue du 20 septembre simultanée sur la Loire et l'Allier et encore visible à Tours (documents 1,7 à 1,9).

➢ Le sud du Bassin de Paris fut lui aussi fort arrosé, avec 98,1 mm à Chartres. Le bassin de la Maine (document 1.12) fut également affecté par ces fortes pluies.

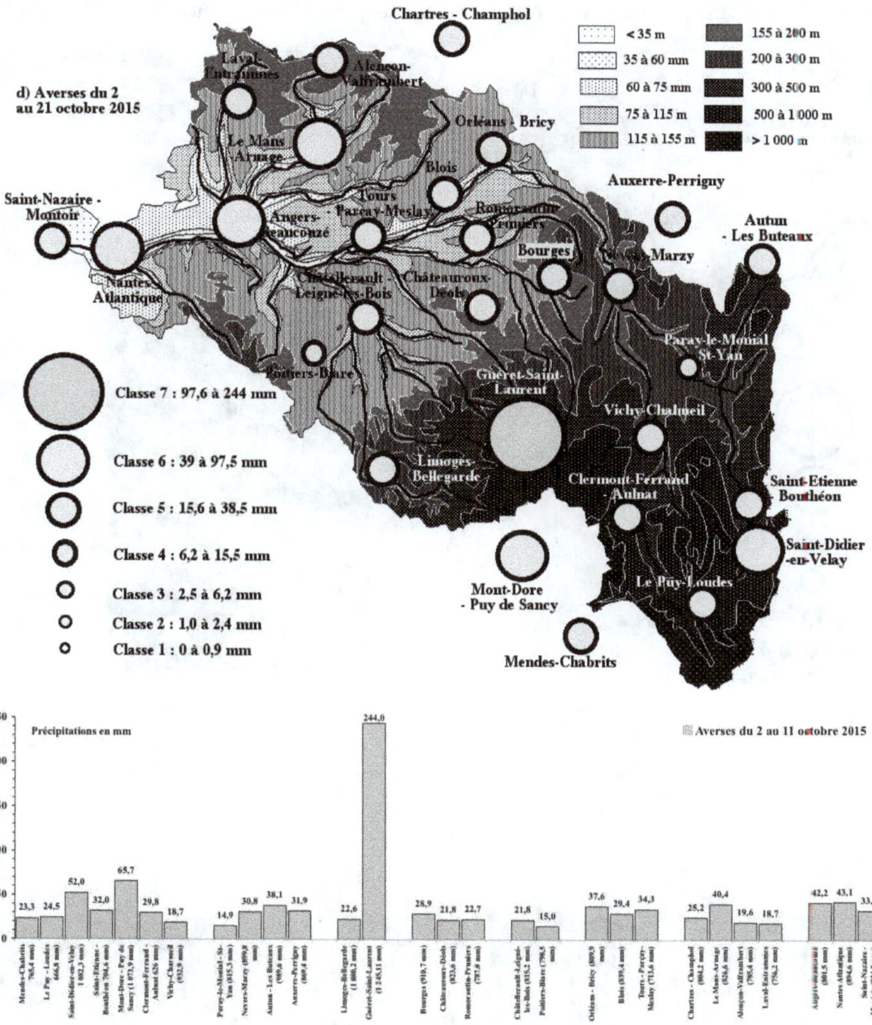

Document 3.5 - Averses du 2 au 11 octobre 2015

4°) Le volume moyen des averses recula entre le 2 et le 21 octobre 2015 : médiane = 29,6 mm (document 3.5).

➢ L'ensemble Auvergne et Velay apparaît nettement moins arrosé, ce qui expliquerait la quasi-absence de hautes eaux sur la haute Loire et l'Allier (document 1.7).

➢ Inversement, le « Massif Armoricain » (bassin de la Maine) a été pluvieux, et des hautes eaux se sont manifestées sur la Sarthe, la Mayenne, voire le Loir.

➢ Surtout, la station de Guéret a reçu 244 mm (le maximum enregistré entre août 2015 et août 2016). Pourtant, la Vienne n'apparut pas affectée (document 1.9). Malgré cette abondance, il faut reconnaître que le bassin versant était encore loin du remplissage des nappes phréatiques et de la saturation des sols.

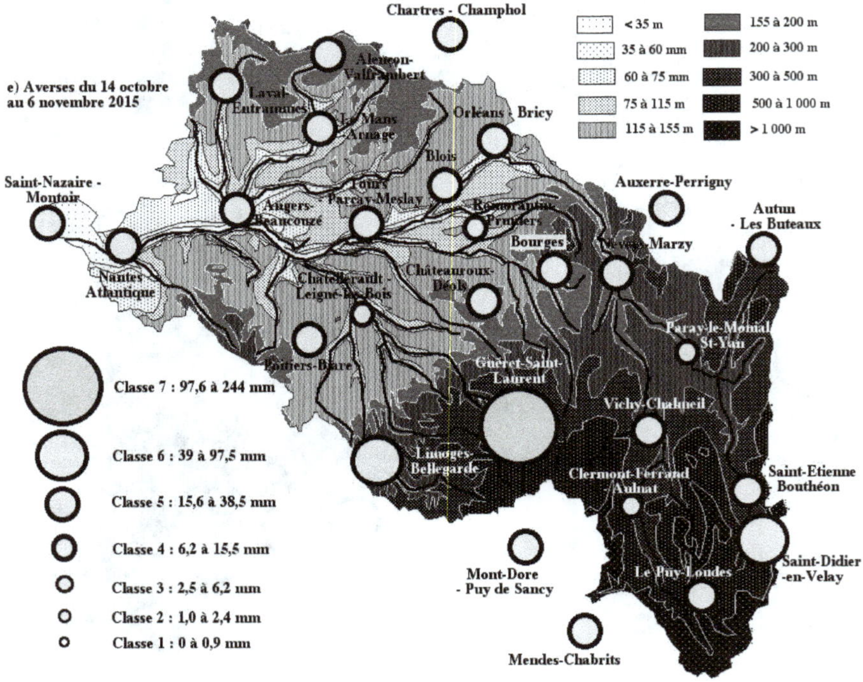

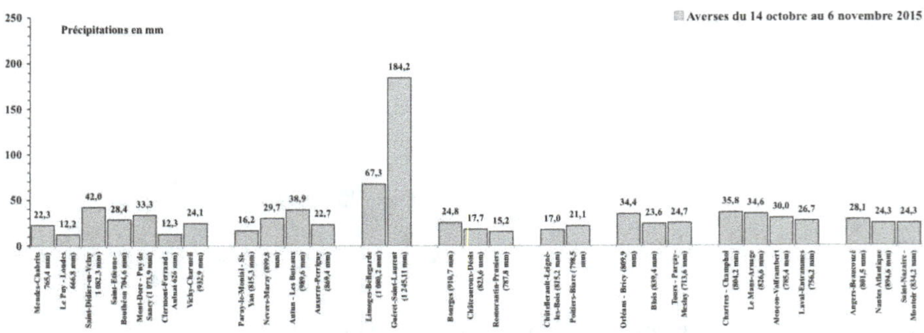

Document 3.6 - Averses du 14 octobre au 6 novembre 2015

5°) Les averses qui s'étendirent du 14 octobre 2015 au 6 novembre 2016 (document 3.6) ont poursuivi ce recul pluviométrique (médiane = 24,8 mm).

➢ De l'Auvergne au Massif Armoricain, les averses ont été de classe 4 à 5, à l'exception du Limousin : 67,3 mm à Limoges (classe 6) et 184,2 mm à Guéret (classe 7). Mais cette pluviométrie limousine n'affecta pas fortement l'écoulement de la Vienne (document 1.9).

➢ Les sols restaient insuffisamment saturés pour déclencher un ruissellement généralisé.

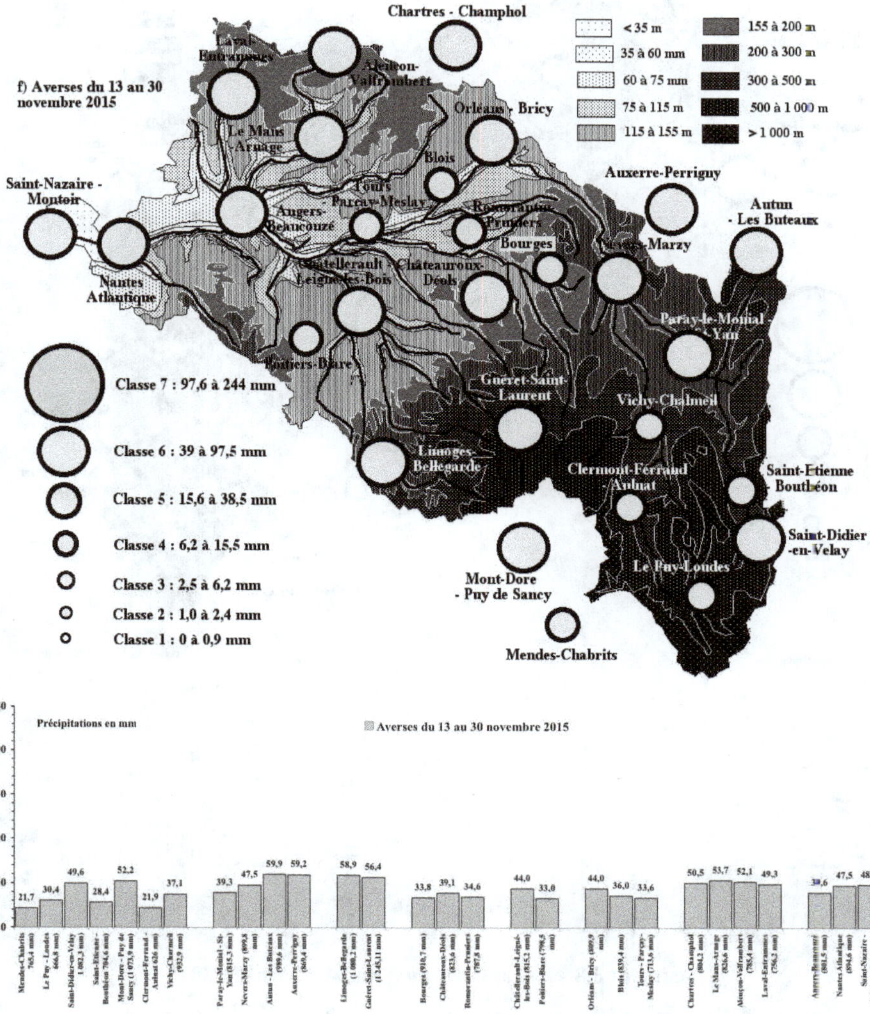

Document 3.7 - Les averses du 13 au 30 novembre 2015

6°) Les averses qui suivirent, celles du 13 au 30 novembre (document 3.7) furent plus copieuses (médiane = 44 mm) et plus équitablement réparties.

➢ Par expérience, nous avons souvent observé qu'à cette date, les pluies participent plus efficacement à la saturation des sols.

➢ Elles n'ont pas encore engendré de crues généralisées, celles qui affectent l'ensemble du bassin (Loire + affluents), mais on relève des hautes eaux sur tous les affluents (documents 1.7 à 1.13). L'automne s'achevait, la végétation entrait en « dormance », les nappes phréatiques étaient remplies et les sols commençaient à se saturer.

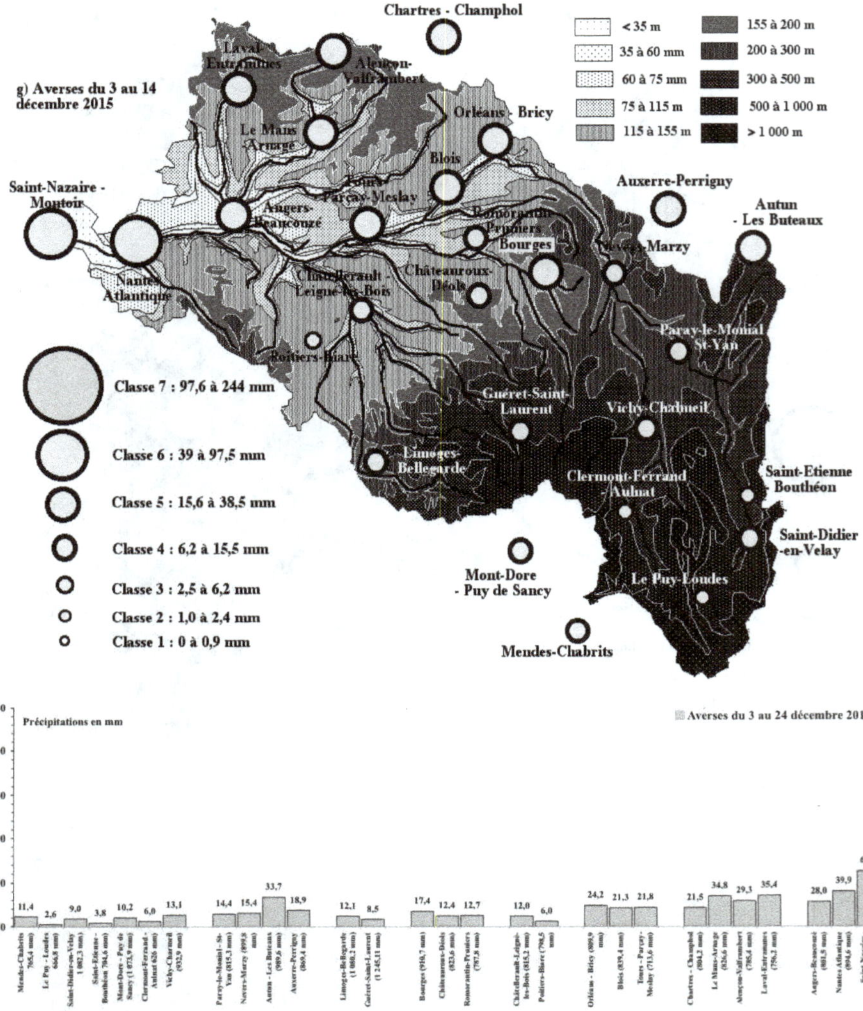

Document 3.8 - Les averses du 3 au 24 décembre 2015

*7°) **Mais le mois de décembre fut peu arrosé*** (document 3.8) : médiane = 14,9 mm, avec des averses généralement de classe 4.

➢ Surtout, le Massif Central, que ce soit le Velay, l'Auvergne et le Limousin, n'a connu que de très faibles précipitations (classes 2 à 4). La Loire, l'Allier, le Cher et la Vienne ne furent pas affectés par des hautes eaux (documents 1.7 à 1.10).

➢ Le Massif Armoricain connut des averses plus copieuses, ce qui généra quelques hautes eaux sur la Maine (document 1.12). Enfin, la côte fut très arrosée, l'Erdre entra en crue (document 1.13), mais une crue de l'Erdre est sans conséquence sur l'écoulement de la Loire à Nantes.

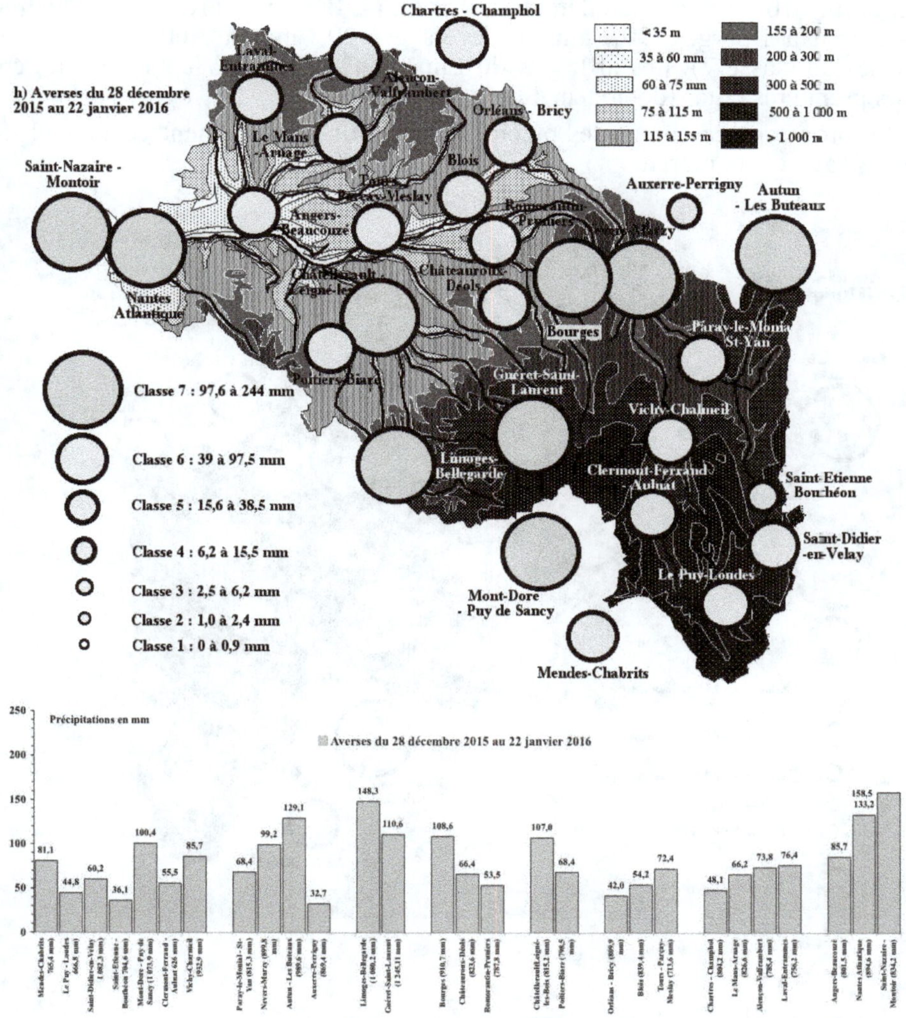

Document 3.9 - Averses du 28 décembre 2015 au 22 janvier 2016

8°) Ce sont les pluies de janvier 2016 qui ont le plus largement contribué à la saturation du bassin versant (document 3.9). La médiane est de 731 mm, alors que les averses ont été comprises entre les classes 5 et 7.

➢ Curieusement, l'Auvergne et le Velay ne furent pas fortement arrosés, malgré 100,4 mm au Mont-Dore (classe 7). Pourtant, la haute Loire et l'Allier ont réagi, du fait de sols maintenant saturés (document 1.7).

➢ La bassin de la Maine fut plus arrosé (averses de classe 6), aussi la Sarthe a-t-elle connu la crue biennale à Durtal (document 1.12).

➢ Mais si on exclut l'estuaire, (il connut des averses de classe 7), on relève une diagonale de fortes précipitations du Poitou au Berry en passant par le Limousin : 107 mm à Châtellerault, 148,3 mm à Limoges, 110,6 mm à Guéret, 108,6 mm à Bourges, 99,2 mm à Nevers et 129,1 mm à Autun (toutes des averses de classe 7). Les affluents du Limousin - Cher et Vienne - connurent leurs premières crues (document 1.9).

➢ Le processus de cumul des précipitations et du ruissellement générateur de hautes eaux était amorcé.

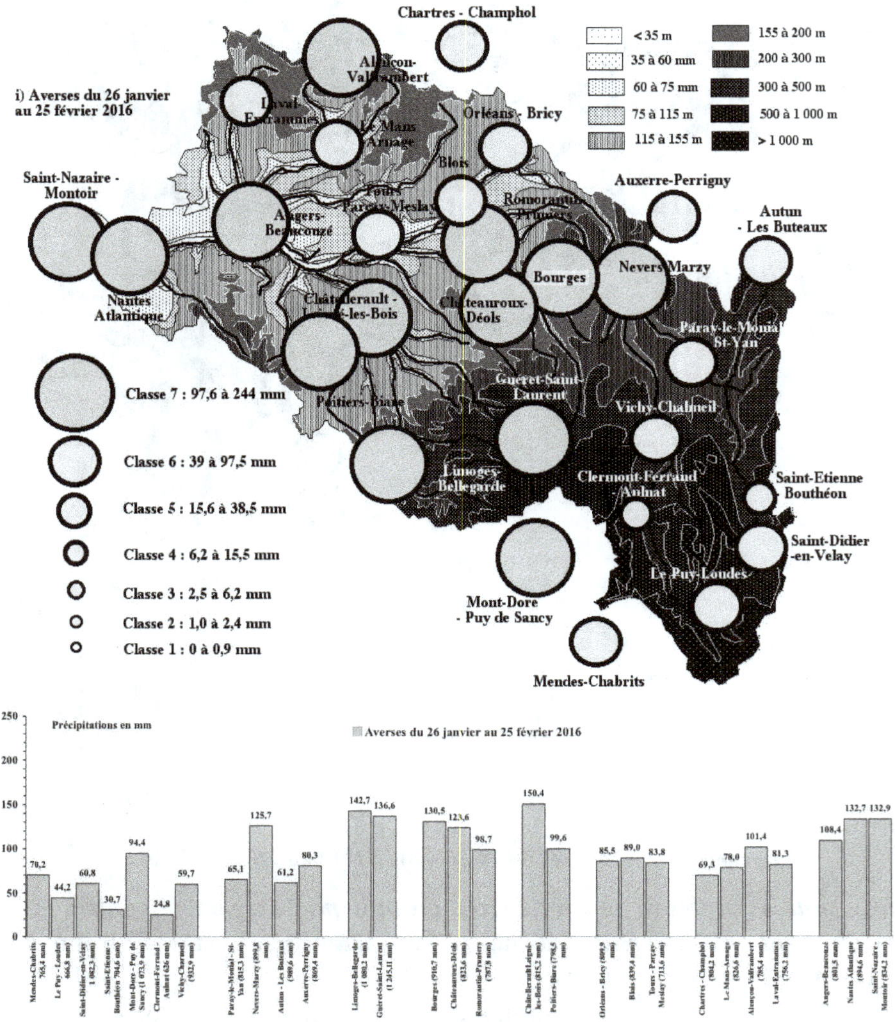

Document 3.10 - Averses du 26 janvier au 25 février 2016

9°) La saturation du sol et le ruissellement sont confirmés par les pluies du 26 janvier au 25 février 2016 (document 3.10). L'averse médiane est encore plus élevée : 87,3 mm, et l'ensemble de ces précipitations appartient aux classes de 5 à 7.

➢ L'Auvergne et le Velay furent les régions les moins arrosées, mais l'abondance des pluies chues sur les sommets : 70,2 mm à Mendes-Chabrits (classe 6) et 94,4 mm au Mont-Dore (classe 7) explique l'ampleur (toute relative) des crues de la haute Loire et surtout de l'Allier avec la crue cinquantennale à Cuffy le 16 février (documents 1.7).

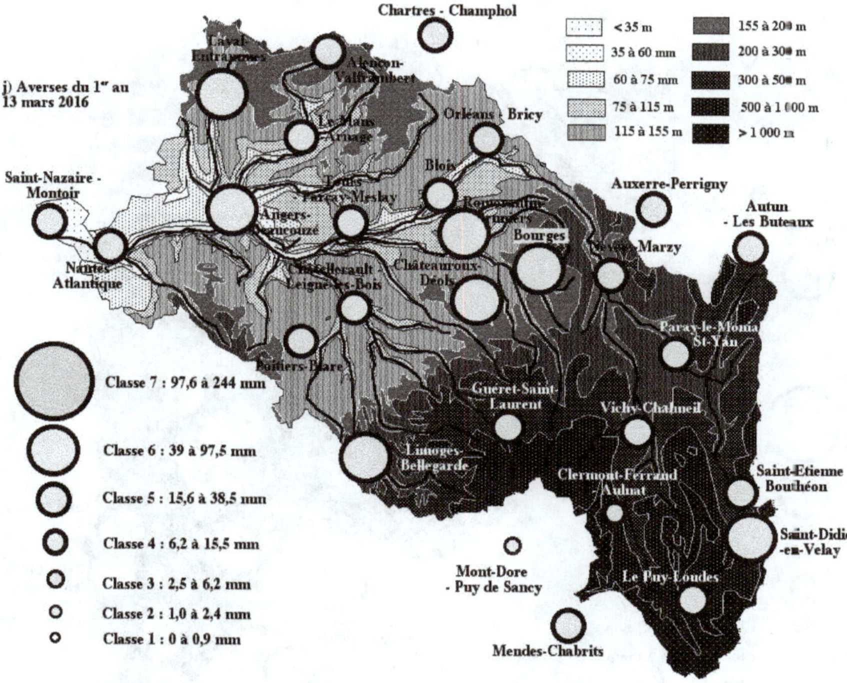

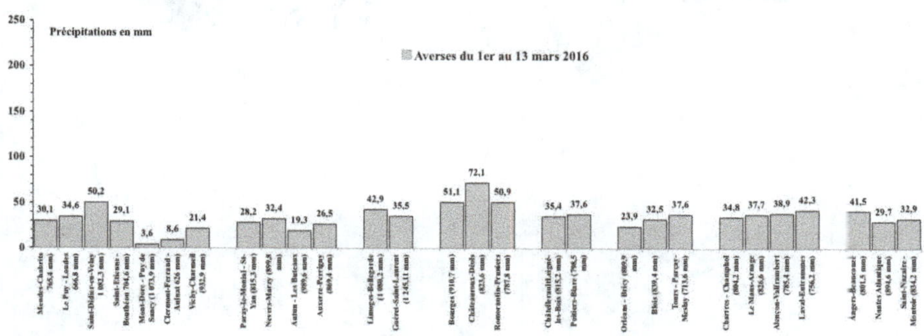

Document 3.11. - Averses du 1er au 13 mars 2016

➢ Les averses furent plus particulièrement abondantes en Poitou (99,6 mm à Poitiers, 150,4 mm à Châtellerault), en Limousin (142,7 mm à Limoges, 136,6 mm à Guéret) et en Berry (123,6 mm à Châteauroux, 130,5 mm à Bourges, 125,7 mm à Nevers, 98,7 mm à Romorantin), car ces stations connurent des précipitations de classe 7. Les crues de janvier et février furent entretenues sur la Loire jusqu'à l'estuaire, tandis que le Cher approchait la crue biennale, et que la Vienne la dépassait le 15 février (document 1.9).

➢ Fortement arrosé (101,4 mm à Alençon) le bassin de la Maine (document 1.12) connut de « fortes crues » : 156 m³/s sur le Loir (> crue biennale) et 209 m³/s sur la Sarthe le 14 février.

Le processus de saturation du sol continuait d'être entretenu.

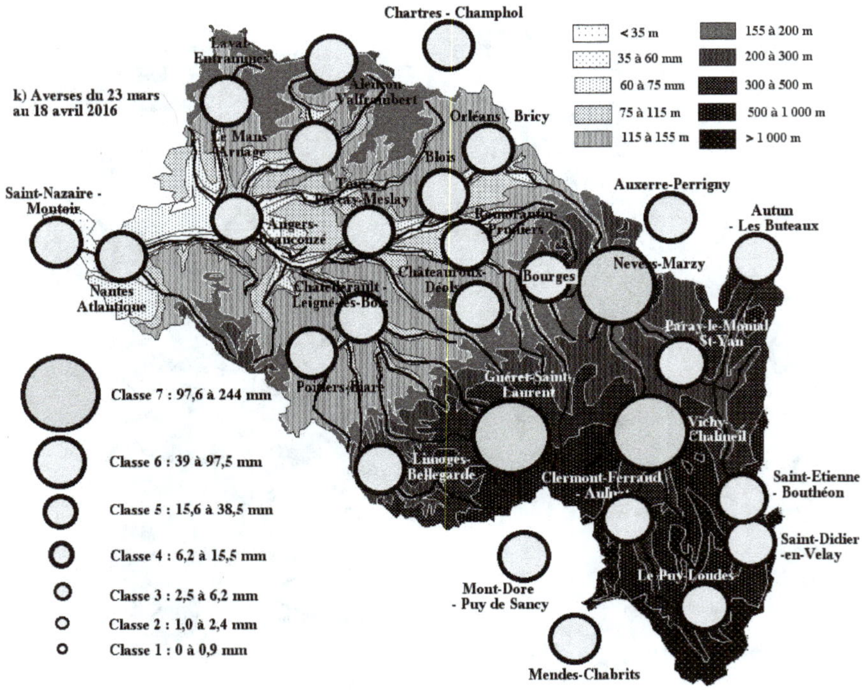

a) Répartition des averses

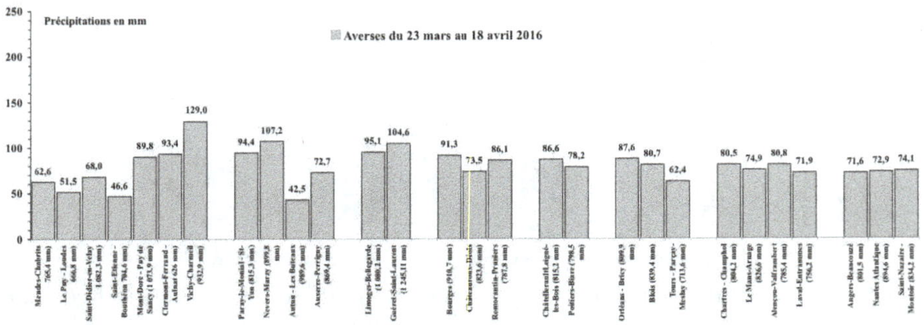

b) Volume chu par station

Document 3.12 - Averses du 23 mars au 18 avril 2016

10°) Le volume chu recula notablement entre le 1er et le 13 mars 2016 (document 3.11). La médiane n'est que 34,7 mm avec des pluies généralement de classe 5.

➢ L'Auvergne et le Velay apparaissent encore les moins arrosés, avec une réduction importante des totaux pluviométriques sur le Mont-Dore. Cependant, l'Allier atteignait la crue biennale le 9 mars (document 1.7).

➢ En fait, les plus fortes averses furent circonscrites au Berry (72,1 mm à Châteauroux, 51,1 mm à Bourges, 50,9 mm à Romorantin), et au Massif Armoricain (42,3 mm à Laval et 415 mm à Angers), la Mayenne et le Loir ont alors connu une crue biennale et la Sarthe frôla la crue quinquennale (document 1.12).

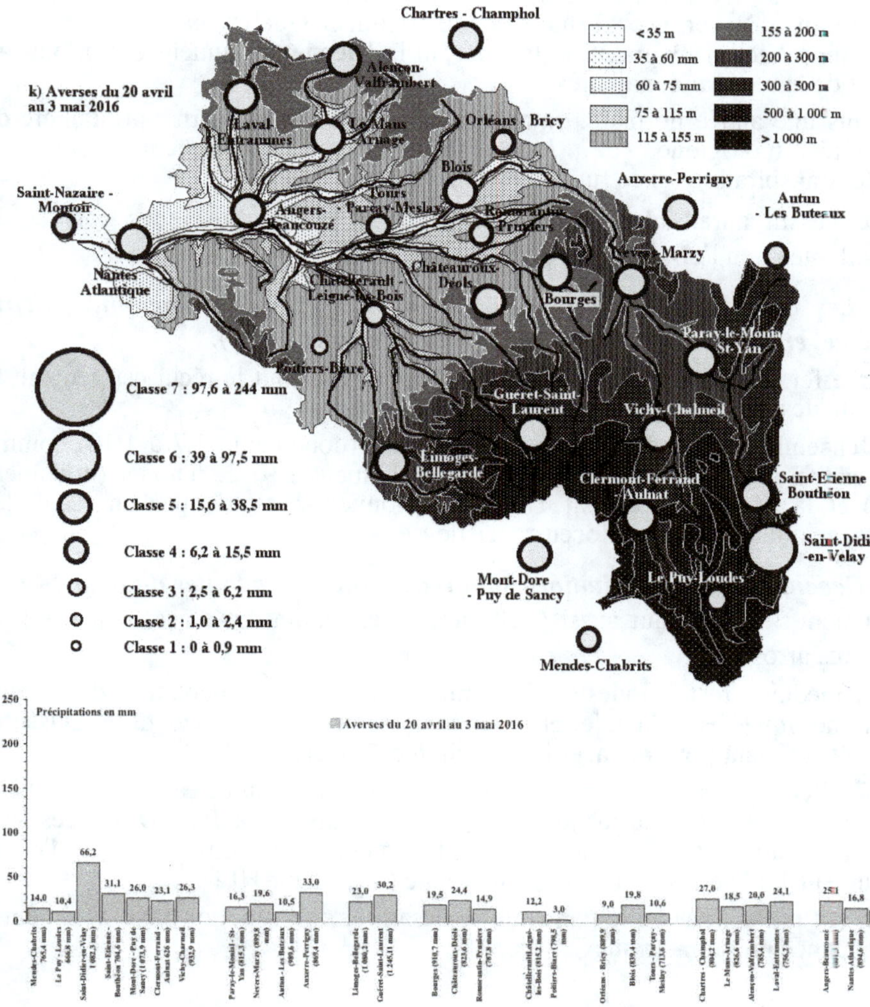

Document 3.13 - Les averses du 20 avril au 3 mai 2016

11°) Entre le 23 mars et le 18 avril 2016 (document 3.12) le retour des passages pluvieux se précisa (et avec eux la saturation des sols et la poursuite du ruissellement) : médiane = 79,4 mm, avec une répartition plus régulière des averses.

➢ Surtout, l'Auvergne et le Velay ont été arrosés : la classe 6 pour la totalité des stations (même Clermont-Ferrand pourtant, en position d'abri). Aussi l'Allier dépassa-t-il la crue biennale le 19 avril (document 1.7).

➢ Le Massif Armoricain, mais aussi le sud du bassin de Paris, connurent des averses de la même classe 6, ce qui a provoqué une nouvelle montée des eaux sur la Sarthe et la Mayenne (document 1.12).

➢ Mais, les averses les plus copieuses se sont produites en Nivernais (107,2 mm à Nevers), en Limousin (104,6 mm à Guéret) et en Bourbonnais (129 mm à Vichy). Pourtant, ni le Cher, ni la Vienne (document 1.9) n'ont fait l'objet de hautes eaux majeures.

➢ Dans une année normale, on y verrait l'impact de la reprise printanière de l'activité biologique de la végétation, et notamment celui de l'évapotranspiration (et ce fut sûrement le cas).

Le bassin aurait alors connu un recul de la saturation des sols et du ruissellement, en l'absence de fortes averses en avril.

12°) Les derniers jours d'avril n'ont fait l'objet que d'une pluviométrie modérée, entre le 20 avril et le 3 mai 2016 (document 3.13).

➢ En effet, la médiane n'est que 19,7 mm, mais surtout le recul est général, la majorité des averses appartient à la classe 5.

➢ L'ensemble des hydrogrammes de la Loire (documents 1.7 à 1.10) comme sur ses affluents : le Cher et la Vienne (document 1.9), le Thouet (document 1.11) et la Maine (document 1.12) se retrouvent marqués par un recul des débits, ce qui annoncerait l'occurrence de l'étiage.

13°) Cependant les précipitations sont redevenues abondantes du 6 au 14 mai (document 3.14). Il faut aussi souligner, qu'en milieu océanisé, mai reste un mois très arrosé.

➢ La médiane reste modeste : 29,3 mm, mais cette augmentation des totaux pluviométriques est générale, et les averses se sont approchées de la classe 6. Cela fut suffisant pour relancer le ruissellement de crue.

➢ L'Allier et la haute Loire connurent de nouvelles hautes eaux le 15 mai, et cette crue fut entretenue jusqu'à Tours (documents 1.7 à 1.9). Des crues sont repérables sur le Cher et la Vienne (documents 1.9) comme sur le Thouet (document 1.11) et sur le bassin de la Maine (document 1.12).

➢ Le sol n'avait pas eu le temps de se désaturer et il répondit favorablement à l'abondance pluviométrique.

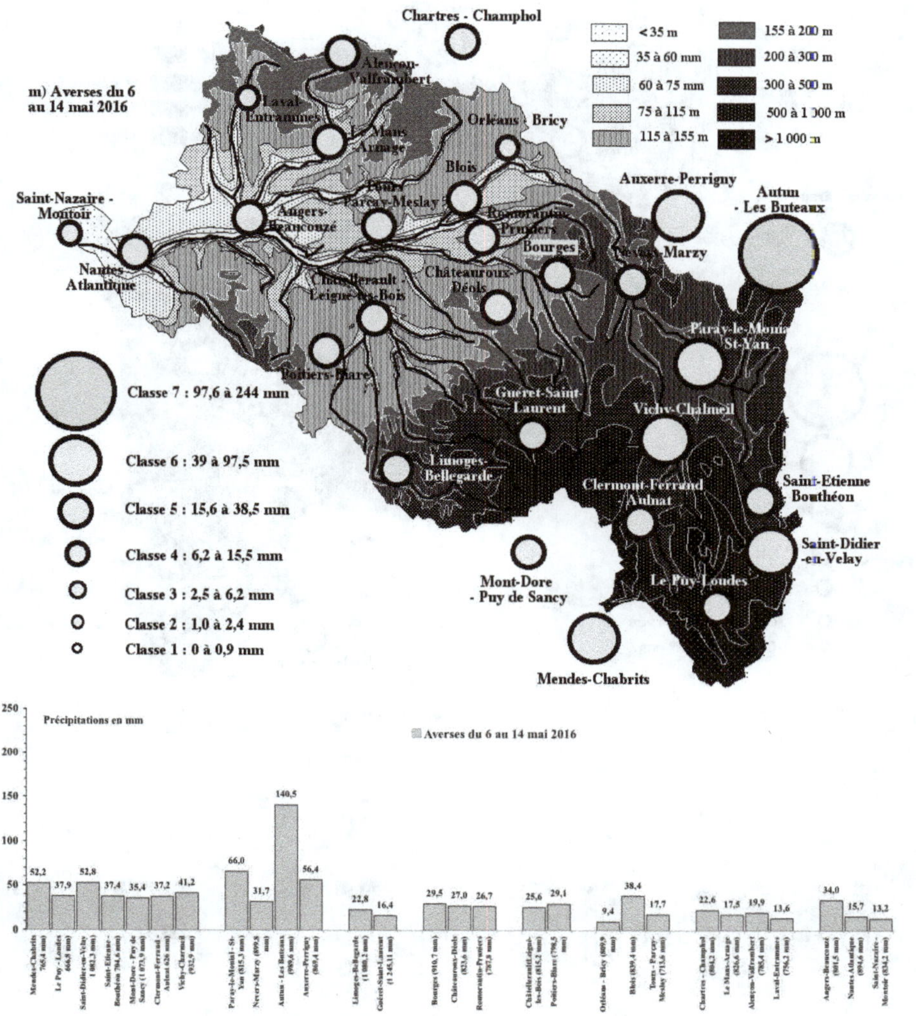

Document 3.14 - Les averses du 6 au 14 mai 2016

14°) Les averses qui se succédèrent entre 18 et le 23 mai ont confirmé ce retour des pluies (document 3.15). Curieusement, la médiane resta modeste : 29,3 mm, avec une classe 5 dominante.

➢ Les bassins de l'Allier et de la Loire restèrent peu arrosés. Pourtant, le sol avait été assez saturé pour provoquer une pointe de hautes eaux (document 1.7).

➢ Ces modestes pluies ont aussi affecté l'Ouest armoricain, et ni le Thouet, ni la Maine n'ont fait l'objet de hautes eaux (document 1.11 et 1.12).

➢ C'est par le nord-est que les averses ont fait leur retour ; ce qui explique que, dans un premier temps, ni la Loire, ni ses gros affluents n'ont fait l'objet de hautes eaux. La surprise n'en fut que plus forte avec les pluies de la fin de ce mois de mai.

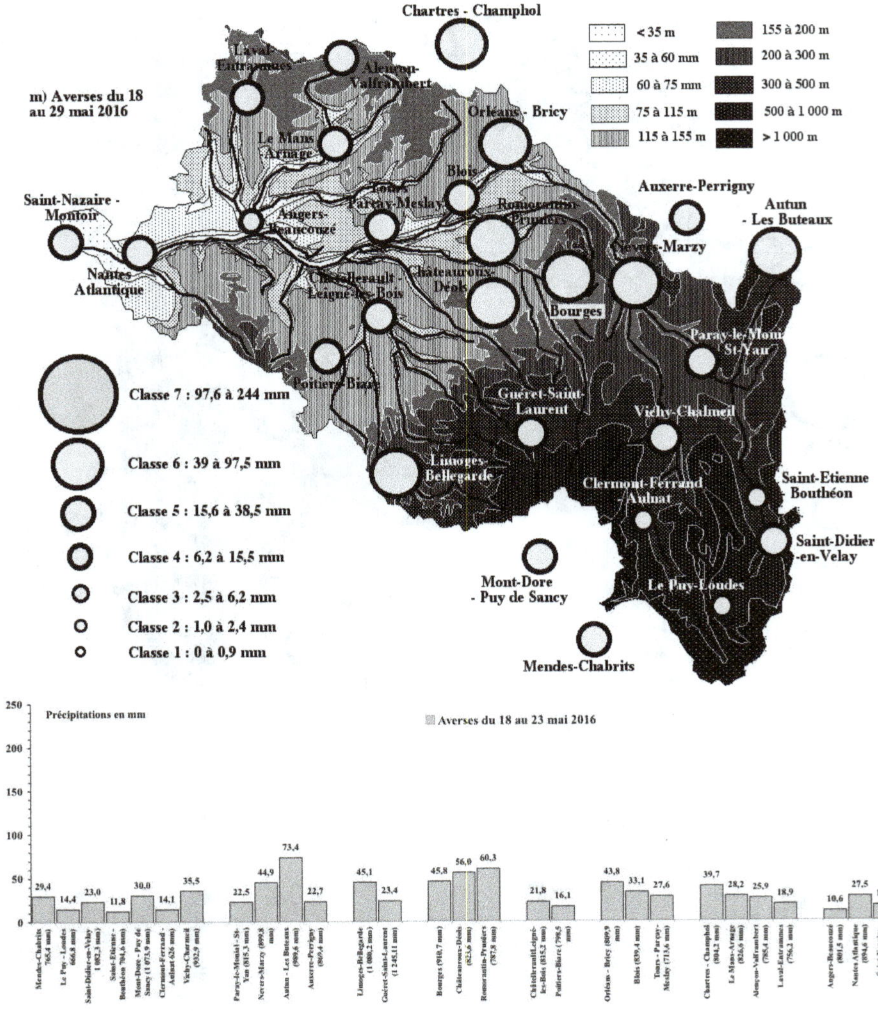

Document 3.15 - Les averses du 18 au 23 mai 2016

15°) Brutalement, l'averse médiane grimpa à 72,4 mm entre le 25 mai et le 2 juin (document 3.16). Cet événement médian fut multiplié par 2,6 : 72,4 mm, et la majorité des averses ont été de classe 6.

➢ Cette fois, l'Auvergne et le Velay apparaissent mieux arrosés : médiane de 60,5 mm (classe 6) et même 122,2 mm (classe 7) à Vichy. La crue biennale fut dépassée sur l'Allier, et la crue quinquennale sur la Loire à Nevers (document 1.7).

➢ Le Limousin et le Poitou furent également très arrosés (classe 6), mais le centre de gravité pluviométrique se réalisa dans le Val de Loire (123,1 mm à Orléans, 143,1 mm à Blois), en Berry (109 mm à Bourges) et dans le Morvan (142,6 mm à Autun, 116,8 mm à Auxerre). Ce sont ces précipitations qui ont entretenu la crue (documents 1.7 et 1.9) entre Tours (2 050 m³/s le 5 juin) et Nantes (3 740 m³/s le 7 juin).

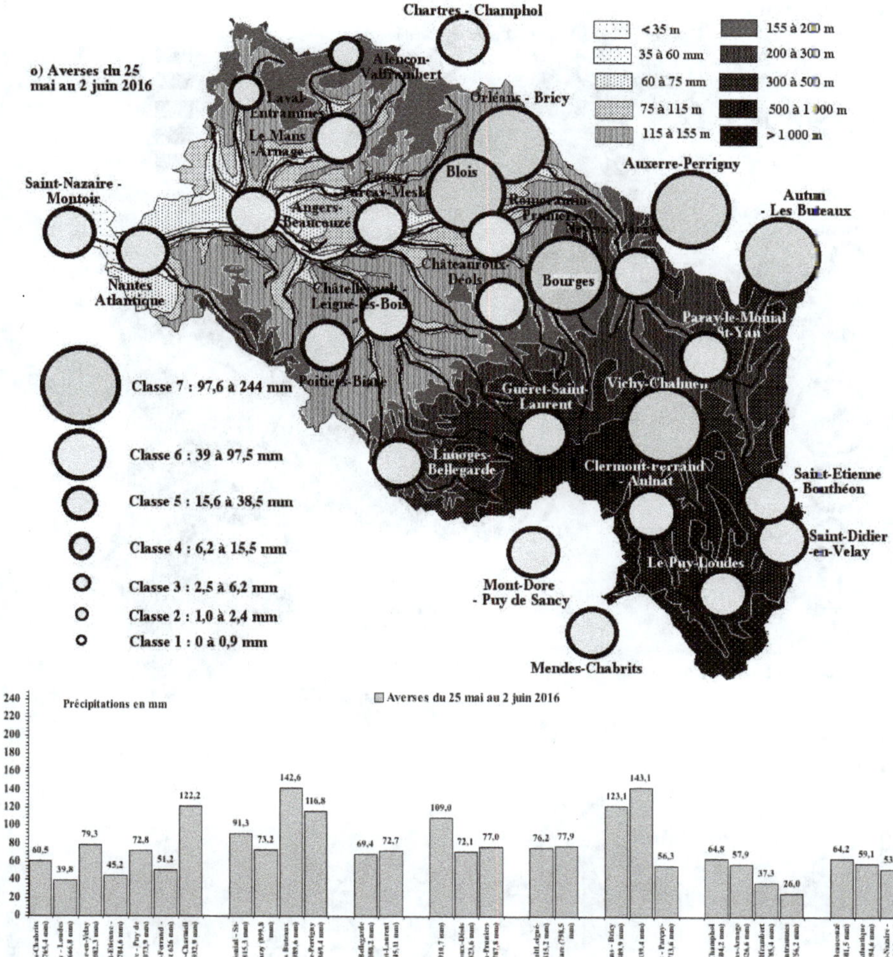

Document 3.16 - Les averses du 25 mai au 2 juin 2016

➢ Ces averses justifient aussi les pointes de crue des affluents de la rive gauche : avec 227 m³/s sur l'Indre le 2 juin, la crue vicennale fut dépassée (document 1.9.c). Sur le Cher (document 1.9.b), la crue décennale fut dépassée à Tours (828 m³/s). Enfin, sur la Vienne à Nouâtre (document 1.9.d) avec une crue de 1 540 m³/s le 2 juin, on approcha la crue quinquennale.

➢ À l'inverse, ni le Thouet, ni le Layon (document 1.11), ni la Maine et ses affluents (documents 1.12) n'ont fait l'objet d'une forte crue de juin 2016. Ici, les maxima se sont produits en février et en mars. La raison serait l'absence de fortes averses sur les Massifs Armoricain et Vendéen.

➢ En effet, les crues tardives sont « anormales », car il est rare que les averses génèrent du ruissellement à la fin du printemps. C'est ce qui se produisit après ces événements.

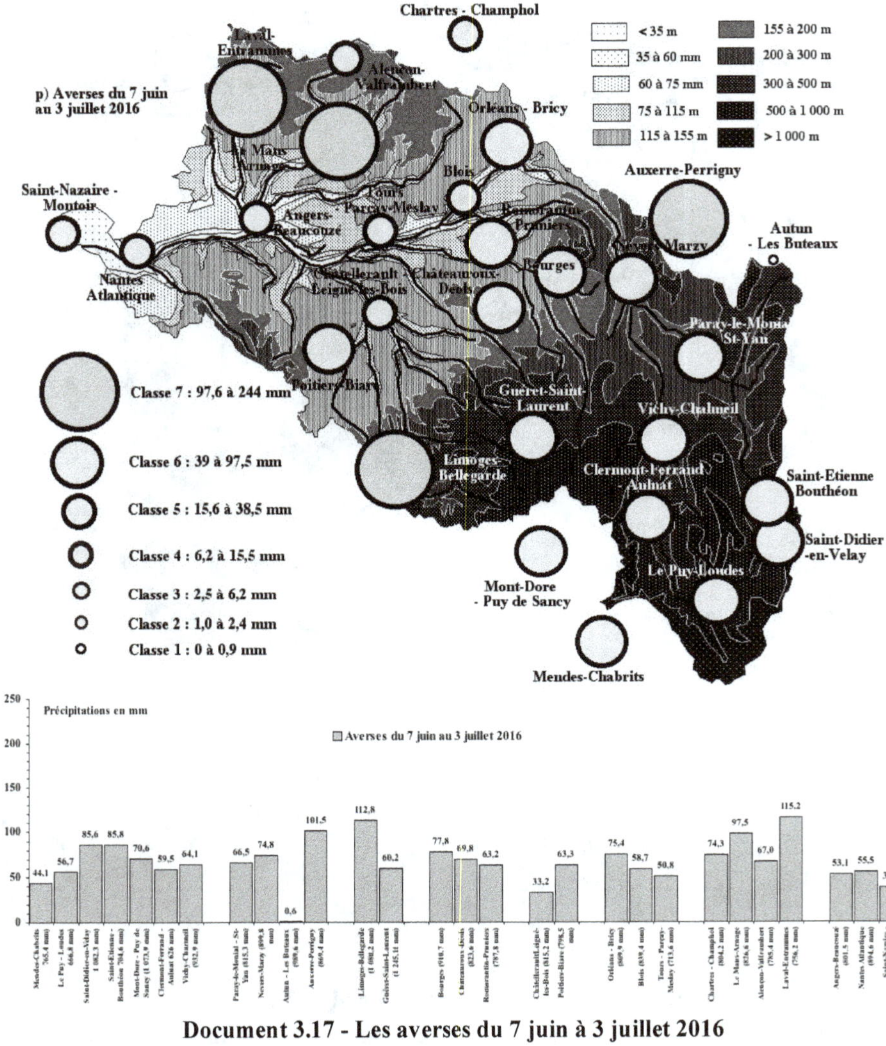

Document 3.17 - Les averses du 7 juin à 3 juillet 2016

16°) Les averses du 7 juin au 3 juillet restèrent très copieuses (document 3.17), mais, il est vrai, réparties sur un mois. La médiane est en effet de 65,3 mm (classe 6) et la répartition confirme l'expansion du centre de gravité des pluies.

➢ L'amont du bassin de la Loire reste bien arrosé (classe 6), mais les secteurs les plus fournis appartiennent à l'ouest du Limousin (112, mm à Limoges) et au Massif Armoricain (97,5 mm au Mans et 115,2 mm à Laval).

➢ Cependant, « l'ère des hautes eaux » commence à être révolue au début de l'été : ces crues disparaissent sur la haute Loire et l'Allier (document 1.7), mais aussi entre Tours et Nantes (documents 1.9 et 1.10), comme sur l'Indre, le Cher et la Vienne (documents 1.9.bcd), malgré une courte crue autour du 18 juin 2016.

➢ Pourtant, certains affluents armoricains ont répondu aux averses par du ruissellement : la Sèvre et l'Erdre (document 1.13), le Thouet et le Layon (document 1.11).

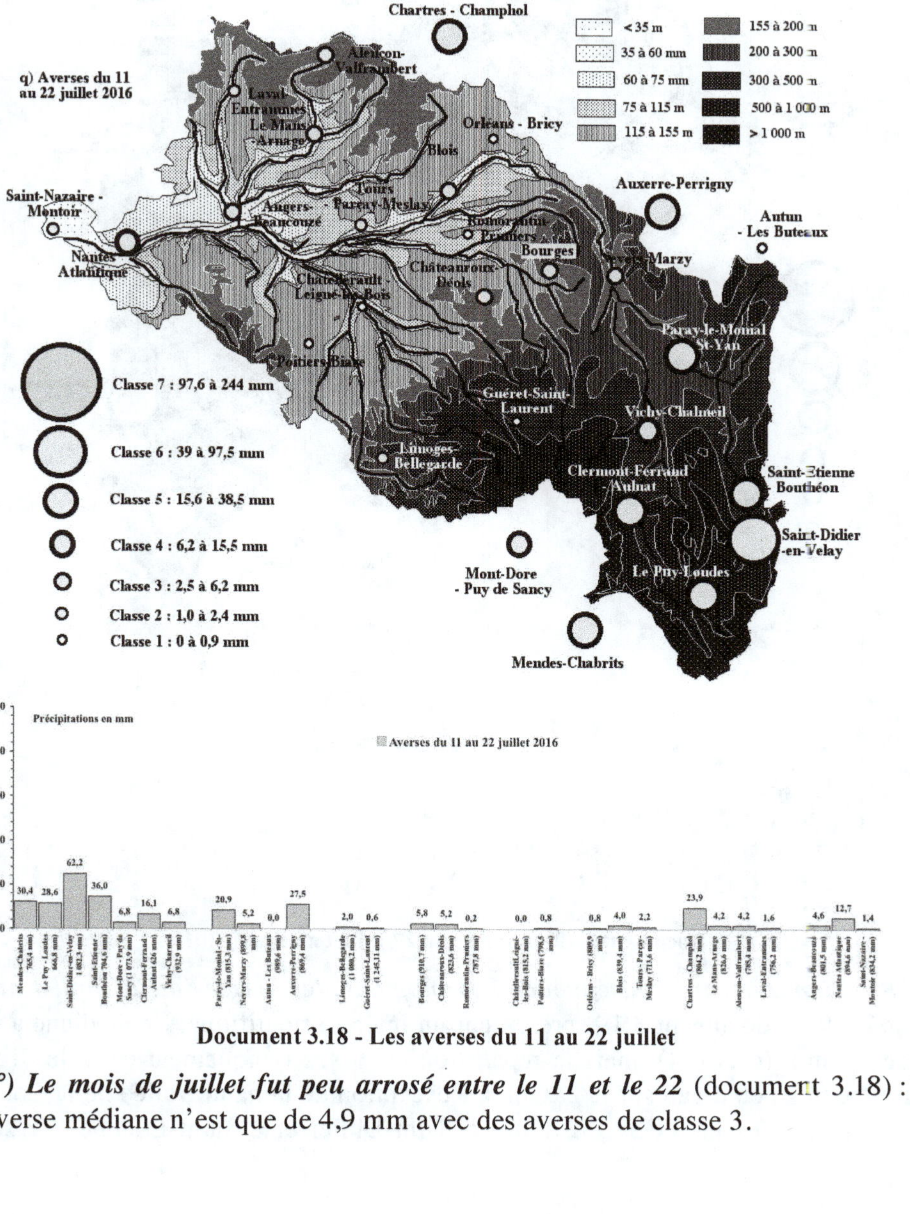

Document 3.18 - Les averses du 11 au 22 juillet

17°) Le mois de juillet fut peu arrosé entre le 11 et le 22 (document 3.18) : l'averse médiane n'est que de 4,9 mm avec des averses de classe 3.

➢ Seuls le Bassin de Paris (23,9 mm à Chartres et 27,5 mm à Auxerre) et l'Auvergne-Velay (62,2 mm à Saint-Didier) furent arrosés. Partout ailleurs, les averses avaient été comprises entre la classe 3 et la classe 1.

➢ Ni sur la Loire, ni sur ses affluents, il n'y eut de débits de hautes eaux (documents 1.7 à 1.13). L'étiage s'installait.

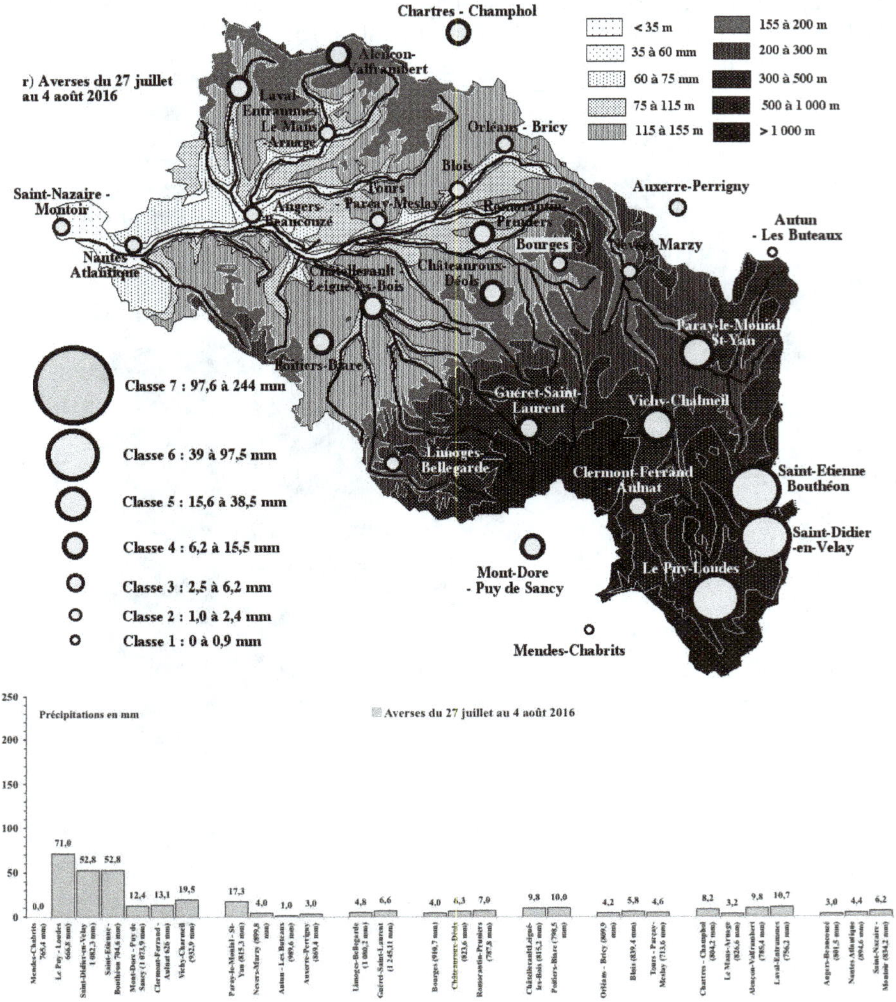

Document 3.19 - Averses du 27 juillet au 4 août 2016

18°) Bien que sans conséquence hydrologique, les averses du 27 juillet au 4 août 2016 (document 3.19) présentent un intérêt scientifique. La médiane a été de 6,5 mm (classe 4), mais la répartition est assez typiquement estivale. Il est tombé très peu d'eau sur le bassin, à l'exception de la haute vallée de la Loire : 71 mm au Puy-en-Velay, 52,8 mm à Saint-Didier et à Saint-Étienne. Ce sont des averses « quasi-cévenoles », mais insuffisantes pour générer une crue sur l'amont du « Fleuve Royal ».

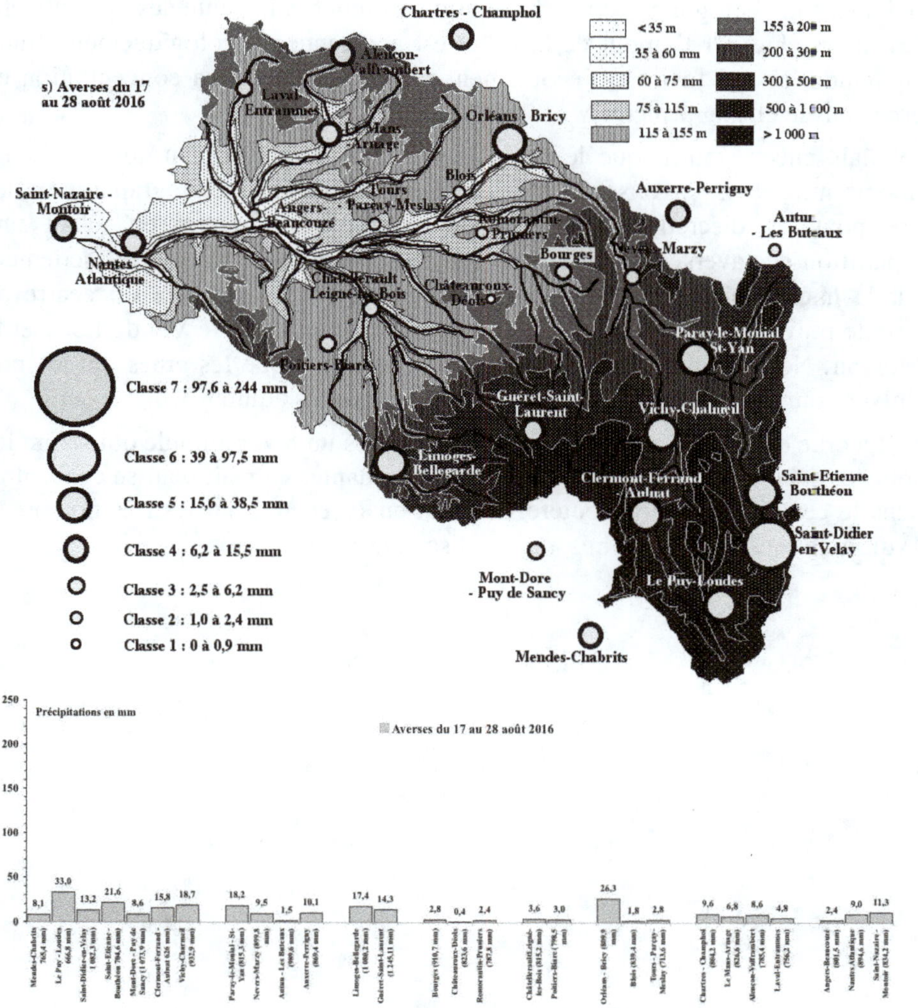

Document 3.20 - Les averses du 17 au 28 août 2016

19°) Les dernières averses de l'année hydrologique, entre le 17 et le 28 août 2016 (document 3.20), deviennent moins modestes : médiane = 8,8 mm. Surtout elles furent mieux réparties : le maximum fut de 33 mm au Puy-en-Velay.

➤ En effet, août est le mois le moins arrosé en milieu océanisé, mais des averses de « type cévenol » continuèrent de se produire sur la haute Loire, sans provoquer de ruissellement.

➤ L'étiage était définitivement installé et la crue de juin un mauvais souvenir.

Nous avons voulu montrer que l'écoulement d'un cours d'eau est sous la coupe d'un double ensemble de paramètres : les *constantes* que nous avons réduites à la géologie profonde, à l'énergie du relief, à la pente des chenaux et à leur hiérarchie. Or l'amont de la Loire est accidenté et géologiquement plutôt aquiclude, ce qui favorise l'écoulement rapide de crue et sa concentration en crue dans le chenal principal.

Mais encore faut-il que le ruissellement soit assuré par un apport pluvial important. Nous avons insisté sur la répartition cartographique des précipitations discrétisées. Nous avons voulu aussi mettre en avant une répartition des averses qui n'ont pas toujours été à l'avantage du ruissellement sur la haute Loire et l'Allier. En général, nous avons observé un centre de gravité pluviométrique central, entre le Limousin, le Berry, le Val de Loire et le Morvan. Nous estimons que cette situation explique que les crues ont attendu l'hiver pour se manifester (le centre du bassin est plus aquitare).

La crue de juin fut une exception quand, après un hiver humide qui satura les sols, les averses devinrent de plus en plus abondantes en mai, pour se concentrer dans le centre du bassin. Toutefois, il faut analyser un à un les très nombreux hydrogrammes qui ont été mis à notre disposition.

Quatrième chapitre
La Loire auvergnate en 2016

Au Bec d'Allier, cette partie amont du bassin versant concentre les eaux venues des deux cours d'eau : la haute Loire, en amont de Nevers, et l'Allier. Afin de corréler les surfaces drainées et les débits mesurés, il est possible d'assimiler le drainage auvergnat, à celui qui est mesuré en amont de Cours-les Barres, dans le Cher, là où les débits sont mesurés en aval du Bec d'Allier.

En amont de cette station de jaugeage, le drainage est de 32 610 km^2, dont l'essentiel occupe les régions naturelles de l'Auvergne et du Velay. Les deux bassins versants de la haute Loire et de l'Allier cumulent 31 880 km^2, répartis entre 17 570 km^2 pour la Loire en amont de Nevers et 14 310 km^2 pour l'Allier en amont de Cuffy. L'addition des deux superficies représente 97,8 % du drainage à Cours-les-Barres, et l'apport de la Nièvre à Nevers - 630 km^2 - pourrait même être négligé. Dans cet espace, la Loire est aujourd'hui jaugée sur 10 sites : à Issarlès (227 km^2), à Goudet (432 km^2), à Coubon (732 km^2), à Chadrac (1310 km^2), à Bas-en-Basset (3 234 km^2), à Montrond-les-Bains (4 832 km^2), à Villerest (6 585 km^2), à Digoin (9 315 km^2), à Gilly-sur-Loire (13 007 km^2) et enfin à Nevers (17 570 km^2). L'Allier est, quant à lui, jaugé dans quinze sites : à Laveyrune (48,8 km^2), à Langogne (324 km^2), à Naussac (395 km^2), à Saint-Haon (514 km^2), à Prades (1351 km^2), à Langeac (1781 km^2), à Vieille-Brioude (2 269 km^2), à Agnat (2 950 km^2), à Coudes 5 317 km^2), à Vic-le-Comte (5 370 km^2), à Limons (7 005 km^2), à Saint-Yorre (8 940 km^2), à Châtel-de-Neuvre (12 430 km^2), à Moulins (12 980 km^2) et à Cuffy (14 310 km^2). Cela semble beaucoup, mais ces différents sites permettent de suivre aisément la progression des ondes de crue au cours de leur déplacement.

Une image de l'apport pluviométrique a pu être construite à partir des stations de Le Puy-Loudes (666,8 mm), de Saint-Didier-en-Velay (1 082,3 mm), de Saint-Étienne-Bouthéon (704,6 mm), de Vichy-Charmeil (932,9 mm), de Paray-le-Monial - St-Yan (815,3 mm), de Nevers-Marzy (899,8 mm) et d'Autun-Les Buteaux (989,6 mm). Les précipitations ayant affecté l'Allier sont calculées à partir de Mendes-Chabrits (765,4 mm), de Le Puy-Loudes (666,8 mm), de Saint-Didier-en-Velay (1 082,3 mm), de Saint-Étienne-Bouthéon (704,6 mm), du Mont-Dore-Puy de Sancy (1 073,9 mm), de Guéret-Saint-Laurent (1 245,11 mm), de Clermont-Ferrand-Aulnat (626 mm), de Vichy-Charmeil (932,9 mm) et de Nevers-Marzy (899,8 mm). Il faudra aussi avoir sous la main la répartition des averses cartographiées par les documents

3.2 à 3.20, lesquelles soulignent une pluviométrie saisonnière plus modérée que sur l'ensemble du bassin versant

On se souviendra enfin que l'essentiel de la géologie du bassin versant relève d'un soubassement volcanique relativement récent, reposant sur un massif ancien nivelé, qui a été relevé vers l'est par l'orogenèse alpine.

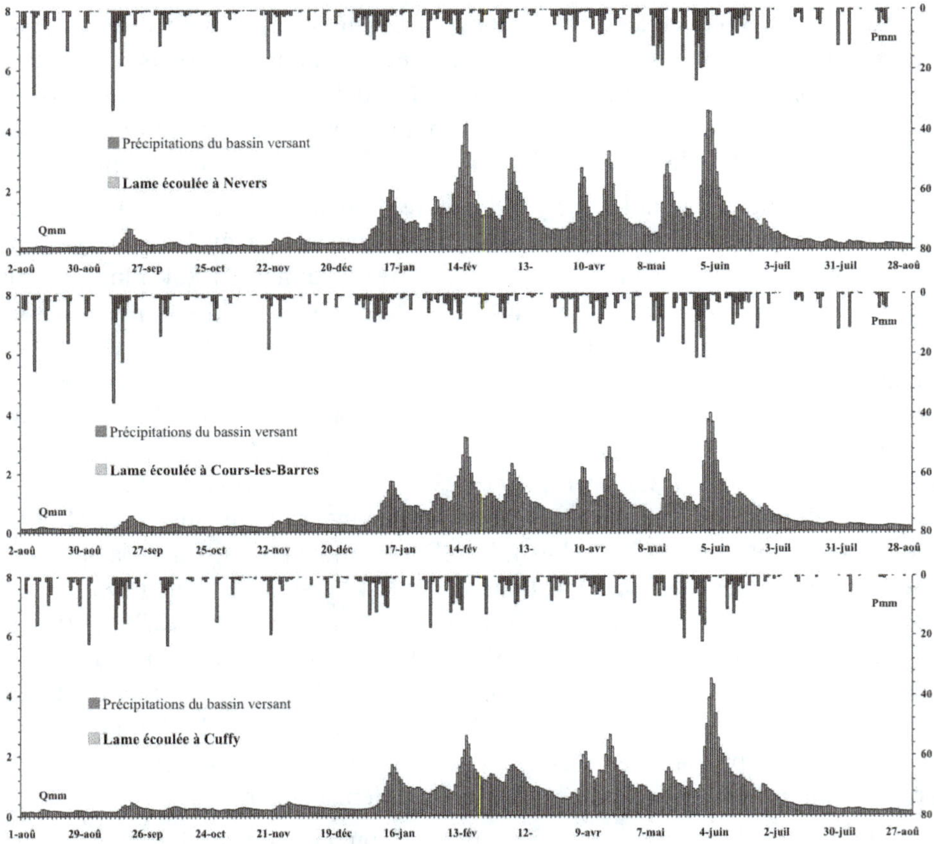

Document 4.1 - Hydro- hyétogrammes de la Loire auvergnate

I - Les données hydrologiques générales

Il faut comparer les hydro-hyétogrammes à Nevers, à Cuffy et à Cours-les-Barres (document 4.1). À cette fin, nous avons calculé la lame d'eau écoulée.

➢ On calcule d'abord le module spécifique, exprimé en $l/s/km^2$. Il est obtenu par le quotient du débit brut (en m^3/s) et de la surface drainée (en km^2). Le résultat est ensuite multiplié par 1 000 (pour obtenir des $l/s/km^2$).

➢ La lame d'eau écoulée s'obtient en multipliant le module par 0,0864 pour une moyenne journalière.

Le document 4.1 permet de comparer les précipitations et l'écoulement entre ces trois stations de jaugeage.

	Précipitations	Lame écoulée	Coef. d'écoulement
Nevers	867,6 mm	309,1 mm	35,6 %
Cuffy	806.3 mm	279,3 mm	34.6 %
Cours-les-Barres	**846,2 mm**	**277,6 mm**	**32,8 %**

Le bassin de l'Allier, plus proche de l'abri des volcans auvergnats (Puys, Mont-Dore et Cantal) est légèrement moins arrosé que le bassin de la haute Loire, plus proche de la bordure orientale du Massif Central, dont l'altitude accentue l'effet de relief : l'écart fut tout de même de 47,7 mm sur treize mois. La méthode de Thiessen permet ainsi de chiffrer la pluviométrie 2015-2016 à 846,2 mm sur l'ensemble de la Loire auvergnate. ***Or, c'est une valeur inférieure au total mesuré sur l'ensemble du bassin versant en amont de Saint-Nazaire : 873,1 mm*** (écart de 27,9 mm).

On se rend également compte que la lame d'eau écoulée par la Loire à Cours-les-Barres : 277,6 mm, est inférieure de 31,5 mm à celle que la rivière écoula à Nevers : 309,1 mm. En effet, inversement proportionnelle à l'aire drainée, la lame écoulée recule au fur et à mesure que le bassin versant s'étend. Aussi, à Cuffy, l'Allier (moins arrosé) écoula 279,3 mm entre le 1er août 2015 et le 31 août 2016 (BV = 14 310 km^2), alors que la Loire écoulait 309,1 mm à Nevers (BV = 17 570 km^2) et 277,6 mm à Cours-les-Barres (32 610 km^2). Aussi faut-il comparer l'écoulement à l'apport pluvial ; et c'est la part des précipitations ayant contribué à l'écoulement qui, alors, importe : c'est le « coefficient d'écoulement » ou Qmm/Pmm.%. Or ce quotient relatif apparaît relativement élevé. En effet, ce sont 35 % (ou 1/3) des pluies qui ont contribué à l'écoulement, mais il faut se rappeler que les bassins versants sont accidentés (document 2.1 et 2.3).

Entre le Mont Gerbier-de-Jonc et Nevers, le lit principal s'étend sur 464 km, mais son altitude recule de 1 381 m. La pente moyenne du cours d'eau est de 2,98 ‰. L'Allier est aussi accidenté : entre sa source et le Bec d'Allier, le lit se développe sur 465 km suivant une dénivellation de 1 206 m. La pente moyenne est de 2,59 ‰. Il faut associer cette qualité au drainage (document 2.5) ; les 27 868 chenaux de la haute Loire et les 22 086 chenaux de l'Allier se répartissent en huit rangs, selon la méthode de Strahler. Le nombre de confluences décroît très rapidement Rb = 5,20 sur la haute Loire, et Rb = 4,17 sur l'Allier. Comme la concentration du ruissellement vers les chenaux se réalise prioritairement au niveau des chenaux de rangs U.1 à U.4, les valeurs respectives de Rb sont 4,64 (Loire) et 4.27 (Allier).

Les conditions naturelles sont effectivement favorables à la concentration rapide et massive des pluies dans le sens de l'occurrence de hautes eaux. Dans les cours d'eau de régime pluvio-évaporal océanique, l'écoulement maximum est centré sur la saison froide ; et c'est ce qui se dégage de l'examen du document 4.1. Mais, en 2016, cette période de hautes eaux déborda largement sur le printemps, car on sait qu'elle s'acheva par des crues de juin (d'une importance toute relative à l'égard des trois derniers siècles)...

	Total 2105-2016	Total janv-juin	Part du total
Nevers	309,1 mm	259,2 mm	84%
Cuffy	279,3 mm	226,7 mm	81%
Cours-les-Barres	**277,6 mm**	**227,4 mm**	**82%**

... Plus de 80 % de l'écoulement se réalisèrent entre janvier et juin 2016. Le même calcul nous indiquerait que la même période ne rassemble que 60 % des pluies, ce qui est normal en région pluvio-évaporale, où, en période chaude, la majeure partie des précipitations est absorbée par la végétation, de la fin du printemps à la fin de l'été, pour ensuite reconstituer les nappes phréatiques de septembre à décembre.

Mais si le coefficient d'écoulement fut plus important au cours de ces « mois d'hiver et de printemps » - 50 % à Nevers, 44 % à Cuffy et 46 % à Cours-les-Barres, la répartition mensuelle fut différente ...

	Jan	Fev	Mar	Avr	Mai	Juin
Nevers	36 %	105 %	73 %	58 %	21 %	73 %
Cuffy	29 %	46 %	37%	72%	25 %	82 %
Cours-les-Barres	**33 %**	**80 %**	**74%**	**49%**	**21%**	**65%**

... La Loire avait connu un important coefficient d'écoulement en février à Nevers (105 %), lequel s'était traduit par une pointe de crue de 852 m^3/s le 16 février 2016. À la même date, à Cuffy, l'Allier n'écoulait que 438 m^3/s. Inversement, le coefficient d'écoulement de l'Allier à Cuffy fut de 82 % en juin 2016, avec une crue de 752 m^3/s le 3 juin.

Pour bien appréhender ce qui est advenu en Haute-Loire, il faut analyser l'histoire de l'écoulement dans chaque station de jaugeage.

II - La haute Loire en 2015 et 2016

Nous avons retenu dix stations de jaugeage, reparties entre Issarlès (227 km^2) et Nevers (17 570 km^2). Le drainage est multiplié par 77 entre Issarlès et Nevers ; aussi les écoulements ont-ils été exprimés en modules spécifiques ($l/s/km^2$). Ainsi, entre le 1er août 2015 et le 31 août 2016, la Loire écoula 3,95 $l/s/km^2$ à Issarlès, et 9,01 $l/s/km^2$ à Nevers ; ce qui est original. En effet, le module spécifique tend à reculer quand le drainage augmente ; or, pour la Loire amont, c'est l'inverse qui s'observe, ce que confirme le détail des stations ...

Issarlès (227 km²)	Goudet (432 km²)	Coubon (732 km²)	Chadrac (1 310 km²)	Bas-en-Basset (3 234 km²)	
3,95	6,20	6,55	6,15	6,53	l/s/km²

Montrond (4 832 km²)	Villerest (6 585 km²)	Digoin (9 315 km²)	Gilly-sur-Loire (13 007 km²)	Nevers (17 570 km²)	
5,58	5,88	7,01	8,31	9,01	l/s/km²

... Le module spécifique s'accroît d'Issarlès à Bas-en-Basset, puis il se stabilise plus qu'il ne recule entre Bas-en-Basset et Villerest, pour reprendre sa progression jusqu'à Nevers.

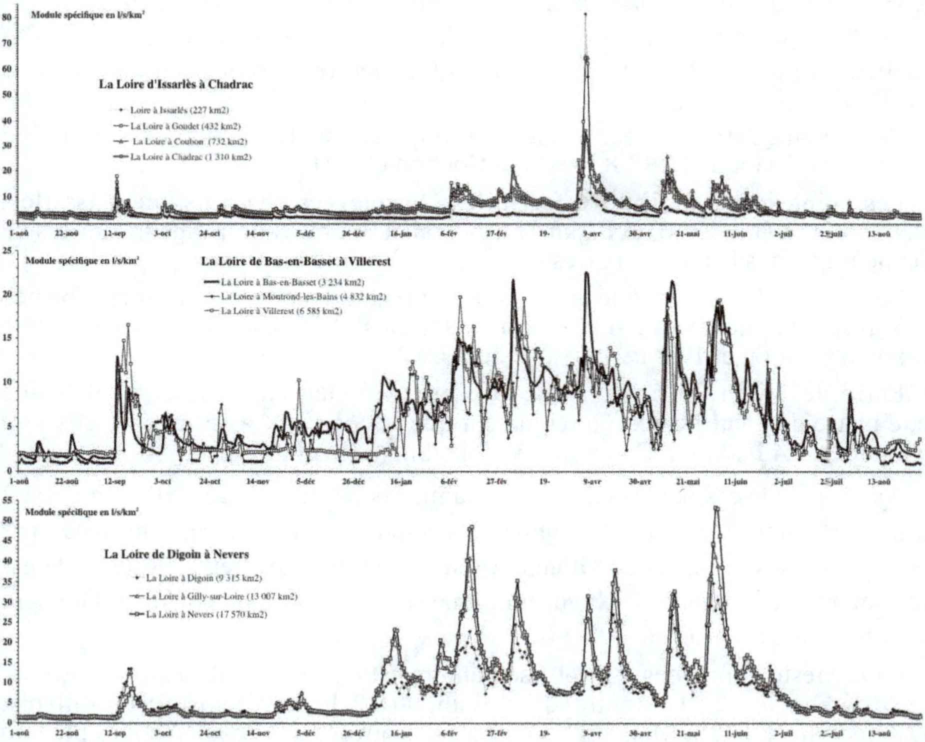

Document 4.2 - La Loire entre Issarlès et Nevers

Nous pouvons l'interpréter comme la persistance de la sensibilité du bassin versant : traversée d'un secteur montagneux (document 2.1) dans un contexte géologique aquiclude (document 2.2), avec un chenal principal au profil tendu (document 2.3) vers lequel confluent des drains de rang 1 à 4 nombreux et à rapport de confluence élevé (document 2.5). En quelque sorte, le ruissellement des averses est favorisé, et dans le cas de l'hiver 2015-2016 à la pluviométrie abondante, le cumul de ces averses se traduisit par un soutien général de l'écoulement.

Mais les hydrogrammes de chacune des stations apportent une nuance conjoncturelle. L'écoulement naturel est perturbé par les barrages dont celui de Villerest (document 4.2 en haut). Jusqu'à Chadrac, le drainage reste modeste (227 à 1 310 km^2) et l'hydrogramme révèle que les hautes eaux furent quasi simultanées à Issarlès, Goudet, Coubon et Chadrac. Mais rappelons que les crues biennales (exprimées en module spécifique) seraient estimées à 540,5 l/s/km^2, 203,7 l/s/km^2, 136,6 l/s/km^2 et 137,4 l/s/km^2 dans les mêmes stations. En général les valeurs mesurées ne furent que des « hautes eaux »:

➢ Le 13 septembre 2015, on relève une pointe de 8 l/s/km^2 à Issarlès, de 18 l/s/km^2 à Goudet, de14,3 l/s/km^2 à Coubon et de 15,8 l/s/km^2 à Chadrac.

➢ Le 7 février 2016, la Loire écoulait 7 l/s/km^2 à Issarlès et 15,6 l/s/km^2 à Goubet. La pointe atteignit 13,5 l/s/km^2 à Coubon le 8 février et 12,9 l/s/km^2 à Chadrac.

➢ Le 5 mars 2016 les écoulements grimpèrent à 4,2 l/s/km^2 à Issarlès, à 12,8 l/s/km^2 à Goudet, à 13,8 l/s/km^2 à Coubon et à 21,9 l/s/km^2 à Chadrac.

➢ Les pointes du 6 avril 2016 furent les plus élevées : 81,5 l/s/km^2 à Issarlès, 64,4 l/s/km^2 à Goudet, 63,3 l/s/km^2 à Coubon et 36,4 l/s/km^2 à Chadrac. Mais ce n'étaient que des hautes eaux très inférieures à la crue biennale.

➢ Le 12 mai 2016, alors que la « crue » se préparait sur le Limousin, les hautes eaux restèrent modestes : 6,6 l/s/km^2 à Issarlès, 17,8 l/s/km^2 à Goudet, 26,1 l/s/km^2 à Coubon et 19,8 l/s/km^2 à Chadrac.

➢ Enfin, le 5 juin 2016, alors que la Loire aval était en crue, les modules de cette phase de hautes eaux n'atteignaient que : 3,9 l/s/km^2 à Issarlès, 8,7 l/s/km^2 à Goudet, 12,4 l/s/km^2 à Coubon et 17,9 l/s/km^2 à Chadrac.

Ajoutons que ces hautes eaux furent laminées par les barrages (document 4.2 au milieu). Entre Chadrac et Roanne, l'écoulement est fortement influencé par les éclusées des barrages de Grangent (en amont d'Andrézieux) et de Villerest (en amont de Roanne). L'hydrogramme décrit un écoulement totalement perturbé, voire anthropisé.

➢ La modeste pointe des 13 et 14 septembre est encore visible à Bas-en-Basset (12,6 l/s/km^2 le 12/9), Montrond-les-Bains (10,2 l/s/km^2 le 14/9) et Villerest (11,6 l/s/km^2 le 14/9). Mais les suivantes sont noyées dans des épisodes plus ou moins artificiels (car invisibles en aval). On relève encore :

➢ Les hautes eaux de février étalées du 8 au 17 : 15 l/s/km^2 le 10/02 à Bas-en-Basset, 14,5 l/s/km^2 le 11/02 à Montrond-les-Bains et 19,7 l/s/km^2 le 11/02 à Villerest.

➢ Celles de mars furent étalées du 4 au 13 : 21,4 l/s/km^2 le 4/03 à Bas-en-Basset, 15,4 l/s/km^2 le 9/03 à Montrond-les-Bains et 19,6 l/s/km^2 le 10/03 à Villerest.

➢ La « forte » crue d'avril resta concentrée les 6 et 7 avril 2016 : 22,5 et 22,4 l/s/km² à Bas-en-Basset, 14 et 11,5 l/s/km² à Montrond-les-Bains et 13,4 et 12,6 l/s/km² le 11/02 à Villerest.

➢ Les modules restèrent élevés autour de la mi-mai : 20 à 21 l/s/km² à Bas-en-Basset du 12 au 15 mai, 14 à 17 l/s/km² à Montrond-les-Bains du 11 au 13 mai et 15 à 18 l/s/km² à Villerest du 11 au 15 mai.

➢ Enfin, les modules du début du mois de juin restèrent peu significatifs : 15 à 20 l/s/km² à Bas-en-Basset du 1er au 16 juin, 16 à 18 l/s/km² à Montrond-les-Bains du 2 au 6 juin, et 18 à 20 l/s/km² à Villerest les 2 et 3 juin.

Ces hautes eaux ne furent pas des crues au sens statistique et ne peuvent rendre compte des crues de l'aval. À l'inverse, les barrages jouèrent leur rôle régulateur.

C'est ce qui en ressort entre Digoin et Nevers (document 4.2 en bas). Cependant, huit épisodes de crues sont issus de la régulation des barrages :

➢ On suit les hautes eaux des 18 et 19 septembre 2015 depuis Issarlès : leur niveau commença à monter le 13 septembre à Digoin, le 14 à Gilly-sur-Loire et le 15 à Nevers. Le maximum fut atteint le 18 septembre à Digoin (13,5 l/s/km²), et le 19 à Gilly (12,7 l/s/km²) et Nevers (8,5 l/s/km²). On notera que le module reculait vers l'aval.

➢ La pointe de janvier 2016 est née entre Bas-en-Basset et Villerest. Le maximum fut atteint le 13 janvier : 11 l/s/km² à Digoin, 21,6 l/s/km² à Gilly et 23,3 l/s/km² à Nevers.

➢ On retrouve la pointe de février le 6 à Issarlès : à cet endroit, elle culmina le 15 février avec un module de 22,8 l/s/km² à Digoin, 40,9 l/s/km² à Gilly et 48,5 l/s/km² à Nevers le 16 février.

➢ Celle du 7 mars est aussi une crue ancienne, née à Issarlès, mais la quasi-simultanéité des dates : 24,5 l/s/km² à Digoin et 31,8 l/s/km² à Gilly le 6 mars et 35,3 l/s/km² à Nevers le 7 mars traduit un événement probablement consécutif à un épisode pluvieux global sur le bassin.

➢ Nous retrouvons cette homogénéité dans les hautes eaux du 7 avril 2016 : 12,4 l/s/km² à Digoin, 26,2 l/s/km² à Gilly et 31,5 l/s/km² à Nevers le même 7 avril 2016

➢ À l'inverse, la pointe du 18 avril 2016 apparaît plus localisée à l'aval du bassin : 26,9 l/s/km² à Digoin, 32,78 l/s/km² à Gilly le 18 avril et 37,9 l/s/km² à Nevers le 19 avril. Elle était à peine marquée en amont.

➢ Ce ne fut pas le cas des hautes eaux du 14 mai 2016 qui peuvent être suivies depuis Issarlès : 26,8 l/s/km² à Digoin et 32,1 l/s/km² à Gilly le 14 mai et 32,7 l/s/km² à Nevers le 15 mai.

➢ Enfin, les hautes eaux du mois de juin 2016 se suivent également depuis Issarlès : 34,7 l/s/km² à Digoin et 44,1 l/s/km² à Gilly le 1er juin et 53 l/s/km² à Nevers le 3 juin.

Certes, à l'exclusion de la pointe isolée de septembre 2015, on relève une suite de pics de hautes eaux entre janvier et juin 2016. Il en est même qui ont affecté l'ensemble des stations de jaugeage. Mais rapportées aux crues récurrentes, elles restèrent inférieures aux crues biennales et elles n'ont jamais provoqué d'inondations...

Station	(drainage)	Débit maximal	Crue biennale
Issarlès	(227 km²)	18,5 m³/s le 6 avril 2016	120 m³/s
Goudet	(432 km²)	27,8 m³/s le 6 avril 2016	88 m³/s
Coubon	(732 km²)	47,8 m³/s le 6 avril 2016	100 m³/s
Chadrac	(1 310 km²)	47,7 m³/s le 6 avril 2016	180 m³/s
Bas-en-Basset	(3 234 km²)	72,7 m³/s le 6 avril 2016	330 m³/s
Montrond	(4 832 km²)	87,7 m³/s le 3 juin 2016	430 m³/s
Villerest	(6 585 km²)	130 m³/s le 11 février 2016	520 m³/s
Digoin	(9 315 km²)	323 m³/s le 1er juin 2016	580 m³/s
Gilly-sur-Loire	(13 007 km²)	573 m³/s le 1er juin 2016	850 m³/s
Nevers	(17 570 km²)	936 m³/s le 2 juin 2016	1 000 m³/s

... En amont de Digoin, les plus hautes eaux se sont certes réalisées au cours de hiver, et les pointes de printemps n'ont concerné que la Loire à partir de Digoin. Mais il ne s'agit que de « hautes eaux » selon notre définition, soit très inférieures à la crue biennale : 56 % à Digoin, 67 % à Gilly-sur-Loire, mais 94 % à Nevers. Même à cette station, la pointe n'offrit rien d'autre qu'une anomalie hydrologique (hautes eaux de juin) sans conséquence pour les riverains. L'afflux ne concerna que des affluents modestes, mais, si l'on en croit la Banque Hydro, on aurait les résultats suivants ...

- La Bourbince à Vitry-en-Charolais (819 km²) : 64,2 m³/s le 1er juin 2016. La crue biennale est estimée à 69 m³/s.
- L'Arroux à Rigny-sur-Arroux (2 277 km²) : 193 m³/s le 2 juin 2016. La crue biennale est estimée à 220 m³/s.
- L'Aron à Verneuil (1 465 km²) : 224 m³/s le 2 juin 2016. La crue décennale est estimée à 220 m³/s. Ce cours d'eau a connu la crue.
- La Nièvre à Poiseux (224 km²) : 33,8 m³/s le 1er juin 2016. La crue quinquennale est estimée à 31 m³/s et la crue décennale à 34 m³/s.

... Il apparaîtrait que ce soit des précipitations survenues sur le Morvan qui seraient à l'origine des hautes eaux de mai-juin aux abords de Nevers. Si nous retenons la pluviométrie des trois stations voisines :

Station	Total 2015-2016	Total 18 mai -2 juin 2016	Part
Paray-le-Monial	815,3 mm	117,7 mm	14,4 %
Auxerre	869,4 mm	166,7 mm	19,2 %
Nevers-Marzy	899,8 mm	216,0 mm	24,0 %

... Il apparaît que le Morvan fut très arrosé à la fin du mois de mai (15 a 25 % du total pluviométrique). À l'évidence, la Loire profita de l'apport de ces affluents du nord-est, mais insuffisamment pour déclencher une crue. Toutefois, cette pluviométrie annonce celle du sud du Bassin de Paris (notamment celle du Berry). Nous ajouterons une autre remarque : l'accroissement anormal du module vers l'aval pourrait relever de cette pluviométrie plus élevée dans la partie nord de la Loire Auvergnate.

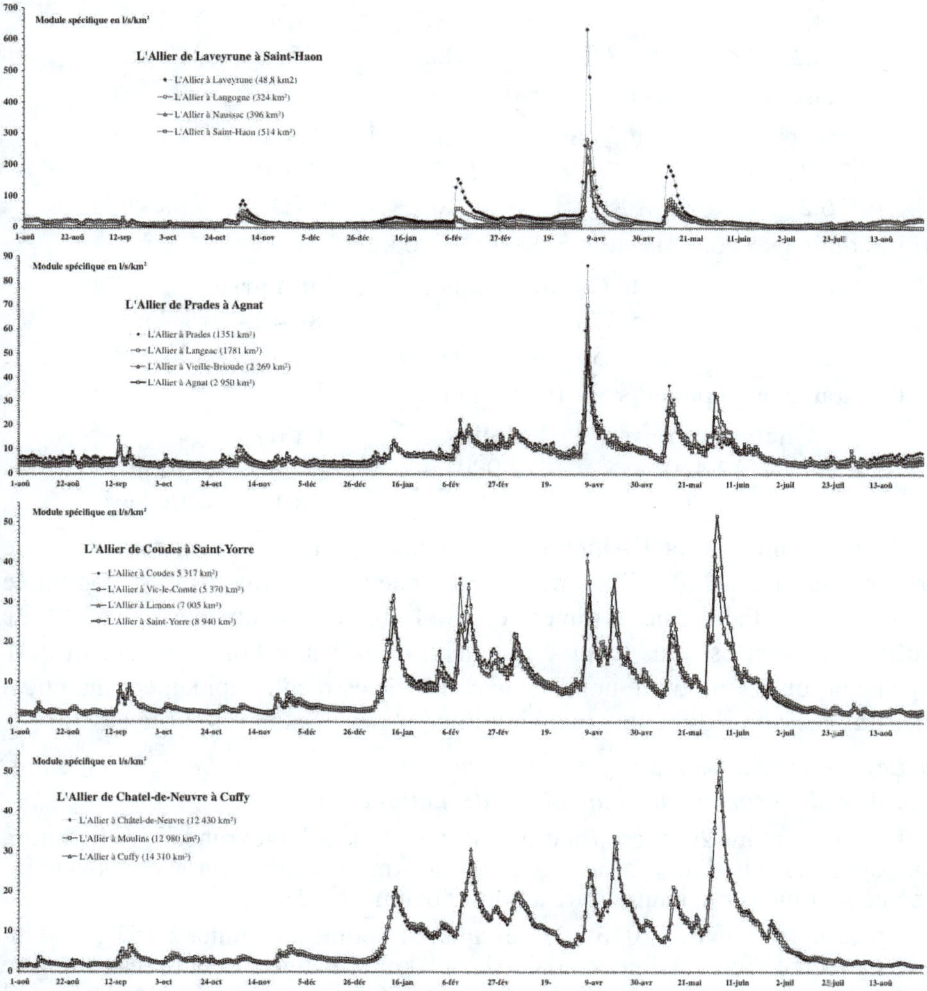

Document 4.3 - L'Allier entre Laveyrune et Cuffy

III - L'Allier et ses affluents en 2015 et 2016

Quinze jaugeages sont effectués entre Laveyrune (48,8 km^2) et Cuffy (14 310 km^2) ; or, à l'inverse de la haute Loire, non seulement la comparaison des hydrogrammes ne révèle aucune perturbation anthropique, mais les pics de crues et hautes eaux se reconnaissent et se retrouvent à chaque jaugeage. Cependant, afin d'améliorer les conditions de cette comparaison, il nous est apparu utile de calculer les modules spécifiques, afin de réduire l'impact des surfaces drainées. Quatre ensembles ressortent néanmoins :

➢ Les drainages inférieurs à 550 km^2 :

Laveyrune	**Langogne**	**Naussac**	**Saint-Haon**	
48,8	324	396	514	km^2
26,2	18,2	18,2	15,1	l/s/km^2

➢ Les drainages compris entre 1 000 et 3 000 km^2 :

Prades	**Langeac**	**Vieille-Brioude**	**Agnat**	
1 531	1 781	2 269	2 950	km^2
6,2	8,4	7,6	7,3	l/s/km^2

➢ Les drainages compris entre 5 000 et 9 000 km^2 :

Coudes	**Vic-le-Comte**	**Limons**	**Saint-Yorre**	
5 317	5 370	7 005	8 940	km^2
8,5	8,5	7,6	8,3	l/s/km^2

➢ Les drainages supérieurs 5 à 10 000 km^2 :

Châtel-de-Neuvre	**Moulins**	**Cuffy**	
12 430	12 980	14 310	km^2
8,0	8,2	8,1	l/s/km^2

Pour ce qui concerne l'Allier, c'est en toute logique que le module recule de l'amont vers l'aval. Ici, l'importante pluviométrie du Limousin est contrariée par la position d'abri dans la traversée de la Limagne (documents 1.4 et 1.5). Le profil de l'Allier est plus incurvé que celui de la haute Loire (document 2.3), cependant, un réseau où le nombre de confluences recule rapidement maintient un afflux massif en direction du drain principal des eaux chues sur le bassin.

a) Les hydrogrammes des jaugeages de l'amont (entre Laveyrune et Saint-Haon) rendent compte de cinq pointes de hautes eaux:

➢ Le 5 novembre 2015 on a mesuré 86,1 l/s/km^2 à Laveyrune, 53,9 l/s/km^2 à Langogne, 37,9 l/s/km^2 à Naussac et 29,9 l/s/km^2 à Saint-Haon. Cet épisode fut à peine marqué sur la haute Loire amont (document 4.2).

➢ Apparue le 7 février 2016 à Laveyrune, la pointe y culmina à 157,2 l/s/km^2 le 8. Le même jour, l'Allier écoulait 61,7 l/s/km^2 à Langogne, et le maximum se déplaçait au lendemain 9 février à Naussac (26,5 l/s/km^2) et à Saint-Haon (22 l/s/km^2). Ces pointes avaient été observées sur la haute Loire (document 4.2).

➢ La plus forte « crue » fut celle du 5 avril 2016 (commune avec la haute Loire) : 635,2 l/s/km^2 à Laveyrune, 284 l/s/km^2 à Langogne, 233 l/s/km^2 à Naussac et 183 l/s/km^2 à Saint-Haon le 6 avril.

➢ La dernière fut celle du 11 mai 2016 (également connue sur la haute Loire) avec un module de 198,6 l/s/km^2 à Laveyrune. Mais c'est le lendemain 12 mai qu'elle culmina à Langogne (93,5 l/s/km^2), à Naussac (93,5 l/s/km^2) et à Saint-Haon (93,5 l/s/km^2).

➢ Mais il faut relativiser ; la crue biennale exprimée en module spécifique serait de 656 l/s/km^2 à Laveyrune, de 370 l/s/km^2 à Langogne, de 303 l/s/km^2 à Naussac et de 253 l/s/km^2 à Saint-Haon. Les maxima mesurés en 2015-2016 furent très en deçà, à l'exception de la véritable crue des 5 et 6 avril 2016.

b) Entre Chadrac et Agnat, les pointes de hautes eaux se sont multipliées, avec huit épisodes plus ou moins marqués :

➢ La crue des 12 et 13 septembre (observée sur la haute Loire) est perceptible : 17,2 l/s/km^2 à Prades et 13,3 l/s/km^2 à Langeac le 12 septembre, et 9,9 l/s/km^2 à Vieille-Brioude et 10,9 l/s/km^2 à Agnat le 13.

➢ Nous retrouvons la pointe de novembre, mais passablement lissée : 11,6 l/s/km^2 à Prades le 5 novembre, et 9,2 l/s/km^2 à Langeac, 7 l/s/km^2 à Vieille-Brioude et 6 l/s/km^2 à Agnat, le 6 novembre.

➢ Le début du mois de janvier 2016 fut marqué par quelques hautes eaux : 12,9 l/s/km^2 à Prades, 13,4 l/s/km^2 à Langeac, 13,7 l/s/km^2 à Vieille-Brioude et 13,2 l/s/km^2 à Agnat le 12 janvier (cette crue était visible sur la haute Loire).

➢ La crue de février apparaît nettement dédoublée avec deux maxima : 22 l/s/km^2 à Prades, 22,2 l/s/km^2 à Langeac, 22,4 l/s/km^2 à Vieille-Brioude et 18 l/s/km^2 à Agnat le 10 février, puis : 19,8 l/s/km^2 à Prades, 20,1 l/s/km^2 à Langeac, 19,8 l/s/km^2 à Vieille-Brioude et 16,6 l/s/km^2 à Agnat le 14 février.

➢ La crue du 6 avril reste la principale : : 86,6 l/s/km^2 à Prades, 70,2 l/s/km^2 à Langeac, 65,2 l/s/km^2 à Vieille-Brioude et 50,8 l/s/km^2 à Agnat le 12 janvier. Mais ce fut loin d'être un événement remarquable ; les crues biennales seraient respectivement de : 148 l/s/km^2 à Prades, 107 l/s/km^2 à Langeac, 106 l/s/km^2 à Vieille-Brioude et 78 l/s/km^2 à Agnat.

➢ Nous retrouvons les hautes eaux de mai : 37,2 l/s/km^2 à Prades, 33,2 l/s/km^2 à Langeac, 27,8 l/s/km^2 à Vieille-Brioude et 26,3 l/s/km^2 à Agnat.

➢ Enfin, on distingue les « prémices de la crue de juin » : 17,3 l/s/km^2 à Prades, 19,3 l/s/km^2 à Langeac, 23,9 l/s/km^2 à Vieille-Brioude et 33,9 l/s/km^2 à Agnat.

c) Toutes ces hautes eaux se sont maintenues entre Coudes et Saint-Yorre :

➢ La pointe du 14 septembre n'est, en réalité, qu'un épisode de hautes eaux : 8,8 l/s/km^2 à Coudes, 7,5 l/s/km^2 à Vic-le-Comte, 5,1 l/s/km^2 à Limons et 5,3 l/s/km^2 à Saint-Yorre.

➢ Les hautes eaux du début du mois de novembre apparaissent quasi nivelées : 4,3 l/s/km^2 à Coudes et à Vic-le-Comte le 6 novembre, et 3,7 l/s/km^2 à Limons et 3,6 l/s/km^2 à Saint-Yorre. Ces hautes eaux précoces sont survenues sur des sols non saturés et elles ne se manifestent que localement.

➢ À l'inverse, celles de janvier furent 10 fois plus fortes : 31,8 l/s/km^2 à Coudes, 30,9 l/s/km^2 à Vic-le-Comte, 25,3 l/s/km^2 à Limons et 26 l/s/km^2 à Saint-Yorre. Les modules sont faibles, mais ce qui importe est de constater que le bassin versant transfère les effets du ruissellement pluvial.

➢ Cette observation reste vraie pour le dédoublement des hautes eaux de février : 35,9 l/s/km^2 à Coudes, 34,6 l/s/km^2 à Vic-le-Comte, 24,4 l/s/km^2 à Limons et 22,7 l/s/km^2 à Saint-Yorre le 10 février, puis 34,6 l/s/km^2 à Coudes,

33,5 l/s/km^2 à Vic-le-Comte, 25,7 l/s/km^2 à Limons et 24,9 l/s/km^2 à Saint-Yorre le lendemain.

➢ Les hautes eaux d'avril restent importantes et se dédoublent : 34,6 l/s/km^2 à Coudes, 35,2 l/s/km^2 à Vic-le-Comte, 30,4 l/s/km^2 à Limons et 31,8 l/s/km^2 à Saint-Yorre le 7 avril, puis 19,8 l/s/km^2 à Coudes, 19,9 l/s/km^2 à Vic-le-Comte, 18,1 l/s/km^2 à Limons et 18,79 l/s/km^2 à Saint-Yorre le 13 avril 2016.

➢ Celles de mai restent marquées : 21,6 l/s/km^2 à Coudes, 22,3 l/s/km^2 à Vic-le-Comte, 19,7 l/s/km^2 à Limons et 24,2 l/s/km^2 à Saint-Yorre le 13 mai.

➢ Enfin, les hautes eaux de juin dominèrent : 42,3 l/s/km^2 à Coudes et 41,5 l/s/km^2 à Vic-le-Comte le 1er juin, puis 36,7 l/s/km^2 à Limons et 51,7 l/s/km^2 à Saint-Yorre le 2 juin 2016.

➢ Mais ces extrema restent très en deçà des crues biennales : 70 l/s/km^2 à Coudes, 74 l/s/km^2 à Vic-le-Comte, 63 l/s/km^2 à Limons et 60 l/s/km^2 à Saint-Yorre le 7 avril.

d) Du fait de l'accroissement du drainage, les crues sont « laminées » entre Châtel-de-Neuvre et Cuffy : en effet, les hautes eaux de septembre et de novembre sont à peine décelables sur l'hydrogramme (document 4.3). Il faut attendre l'hiver et la saturation des sols et des nappes phréatiques pour que le ruissellement devienne efficace :

➢ Un épisode de hautes eaux se dessina du 9 au 18 janvier 2016 avec un maximum le 13 janvier : 20,3 l/s/km^2 à Châtel-de-Neuvre, 20,9 l/s/km^2 à Moulins et 19,8 l/s/km^2 à Cuffy.

➢ La crue de février s'étendit du 9 au 24, avec un maximum le 15 février : 26,7 l/s/km^2 à Châtel-de-Neuvre, 28,4 l/s/km^2 à Moulins et 30,6 l/s/km^2 à Cuffy.

➢ Une pointe de hautes eaux est décelable le 6 mars : 18,4 l/s/km^2 à Châtel-de-Neuvre, 18,3 l/s/km^2 à Moulins et 19,4 l/s/km^2 à Cuffy.

➢ Puis c'est la pointe d'avril qui reste très largement dédoublée : 24,7 l/s/km^2 à Châtel-de-Neuvre, 25,2 l/s/km^2 à Moulins et 23,3 l/s/km^2 à Cuffy le 7 avril, et surtout 32,2 l/s/km^2 à Châtel-de-Neuvre, 33,7 l/s/km^2 à Moulins et 28,8 l/s/km^2 à Cuffy le 19 avril 2016.

➢ On retrouve les hautes eaux de mai ; 20,8 l/s/km^2 à Châtel-de-Neuvre et 21 l/s/km^2 à Moulins le 14 mai, et 18,5 l/s/km^2 à Cuffy le 15 mai 2016.

➢ C'est enfin la pointe de juin (celle qui affectera la Loire jusqu'à Saint-Nazaire) qui devient la plus importante : 46,7 l/s/km^2 à Châtel-de-Neuvre, 48,5 l/s/km^2 à Moulins et 52,5 l/s/km^2 à Cuffy le 3 juin 2016. Sans être cataclysmales, ***ces hautes eaux appartiennent aux crues biennales estimées à 47 l/s/km^2 à Châtel-de-Neuvre, 52 l/s/km^2 à Moulins et 43 l/s/km^2 à Cuffy***.

Ces crues et hautes eaux d'hiver et de printemps ont affecté l'Allier (principalement en aval de Saint-Yorre) et la Loire (en aval de Villerest). Pour ce qui concerne l'Allier, le récapitulatif des maxima bruts serait le suivant, et les résultats sont plus tranchés que sur la Loire. En amont de Coudes, les plus hautes eaux sont survenues en avril 2016, avec des débits bien inférieurs à la seule crue biennale. Plus en aval, le maximum se déplaça en juin, en accord avec le reste du bassin. Surtout, sans qu'on ait une crue exceptionnelle (en dehors de la date) les volumes écoulés se sont approchés de la crue biennale qui fut même dépassée à Cuffy (mais le débit resta en dessous de la crue quinquennale estimée à 860 m³/s).

Station	(drainage)	Débit maximal	Crue biennale
Laveyrune	(48,8 km²)	31 m³/s le 5 avril 2016	32 m³/s
Langogne	(324 km²)	92 m³/s le 5 avril 2016	120 m³/s
Naussac	(396 km²)	94,1 m³/s le 5 avril 2016	120 m³/s
Saint-Haon	(514 km²)	94,1 m³/s le 6 avril 2016	130 m³/s
Prades	(1 351 km²)	117 m³/s le 6 avril 2016	200 m³/s
Langeac	(1 781 km²)	125 m³/s le 6 avril 2016	190 m³/s
Vieille-Brioude	(2 269 km²)	148 m³/s le 6 avril 2016	240 m³/s
Agnat	(2 950 km²)	150 m³/s le 6 avril 2016	230 m³/s
Coudes	(5 317 km²)	225 m³/s le 1er juin 2016	370 m³/s
Vic-le-Comte	(5 370 km²)	223 m³/s le 1er juin 2016	400 m³/s
Limons	(7 005 km²)	257 m³/s le 2 juin 2016	440 m³/s
Saint-Yorre	(8 940 km²)	462 m³/s le 2 juin 2016	540 m³/s
Châtel-le-Neuvre	(12 430 km²)	580 m³/s le 2 juin 2016	580 m³/s
Moulins	(12 980 km²)	629 m³/s le 3 juin 2016	670 m³/s
Cuffy	(14 310 km²)	752 m³/s le 3 juin 2016	620 m³/s

L'Allier avait alors reçu la Sioule, laquelle avait débité 113 m³/s le 3 juin 2016, mais, sur ce cours d'eau issu des confins du Limousin, la crue biennale est estimée à 150 m³/s. Cet apport a été négligeable. À l'inverse, les précipitations de mai-juin ont été localement élevées : 113,6 mm à Vichy et surtout 216 mm à Nevers. Il est plus probable que l'Allier (comme la Loire) ont connu une alimentation brève mais abondante du fait du ruissellement survenu sur les modestes affluents de cette partie aval du bassin.

Nous retiendrons aussi la sensibilité au ruissellement direct de la part ce réseau hydrographique auvergnat. En 2016, les fortes pluies de juin ont engendré une crue anormale par sa date, et non par son volume. Le legs à la Loire moyenne n'est que de 936 m³/s par la Loire amont et 752 m³/s par l'Allier, ce qui s'est traduit par 1 510 m³/s à Cours-les-Barres le 3 juin 2016, soit bien moins que la crue biennale estimée à 1 700 m³/s.

Cinquième chapitre
La Loire dans ses « Vals »

Entre Nevers et Tours, la Loire se résume à son chenal artificialisé du XIXe siècle et limité, non pas aux versants de la vallée, mais réduit à ceux des levées artificielles qui l'enserrent depuis le Moyen Âge. En effet, sur ce parcours, le fleuve ne reçoit aucun affluent important.

➢ Sur la rive gauche, arrivent le Loiret (282 km^2), le Cosson (779 km^2) et le Beuvron (2 193 km^2).

➢ Sur la rive droite, même l'eau des nappes phréatiques est attirée par le réseau de la Seine ou du Loir, et le seul cours d'eau digne de ce nom est la Cisse (1 295 km^2) dont la moitié du cours se réalise dans le Val lui-même, de Pocé-sur-Cisse à Vouvray, entre les coteaux et la levée.

Aussi, entre Cours-les-Barres (36 610 km^2) et Tours (42 130 km^2), l'aire drainée ne s'accroît que de 5 520 km^2, soit de 15 % seulement. Or, entre Cours-les-Barres et Tours, le linéaire de chenal est de 270 km environ ; mais du Mont Gerbier-de-Jonc à Tours, le développement du chenal est de 600 km dont 350 km jusqu'au Bec d'Allier. Même si on exclut l'Allier, en ne retenant que le drainage de Nevers - 17 570 km^2 - pour chaque kilomètre de drain supplémentaire, le bassin drainé s'accroissait de 65 km^2. Après le Bec d'Allier et Cours-les-Barres, jusqu'à Tours, sur une distance 270 km, le drainage ne s'est accru que de 5 520 km^2, soit 20,5 km^2/km. C'est deux fois moins.

On comprendra que l'écoulement mesuré entre le 1er août 2015 et le 31 août 2016 ne se soit accru que de 82,7 m^3/s ou de 31 %, passant de 266,1 m^3/s à Cours-les-Barres à 348,8 m^3/s à Tours. Cette augmentation ne relève que des apports des affluents que nous venons de citer (à savoir que le Loiret n'est qu'une résurgence de la Loire).

I - Un écoulement apparemment simple

En effet, en l'absence de gros affluents, on s'attendrait à ne rencontrer qu'un retard dans la succession de pointes de hautes eaux ou de crues. C'est vrai, sans être aussi simple. L'examen des deux hydrogrammes du document 5.1 indique très clairement que ce sont les mêmes événements hydrologiques qui se rencontrent à Cours-les-Barres et à Tours. Ces hautes eaux sont bien individualisées et au nombre de 14, mais il ne s'agit que d'écoulements en général supérieurs à la moyenne, qui n'entrent pas dans le critère de débit attribué à une crue. À Cours-les-Barres, la pointe du 3 juin 2016 (1 510 m^3/s) resta en deçà de la crue biennale (1 700 m^3/s). À Tours, seul le maximum des 4 et 5 juin 2016 - 2 050 m^3/s - dépassa la crue biennale (1 500 m^3/s).

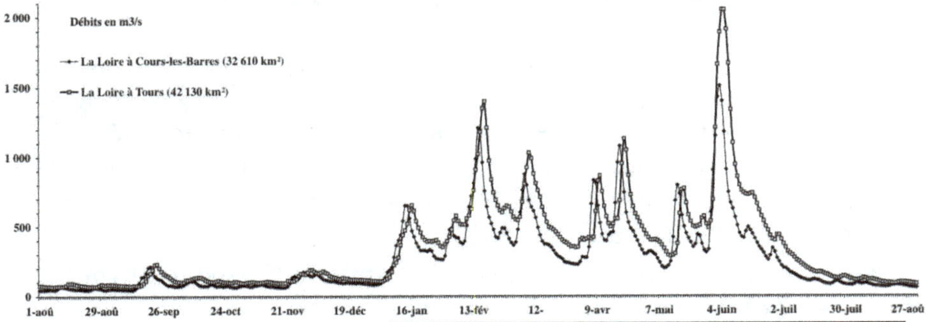

	Pointe de crue à Cours-les-Barres	Pointe de crue à Tours	Ecarts
20-24 septembre 2015	212	222	10
29 novembre - 1er décembre 2015	170	186	16
14-16 janvier 2016	650	653	3
2-5 février 2016	489	575	86
16-18 février 2016	1 210	1 400	190
24-25 février 2016	488	648	160
7-9 mars 2016	876	1 030	154
8-10 avril 2016	831	864	33
19-21 avril 2016	1 080	1 130	50
16-18 mai 2016	795	772	-23
25-26 mai 2016	440	571	131
3-5 juin 2016	1 510	2 050	540
16-18 juin 2016	493	737	244
28-30 juin 2016	341	437	96

a) Hydrogrammes et pointes de crue en m^3/s) de la Loire à Cours-les-Barres et à Tours

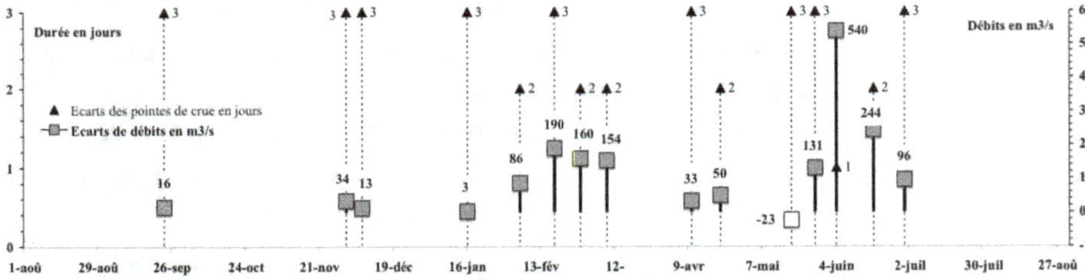

b) Décalages des pointes de crue et différences de débits entre Cours-les-Barres et Tours

Document 5.1 - Hautes eaux de la Loire à Cours-les-Barres et à Tours

Mais ces épisodes de hautes eaux ont une signification hydrologique. D'une part, ils se retrouvent aux deux jaugeages. D'autre part on observe une augmentation du débit entre les deux sites (sauf le 18 mai 2016) avec un décalage dans le temps. En effet (document 5.1.b), il semble qu'il faille entre deux et trois jours pour que le débit de pointe observé à Cours-les-Barres atteigne Tours, 270 km en aval. L'onde se déplacerait donc de 90 à 135 km par jour, ce qui corrobore la vitesse de l'écoulement d'un cours d'eau de plaine (3,8 à 5,6 km/h).

Le débit de pointe moyen des hautes eaux fut de 685 m^3/s à Cours-les-Barres et de 805 m^3/s à Tours. Il augmenta donc en moyenne de 121 m^3/s (soit de 18 % seulement). Mais, entre septembre 2015 et juin 2016, ces écarts entre les débits des pointes de crue ont été loin d'être réguliers. L'écart maximum s'est tenu le 4 juin 2016, au cours de la crue biennale, avec un débit à Tours, supérieur de 540 m^3/s à celui de Cours-les-Barres. Il s'agit d'une croissance de 37 %. Inversement, le 16 mai 2016, le débit à Tours se révéla inférieur de 23 m^3/s à celui de Cours-les-Barres (un recul de 2,9 %).

➢ Le document 5.1.b montre que les écarts furent modestes au début de l'année hydrologique : 16,5 m^3/s entre le 23 septembre 2015 et le 16 janvier 2016. On notera que cet écart s'est réduit de décembre 2015 à janvier 2016, pour devenir insignifiant le 16 janvier 2016 (3 m^3/s).

➢ Puis l'écart devient important au cours de l'hiver : 147,5 m^3/s en moyenne entre le 5 février et le 9 mars 2016. Février semble le mois où il fut maximal (190 m^3/s le 18 février 2016)

➢ Mais cet écart recula au printemps : 20 m^3/s entre le 10 avril et le 18 mai. On relève surtout une inversion de tendance : le débit du 18 mai était plus élevé à Cours-les-Barres qu'à Tours.

➢ C'est alors que survint la « crue de juin ». L'événement s'est traduit par un écart des pointes de crue considérablement accru entre Cours-les-Barres et Tours. Le 18 juin, alors que les inondations sont terminées, le débit était encore supérieur de 244 m^3/s à Tours, et même de 96 m^3/s le 30 juin, alors que l'été était commencé.

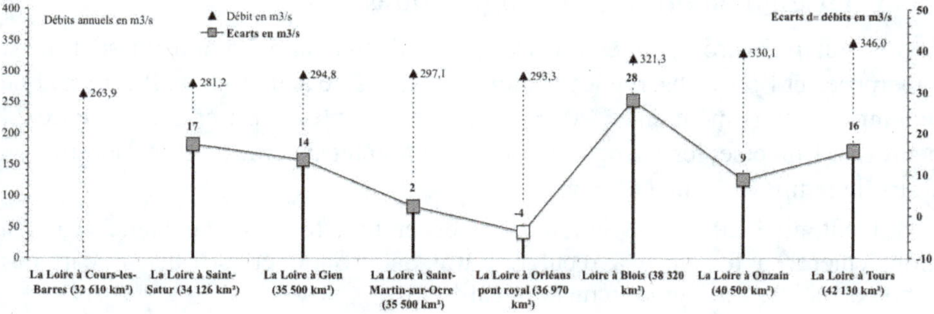

Document 5.2 - Variation δ.m^3/s entre les stations du jaugeage des « Vals »

À l'évidence, il n'y a pas eu qu'un simple transfert des eaux de l'amont dans l'étroit chenal du « Val ».

➢ Le document 5.2 rend compte des débits moyens (1er août 2015-31 août 2016) à chacun des huit jaugeages effectués entre Cours-les-Barres et Tours. Celui-ci s'accroît (lentement d'ailleurs) avec le drainage. Mais le calcul de l'écart des débits entre une station et la station amont la plus proche rend compte d'une autre situation. Il passait de 17 m^3/s à -4 m^3/s entre Cours-les-Barres et Orléans : comme s'il n'y avait aucun apport local entre le Bec d'Allier et Orléans.

➢ Puis le débit de la Loire passe brutalement de 293,3 m^3/s à Orléans à 321,3 m^3/s à Blois (sur 50 km seulement). L'écart est de 28 m^3/s, soit une croissance de 9,5 %.

➢ En aval, le débit reprend un « régime de croisière » : 321,3 m^3/s à Blois et 346 m^3/s à Tours, avec un écart réduit à 9 m^3/s à Onzain et 16 m^3/s à Tours.

L'écoulement en général et les hautes eaux en particulier ont été soumises à des contraintes qui ont fait varier le débit des pointes de crue tant du fait de la géographie des huit stations de jaugeage que de la saison d'occurrence de l'écoulement. En fait, il existe de nombreux petits affluents entre le Bec d'Allier et le Bec du Cher. De plus la répartition saisonnière des précipitations varia entre des secteurs arrosés et d'autres abrités au travers d'un hiver pluvieux qui satura les bassins versants. Enfin les orages de mai qui ont, ponctuellement, apporté de grandes quantités d'eau.

II - De Cours-les-Barres à Orléans

La Loire a été jaugée sur cinq sites : à Cours-les-Barres (32 610 km^2), à Saint-Satur (34 126 km^2), à Gien (35 500 km^2), à Saint-Martin-sur-Ocre (35 500 km^2) et à Orléans (36 970 km^2). Mais Gien et Saint-Martin-sur-Ocre se font face (l'une en rive droite et l'autre en rive gauche). Les mesures sont voisines et pour ne pas compliquer les croquis, nous avons éliminé Saint-Martin-sur-Ocre.

A - L'enseignement des hydrogrammes

Les quatre hydrogrammes illustrés par le document 5.3.a apparaissent quasi superposés et l'on y observe les quatorze épisodes de hautes eaux. Il est vrai que le temps d'écoulement entre Cours-les-Barres et Orléans est en moyenne de 24 heures. À l'inverse, les écarts des débits des pointes de crue se sont modifiés au cours du temps (document 5.3.b).

➢ En automne 2015, de septembre à décembre, le débit de hautes eaux a globalement eu tendance à reculer. Entre Saint-Satur et Orléans, l'écart des débits de pointe devient largement négatif.

➢ Puis avec la première « moitié » de l'hiver, de janvier au début de février 2016, les débits des pointes de crue augmentèrent entre Cours-les-Barres et Gien ; les écarts sont même croissants. Mais la pointe des mêmes crues a reculé à Orléans et l'écart entre Gien et Orléans devint fortement négatif.

➢ La « forte crue de la mi-février 2016 » s'est amplifiée entre Cours-les-Barres et Saint-Satur, pour se poursuivre sur son acquis, ce qui provoqua un retour aux écarts nuls ou négatifs, entre Saint-Satur et Orléans.

➢ La fin de l'hiver, jusqu'à la mi-avril, a été marquée par des pointes de crue de plus en plus élevées, attribuables à la saturation des sols du fait d'un hiver qu'on sait pluvieux, ce qui favorisait le ruissellement. Mais ce processus affecta surtout la section de Cours-les-Barres à Gien, voire seulement à Saint-Satur. En effet, les écarts de débits de crues redeviennent négatifs à proximité d'Orléans.

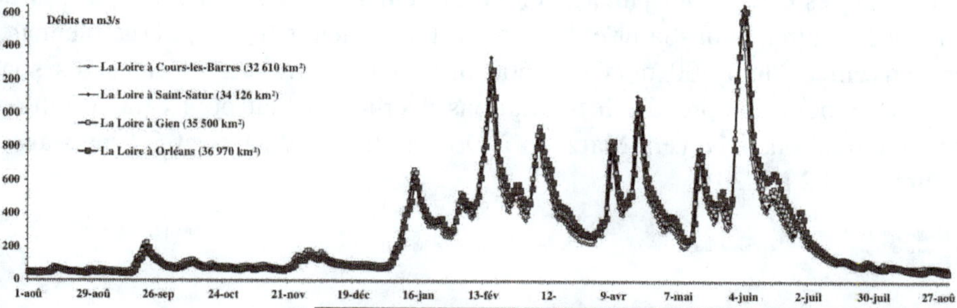

	Cours-les-Barres	Saint-Satur	Gien	Orléans
20-24 septembre 2015	212	230	229	197
29 novembre - 1er décembre 2015	170	183	182	153
14-16 janvier 2016	650	655	666	597
2-5 février 2016	489	502	528	508
16-18 février 2016	1 210	1 340	1 270	1 270
24-25 février 2016	488	522	564	577
7-9 mars 2016	876	884	925	900
8-10 avril 2016	831	847	842	837
19-21 avril 2016	1 080	1 110	1 090	1 090
16-18 mai 2016	795	782	791	755
25-26 mai 2016	440	477	498	542
3-5 juin 2016	**1 510**	**1 630**	**1 630**	**1 670**
16-18 juin 2016	493	503	556	647
28-30 juin 2016	341	339	373	404

a) Hydrogrammes et pointes de crue

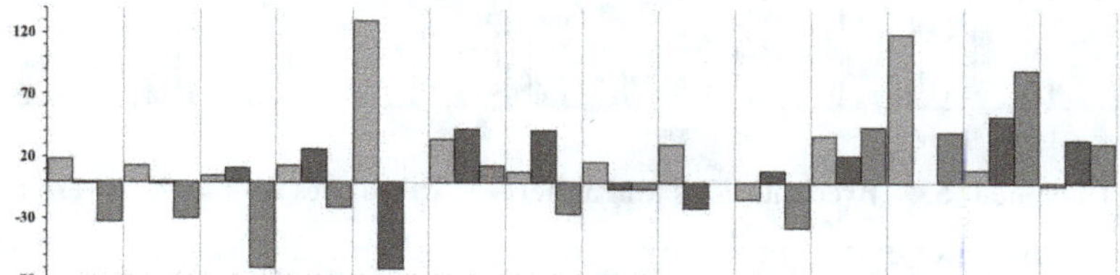

	20/24-IX-2015	29-11/1-XII-2015	13/16-I-2016	2/5-II-2016	15/18-II-2016	24/28-II-2016	7/9-III-2016	7/10-IV-2016	19/21-IV-2016	15/18-V-2016	24/26-V-2016	3/5-VI-2016	16/18-VI-2016	28/30-VI-2016
De Cours-les-Barres à Saint-Satur	18,0	13,0	5,0	13,0	130,0	34,0	8,0	16,0	30,0	-13,0	37,0	120,0	10,0	-2,0
De Saint-Satur à Gien	-1,0	-1,0	11,0	26,0	-70,0	42,0	41,0	-5,0	-20,0	9,0	21,0	0,0	53,0	34,0
De Gien à Orléans	-32,0	-29,0	-69,0	-20,0	0,0	13,0	-25,0	-5,0	0,0	-36,0	44,0	40,0	91,0	31,0

b) Différences de débit des pointes de crue

Document 5.3 - Les crues entre Cours-les-Barres et Orléans

➢ Le mois de mai a été affecté par deux hautes eaux quasi consécutives, du 16-18 mai au 25-26 mai 2016. Le premier épisode fut le plus volumineux (795 m^3/s à Cours-les-Barres), mais le débit ne fut pas entretenu, et globalement les écarts apparaissent négatifs jusqu'à Orléans. À l'inverse, bien que moins important (440 m^3/s à Cours-les-Barres), le débit de pointe de la seconde « crue » augmenta jusqu'à Orléans.

➢ Le reste de l'année fut surtout remarquable par les « crues de juin » ; principalement celle des 3 et 5 juin 2016. Le débit de pointe s'est accru fortement (de 120 m^3/s entre Cours-les-Barres et Saint-Satur), et, s'il se stabilisa entre Saint-Satur et Gien, il augmenta de 40 m^3/s à Orléans. Or, cette « augmentation » du débit maximum resta marquée sur les hautes eaux du reste du mois de juin 2016.

B - Précipitations et pointes de crue

Ces hautes eaux n'ont jamais rien eu de remarquable ; seules les pointes de crue du 3-5 juin à Saint-Satur et à Gien ont légèrement dépassé la crue biennale, respectivement de 1 500 m³/s et 1 600 m³/s. Par contre, les mécanismes sont importants pour comprendre les variations décrites. Il faut pour cela se référer aux précipitations à Nevers-Marzy et à Orléans-Bricy (document 5.4 mais aussi documents 3.2 à 3.20).

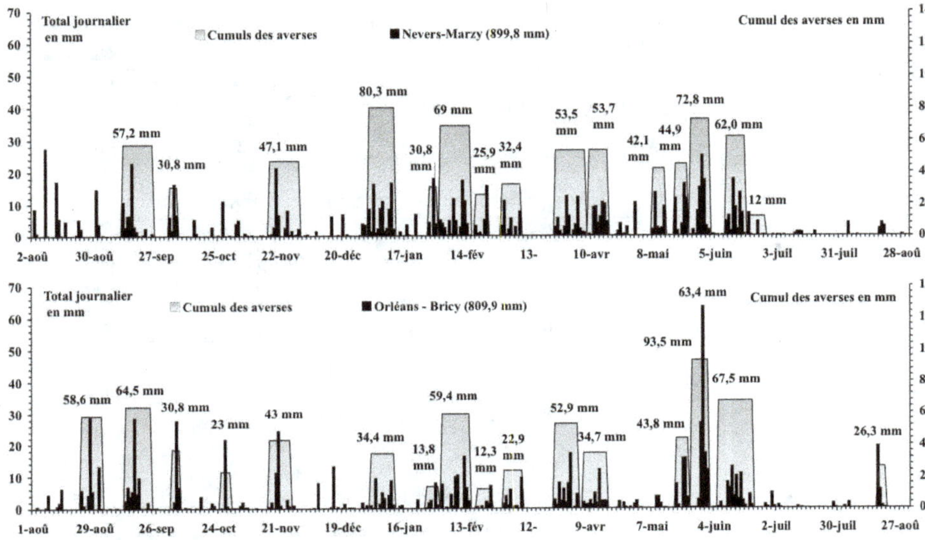

Document 5.4 - Précipitations journalières et cumul des averses à Nevers et à Orléans

Si on relève un total inférieur de 89,9 mm à Orléans, la répartition des averses affiche des abats différents malgré une chronologie superposable.

1°) Il faut d'abord comparer la distribution et la hauteur des averses à Nevers (voir aussi les cartes des documents 3.2 à 3.20) avec les hydrogrammes du document 5.3.a. Jusqu'en décembre 2015 inclus, trois ensembles pluvieux se sont succédé : une série de 57,2 mm du 12 au 25 septembre, une autre de 30,8 mm du 3 au 6 octobre et une dernière de 47,1 mm du 17 au 30 novembre. Elles ont assurément contribué au soutien des pointes de crue (déjà constituées : document 5.2).

➢ On y reconnaît la correspondance avec les pointes de crue des 20-21 septembre et de début décembre 2015.

➢ La différence du volume chu explique la même différence des pointes de crue tant à Cours-les-Barres, qu'à Saint-Satur, Gien et Orléans.

Puis cinq épisodes pluvieux se sont succédé en hiver : 80,3 mm du 1er au 12 janvier, 30,8 mm du 28 au 31 janvier, 69 mm du 2 au 15 février, 25,9 mm du 18 au 23 février et 32,4 mm du 1er au 9 mars.

➢ On retiendra que ces événements pluviométriques de volumes variables ont été suivis de pointes de crue qui ne furent pas toujours proportionnelles aux abats.

➢ Bien que les pluies aient été supérieures en janvier, c'est la pointe de crue du 16-18 février qui fut la plus abondante.

➢ Nous l'expliquerons par la réponse d'un sol et d'un sous-sol saturés qui favorisaient le ruissellement

➢ La fin de l'hiver et surtout le printemps furent très arrosés : 53,5 mm du 25 mars au 7 avril, 53,7 mm du 9 au 17 avril, 42,1 mm du 8 au 13 mai, 44,9 mm du 18 au 23 mai, et surtout 72,8 mm du 25 mai au 2 juin 2016.

➢ La succession de deux passages pluvieux de la fin mars au milieu d'avril explique, par le même processus, que la seconde crue d'avril fut de 30 % plus élevée que la première jusqu'à Orléans.

➢ Mais trois passages pluvieux de volume croissant se sont succédé en mai 2016 ; la conséquence fut une saturation des sols jusqu'à la crue quasi biennale du 3 au 5 juin.

➢ Même en juin, le ruissellement perdura, car on relève 62 mm de pluies du 10 au 18 juin, puis encore 12 mm du 20 au 27 juin. Cela a suffi pour assurer les deux modestes pointes de crue des 16-18 juin et 28-30 juin 2016.

Entre Cours-les-Barres et Orléans, la Loire reçoit de très modestes affluents mais nombreux. La Banque Hydro jauge le Mazou à Bulcy (147 km^2), le Nohain à Saint-Martin-sur-Nohain (473 km^2) et la Vrille à Arquian (167 km^2). Ces trois cours d'eau sont peu abondants ; au cours du premier semestre 2016, le Mazou écoula 0,98 m^3/s, le Nohain 6,67 m^3/s et la Vrille 3,37 m^3/s. Mais les pointes de crue furent très fortes …

	15 février	6 mars	1er juin	15 juin	
Le Mazou	2,34	2,51	2,43	2,04	m^3/s
Le Nohain	10,9	14,8	18,2	12	m^3/s
La Vrille	13,6	19,2	25,8	13,3	m^3/s

… Il est probable que ce soit le cumul des très nombreux ruisseaux nés dans le Morvan, qui ait assuré la pérennité, voire l'augmentation des débits et des pointes de crue, entre Cours-les-Barres et Orléans.

2°) Il faut d'abord comparer les pointes de crue aux précipitations à Nevers et à Orléans. En effet, à partir de Gien, l'alimentation pluviale relève plutôt de la station orléanaise (document 5.4). La comparaison de la distribution et du volume des passages pluvieux est différente.

➢ Orléans apparaît plus arrosé au début de l'automne, mais l'avantage passa cependant à Nevers d'octobre à fin janvier.

➢ Si l'hiver resta moins arrosé à Orléans, cette station du sud du Bassin de Paris connut des apports pluviométriques intenses au mois de mai : 72,8 mm à Nevers entre les 25 et 31 mai, (dont 25,2 mm le 30 mai) et 93,5 mm à Orléans entre les 25 et 31 mai, avec une averse de 63,4 mm le 30 mai 2016.

a) De septembre à décembre 2015, l'écart des débits de pointe est devenu largement négatif entre Saint-Satur et Orléans : les précipitations, moins volumineuses, n'ont pas soutenu les pointes de crue, dans ces stations influencées par le sud du Bassin de Paris.

b) La première « moitié » de l'hiver, de janvier au début de février 2016, la pointe des mêmes crues a reculé à Orléans et l'écart entre Gien et Orléans devint fortement négatif. Or, durant cette période, il a chu 217 mm d'eau à Marzy, contre 124,5 mm à Orléans : la Loire cessa d'être alimentée par le Morvan.

c) La « forte crue de la mi-février 2016 » s'est poursuivie sur son acquis, avec des écarts nuls ou négatifs, entre Saint-Satur et Orléans. En effet, les précipitations se sont réduites à Nevers comme à Orléans. Pour la même raison, de la fin de l'hiver à la mi-avril, les pointes de crue ont surtout affecté la section de Cours-les-Barres à Gien, avec des écarts de débits de crue négatifs à proximité d'Orléans.

d) Le mois de mai a été affecté par des précipitations diversement abondantes. On comprend que la pointe de crue de 795 m^3/s à Cours-les-Barres, ne fut pas entretenue avec des écarts négatifs jusqu'à Orléans. En effet, les averses restèrent modérées jusqu'au 15 mai (document 5.4). À l'inverse, nous avons vu que la seconde « crue » accrut son débit de pointe jusqu'à Orléans : la seconde moitié du mois de mai fut d'autant plus arrosée qu'on se rapprochait d'Orléans.

e) Quant aux autres « crues de juin », elles profitaient des sols anormalement saturés en cette saison et d'un apport pluviométrique anormalement abondant pendant la totalité du mois.

À Orléans, les fortes précipitations ont relancé les crues par ruissellement.

III - La « montée des eaux » d'Orléans à Blois

Sur 60 km de linéaire de chenal, d'Orléans à Blois, alors que le drainage ne passe que de 36 970 à 38 320 km^2, soit une augmentation de 1 350 km^2 ou 3,7 %, le débit moyen (01-08-2015 à 31-08-2016) est passé de 297,2 m^3/s à 321,3 m^3/s, soit une croissance de 27,9 m^3/s ou 10 %.

Il semble évident que ces deux hydrogrammes sont superposables (document 5.5), car, sur cette courte distance, le décalage des pointes de crue est inférieur à 24 heures, le seul pas de temps que nous avons eu l'occasion d'utiliser. Nous retrouvons les mêmes événements, et il est important de rappeler que la plupart de nos « crues » ne sont que des « hautes eaux » inférieures aux crues biennales. Celle-ci est de 1 700 m^3/s à Blois comme à Orléans. Elle ne fut pas atteinte à Orléans et dépassée de 10 m^3/s seulement à Blois.

À l'inverse, à l'exception de la fin du mois de juin, la crue blésoise dépassa toujours la crue orléanaise.

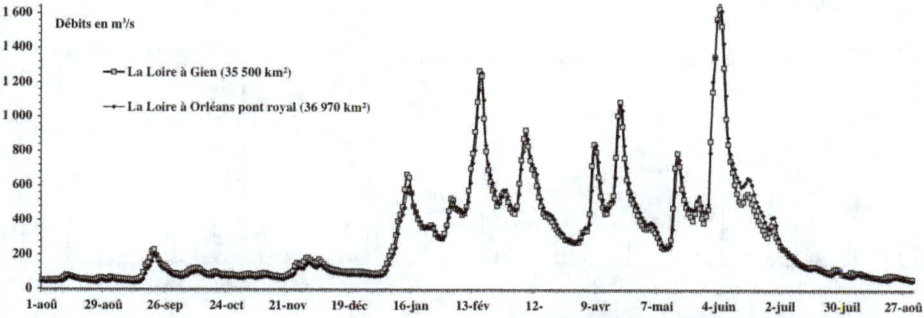

	Orléans	Blois	Ecart
20-24 septembre 2015	197	244	47
29 novembre - 1er décembre 2015	153	178	25
14-16 janvier 2016	597	666	69
2-5 février 2016	508	546	38
16-18 février 2016	1 260	1 280	20
24-25 février 2016	577	607	30
7-9 mars 2016	900	953	53
8-10 avril 2016	837	859	22
19-21 avril 2016	1 070	1 090	20
16-18 mai 2016	755	795	40
25-26 mai 2016	542	579	37
3-5 juin 2016	**1 670**	**1 710**	**40**
16-18 juin 2016	647	675	28
28-30 juin 2016	422	418	-4

a) Hydrogrammes et crues

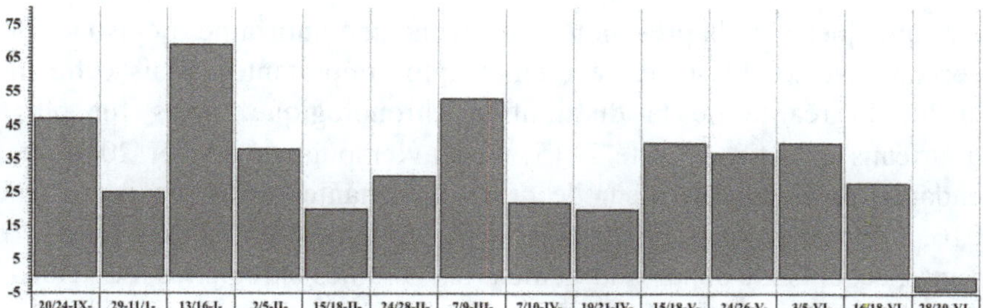

	20/24-IX-2015	29-11/1-XII-2015	13/16-I-2016	2/5-II-2016	15/18-II-2016	24/28-II-2016	7/9-III-2016	7/10-IV-2016	19/21-IV-2016	15/18-V-2016	24/26-V-2016	3/5-VI-2016	16/18-VI-2016	28/30-VI-2016
D'Orléans à Blois	47,0	25,0	69,0	38,0	20,0	30,0	53,0	22,0	20,0	40,0	37,0	40,0	28,0	-4,0

b) Différences de débit des pointes de crue

Document 5.5 - Les crues entre Orléans et Blois

A - Variations pluviométriques entre Orléans et Blois

Il faut prendre en considérations la pluviométrie d'Orléans et de Blois (document 5.6). Blois (839,4 mm) apparaît déjà bien plus arrosé qu'Orléans

(809,9 mm). On sait que les précipitations du sud du Bassin de Paris furent plus abondantes, et le total des pluies entre le 1er août 2015 et le 31 août 2016 s'est accru de 29,5 mm soit de 3,6 %.

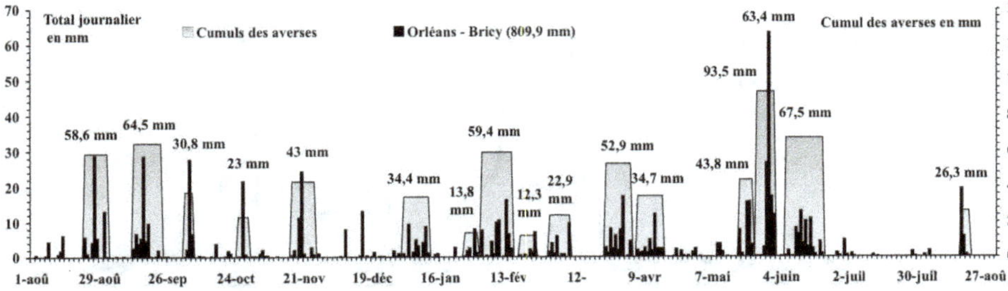

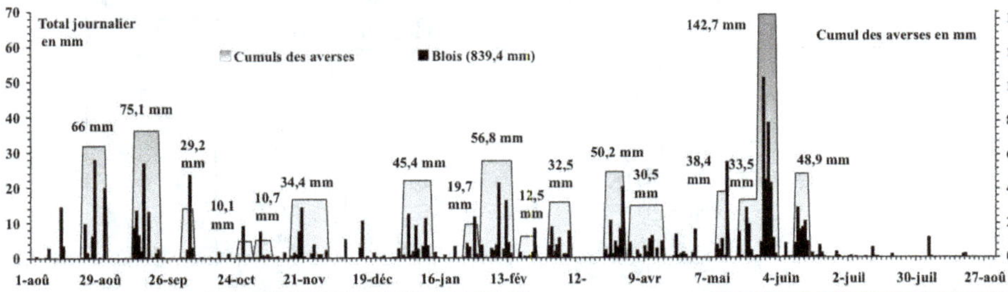

	Orléans	Blois	Ecart		Orléans	Blois	Ecart
22/31-VIII-2015	58,6	66	7,4 mm	18/24-II-2016	12,3	12,5	0,2 mm
12/23-IX-2015	64,5	75,1	10,6 mm	1/9-III-2016	23,9	32,5	8,6 mm
3/5-X-2015	36,8	29,2	-7,6 mm	24/31-III-2016	52,9	50,2	-2,7 mm
25/30-X-2015	23	10,1	-12,9 mm	6/16-IV-2016	34,7	30,5	-4,2 mm
16/30-XI-2015	43	34,4	-8,6 mm	18/23-V-2016	43,8	33,5	-10,3 mm
1/12-I-2016	34,4	45,4	11 mm	24/31-V-2016	93,5	142,7	49,2 mm
26/31-I-2016	13,8	19.7	5,9 mm	10/15-VI-2016	67,5	60,1	-7,4 mm
2/14-II-2016	59,4	56,8	-2,6 mm	**Moyenne**	**41,7**	**45,3**	**3,6 mm**

Document 5.6 - Les précipitations et épisodes de pluies à Orléans et à Blois

À quelques détails près, nous retrouvons une quinzaine d'épisodes de pluies avec des averses blésoises légèrement plus importantes. Mais cette moyenne masque la réalité de la distribution chronologique. Blois fut plus arrosé qu'Orléans à la fin de l'été 2015, en janvier puis en février 2016, et surtout pendant l'épisode générateur de crues importantes de la fin du mois de mai 2016. Avec un passage pluvieux de 142,7 mm, dont 131,7 mm entre le 28 et le 31 mai, cet épisode dépassa largement les volumes enregistrés à Orléans.

B - La réponse du bassin versant

Il faut comparer la succession des hautes eaux (document 5.5.a) et les précipitations orléanaises et blésoises (document 5.6).

- Les hydrogrammes rendent compte, avant tout, des débits acquis depuis la Bec d'Allier.
- Mais les pointes de crue sont aussi en accord avec la répartition des épisodes pluvieux à Orléans et à Blois. Notamment, les maxima des 16/17 février, 19/20

avril et 4/5 juin, font suite à des passages pluvieux abondants, dont les « orages » de la fin du mois de mai.

Mais, entre Orléans et Blois, le bassin versant de la Loire est étroit. Au nord, sur la rive droite, les affluents, appelés localement les « Mauves » sont très courts car le drainage est vite attiré vers le Loir. Au sud, il n'y a guère d'affluents notables, car, ici, le drainage est attiré par le Cosson. Or le débit s'est accru pour la plupart des phases de crues (document 5.5). La moyenne des quatorze épisodes de hautes eaux est de 33 m^3/s. Nous avons pris comme postulat que ces modestes cours d'eau ont assuré l'augmentation de la hauteur de la crue, d'où le modèle suivant :

➢ Les hautes eaux de septembre 2015 ont progressé de 47 m^3/s, ce qui va dans le sens d'une pluviométrie qui s'accroît vers l'aval : abats supérieurs de 7,4 mm à Blois. À l'inverse, la crue de la fin du mois de novembre ne progressa que de 25 m^3/s. La pluviométrie fut moins élevée en aval d'Orléans, toutefois la saturation des sols favorisa le ruissellement.

➢ La crue de janvier 2016 s'amplifia entre Orléans et Blois de 69 m^3/s du fait d'un excédent pluviométrique de 11 mm à Blois. Les bassins affluents étaient saturés, et, malgré un écart pluviométrique (par rapport à Orléans) négatif à Blois, les hautes eaux augmentèrent par rapport à leur débit orléanais.

➢ La crue du 7 au 9 mars 2016 relève du même processus ; supérieure de 53 m^3/s à Blois par rapport à Orléans, elle correspond à un excédent pluvial de 8,6 mm. Malgré un écart pluviométrique négatif à Blois, les crues du mois d'avril sont au-dessus de celles d'Orléans.

➢ Les crues de mai sont plus originales : à Blois, les deux pointes de crue des 15/18 mai et 24/26 mai ont dépassé les pointes orléanaises d'une quarantaine de m^3/s ; pourtant, la pluviométrie fut inférieure à Blois par rapport à Orléans. Comment l'interpréter ? L'augmentation des débits de crues ne peut être le fait que du ruissellement venu des versants.

➢ Enfin, les crues de juin (3/5 juin, 16/18 juin et 28/30 juin) dont les pointes ont été en régressant, sont aussi assorties d'un recul important de l'écart par rapport à Orléans qui passa de 40 m^3/s, à 28 m^3/s puis -4 m^3/s. Il est vrai que l'évapotranspiration avait fini par prendre le dessus sur l'écoulement.

Cependant, nous retiendrons qu'il ne faut pas négliger le rôle des affluents modestes dans l'occurrence, ou tout au moins l'entretien des pointes de crue, même dans le cas d'une pluviométrie moyenne.

IV - De Blois à Tours : rôle des affluents

Entre ces deux villes, la Loire est aussi jaugée à Onzain (en face de Chaumont). Le drainage augmente notablement.

➢ De Blois à Onzain, l'aire du bassin versant passe de 38 320 km^2 à 40 500 km^2, soit un accroissement de 2,180 km^2 ou 5,7 %. La Loire reçoit alors deux affluents sur la rive gauche : le Beuvron (510 km^2) et le Cosson (740 km^2) qui rejoint le premier peu avant la confluence. Ces cours d'eau sont les drains naturels du nord de la Sologne, un pays quasi aréique, mais dont le sous-sol aquiclude (sables argileux) répond facilement à la sollicitation des pluies.

➢ Puis d'Onzain à Tours (42 130 km²) le drainage s'accroît encore de 1 630 km² ou de 4 %, du fait de l'arrivée d'affluents de la rive droite : la Cisse (790 km²), le principal drain de la Petite Beauce et la Brenne (263 km²), qui provient des Gâtines Tourangelles, dont la surface est recouverte de graviers argileux du Cénozoïque.

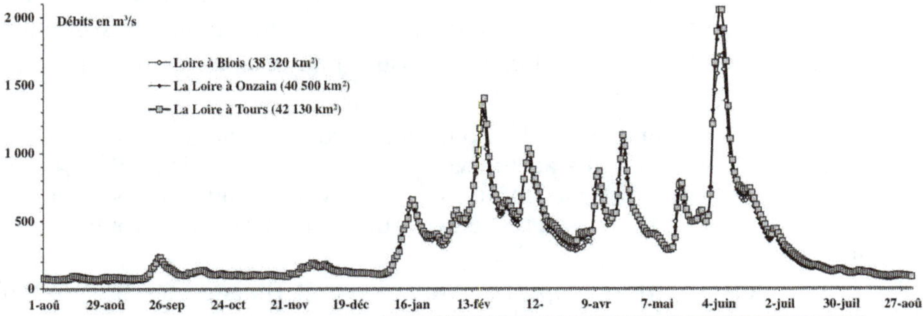

	Blois	Onzain	Tours
20-24 septembre 2015	244	226	228
29 novembre - 1er décembre 2015	178	189	186
14-16 janvier 2016	666	642	653
2-5 février 2016	546	554	575
16-18 février 2016	1 280	1 310	1 400
24-25 février 2016	607	610	648
7-9 mars 2016	953	988	1 030
8-10 avril 2016	859	851	864
19-21 avril 2016	1 090	1 120	1 130
16-18 mai 2016	795	792	772
25-26 mai 2016	579	572	558
3-5 juin 2016	**1 710**	**1 920**	**2 050**
16-18 juin 2016	675	695	737
28-30 juin 2016	418	406	437

a) Hydrogrammes et crues

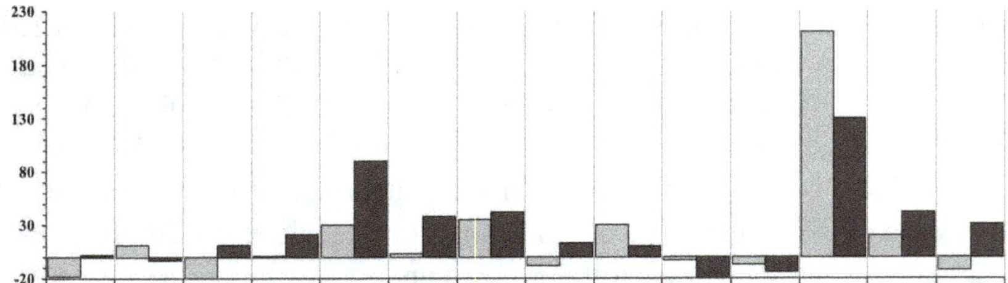

	20/24-IX-2015	29-11/1-XII-2015	13/16-I-2016	2/5-II-2016	15/18-II-2016	24/28-II-2016	7/9-III-2016	7/10-IV-2016	19/21-IV-2016	15/18-V-2016	24/26-V-2016	3/5-VI-2016	16/18-VI-2016	28/30-VI-2016
De Blois à Onzain	-18,0	11,0	-24,0	1,0	30,0	3,0	35,0	-8,0	30,0	-3,0	-7,0	210,0	20,0	-12,0
D'Onzain à Tours	2,0	-3,0	11,0	21,0	90,0	38,0	42,0	13,0	10,0	-20,0	-14,0	130,0	42,0	31,0

b) Différences de débit des pointes de crue

Document 5.7 - Les crues entre Blois et Tours

Cinquante kilomètres de berges séparent Blois de Tours ; pour un pas de temps journalier, on n'observe guère de décalage entre les dates des pointes de crue. Celles-ci restent le même depuis Cours-les-Barres et se retrouvent parfaitement superposées (document 5.7).

Mais nous commencerons par analyser le régime des précipitations (document 5.8). Peut-être du fait du léger déficit pluviométrique tourangeau, il n'est tombé que 713,6 mm à Tours, soit 128,8 mm de moins qu'à Blois (ou 15 %). Même le détail va plutôt dans le sens d'une réduction ; en effet, la moyenne des écarts entre les seize vagues de précipitations simultanées évoque un déficit de 8,1mm entre Blois et Tours.

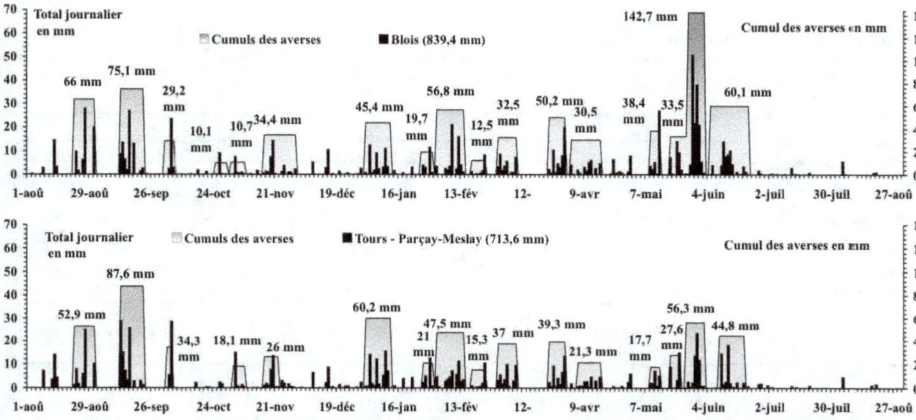

	Blois	Tours	Ecart		Blois	Tours	Ecart
22/31-VIII-2015	**66,0**	**52,9**	**-13,1**	18/24-II-2016	12,5	15,3	2,8
12/23-IX-2015	75,1	87,6	12,5	1/9-III-2016	32,5	37,6	5,1
3/5-X-2015	29,2	34,3	5,1	**24/31-III-2016**	**50,2**	**39,3**	**-10,9**
25/30-X-2015	10,7	18,1	7,4	**6/16-IV-2016**	**30,5**	**21,3**	**-9,2**
16/30-XI-2015	**34,4**	**26,0**	**-8,4**	**9/13-V-2016**	**38,4**	**17,7**	**-20,7**
1/12-I-2016	45,4	60,2	14,8	**18/23-V-2016**	**33,5**	**27,6**	**-5,9**
26/31-I-2016	19,7	21,0	1,3	**24/31-V-2016**	**142,7**	**56,3**	**-86,4**
2/14-II-2016	**56,8**	**47,5**	**-9,3**	**10/15-VI-2016**	**60,1**	**44,8**	**-15,3**
				Moyenne	**46,1**	**38,0**	**-8,1**

Document 5.8 - - Les précipitations et épisodes de pluies à Blois et à Tours

C'est particulièrement flagrant à partir du mois de mars 2016 : le déficit tourangeau est de 24,7 mm ; les crues ne pouvaient guère profiter du ruissellement sur les versants. C'est sans compter avec les affluents.

A - Les hautes eaux de Blois à Onzain

Le débit moyen de la Loire, sur l'ensemble de l'année hydrologique est passé de 321,3 m^3/s à 330,1 m^3/s (croissance de 8,8 m^3/s ou de 2,7 %) ; et, en moyenne, l'écart entre les quatorze pointes de crue a été de 29,1 m^3/s. Il y a eu une amplification des crues assez importante. Les crues des 3 et 5 juin : 1 710 m^3/s à Blois et 1 920 m^3/s à Onzain ont dépassé la crue biennale (1 700 m^3/s à Blois et 1 600 m^3/s à Onzain). Pourtant il faut nuancer (document 5.7.b).

- Jusqu'en janvier, le débit de crue de septembre fut inférieur à Onzain!
- De février à mars, la crue d'Onzain avait pris le dessus !
- Début avril, cette crue d'Onzain redevint inférieure à celle de Blois, ce qui se confirma en mai.

➢ À l'inverse, les deux premières crues de juin furent plus abondantes ; même si l'écart s'est réduit pour s'inverser à la fin du mois.

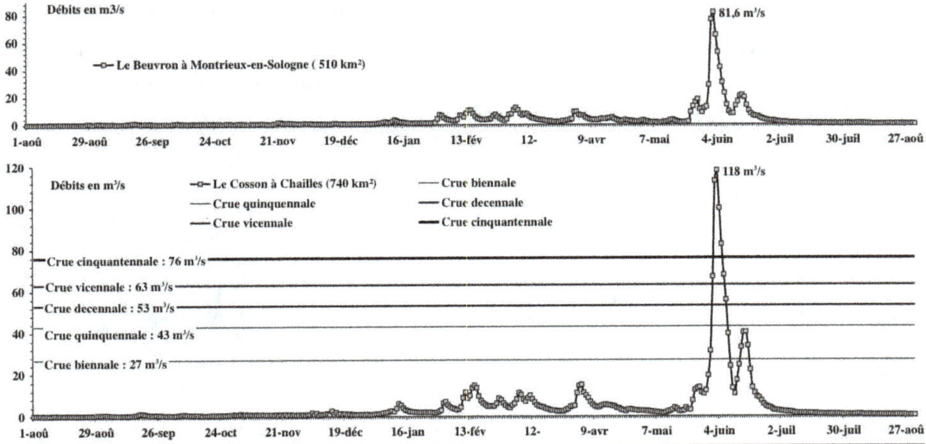

	Le Cosson à Chailles (740 km_)	**Le Beuvron à Montrieux-en-Sologne (510 km_)**		**Le Cosson à Chailles (740 km_)**	**Le Beuvron à Montrieux-en-Sologne (510 km_)**
18 septembre 2015	1,350	1,050	6 mars 2016	11,200	12,400
19 septembre 2015	0,596	1,690	11 mars 2016	9,990	7,670
20 septembre 2015	0,966	1,670	2 avril 2016	14,600	9,360
12 janvier 2016	6,050	3,400	26 mai 2016	13,800	18,400
1 février 2016	6,380	7,440	3 juin 2016	**118,000**	**65,200**
15 février 2016	14,700	10,500	15 juin 2016	40,200	21,300
26 février 2016	8,590	7,320	16 juin 2016	40,300	19,800

Document 5.9 - Hydrogramme et crues du Cosson et du Beuvron

Il faut évoquer ici le rôle des affluents : le Cosson et le Beuvron. Le débit du Cosson à Chailles fut de 4,88 m^3/s au cours de l'année hydrologique, et celui du Beuvron à Montrieux en Sologne avait été de 6,79 m^3/s. Ce sont de faibles valeurs. Ce n'est qu'avec beaucoup de peine qu'on reconnaît les mêmes hautes eaux que sur la Loire.

➢ Cependant, le ruissellement est important en Sologne (on évoquera les inondations de la Sauldre en juin 2016), et malgré sa modeste taille, le bassin du Beuvron répercuta les plus fortes averses. Le tableau du document 5.8 rappelle quelques-unes de ces crues, et l'on admet qu'une crue de 14,7 m^3/s sur le Cosson et de 10,5 m^3/s sur le Beuvron en février, puis encore 11,2 m^3/s, sur le Cosson et de 12,4 m^3/s sur le Beuvron en mars, ont été capables d'accentuer les pointes de crue de la Loire à Onzain.

➢ Surtout le Cosson écoula 118 m^3/s et le Beuvron 65,2 m^3/s le 3 juin, ce qui pourrait justifier la crue biennale à Onzain. Les crues de références ne sont pas calculées pour le Beuvron, mais à Chailles, la crue quinquennale du Cosson est de 76 m^3/s ; avec 118 m^3/s le 3 juin, elle fut largement dépassée, il est même possible qu'elle ait atteint, voire dépassé, une crue centennale.

Cet exemple montre qu'il ne faut pas négliger l'apport des petits affluents !

B - Les hautes eaux entre Onzain et Tours

Le débit moyen de la Loire continua de croître : de 330,1 m^3/s à Onzain, il atteignait 346 m^3/s à Tours. Sur une vingtaine de kilomètres, il s'était accru de 15,9 m^3/s soit de 4,8 %. On notera aussi que la crue du début du mois de juin passa de 1 920 m^3/s à Onzain (crue biennale estimée à 1 600 m^3/s) à 2 050 m^3/s à Tours (crue quinquennale estimée à 2 000 m^3/s). Le document 5.7.b rend compte des variations de débit des quatorze pointes de crue et nous rappelle la complexité des processus.

➢ Les hautes eaux de l'automne 2015 ont surtout connu un maintien des débits de pointes entre Onzain et Tours. Si les affluents ont eu un rôle, il fut mineur.

➢ De janvier à février, les maxima tendaient à devenir très supérieurs à Tours ; l'écart est même de 90 m^3/s le18 février.

➢ Puis, l'écart entre Tours et Onzain ne cessa de reculer jusqu'en mai, pour même devenir (fortement) négatif, en mai.

➢ Inversement, la forte crue du 5 juin dépassa, à Tours, de 130 m^3/s, celle d'Onzain (mais l'écart avait été plus important entre Blois et Onzain).

➢ Enfin, l'écart se réduisit rapidement au cours des hautes eaux du mois de juin.

À l'évidence, il faut prendre les modestes affluents en compte : l'Amasse (136 km^2), affluent rive gauche qui rejoint la Loire à Amboise (mais ce cours d'eau n'est pas jaugé), la Cisse (790 km^2) jaugée à Nazelles-Négron, sur la rive droite, et la Brenne (263 km^2) jaugée à Villedomer, également sur la rive droite. Ces cours d'eau drainent des bassins versants inscrits dans le tuffeau, mais les interfluves sont recouverts d'alluvions cénozoïques argileuses, et aquicludes.

La Cisse est le drain ligérien de la Petite Beauce, cependant cette rivière, qui se perd dans les calcaires lacustres (assec en été) et n'écoula que 2,96 m^3/s en moyenne entre le 1er août 2015 et le 31 août 2016, peut néanmoins avoir des « crues » (document 5.10).

➢ Elle connut des hautes eaux le 2 et le 18 septembre 2015 (1,9 et 2,8 m^3/s), puis le 7 octobre (2,5 m^3/s), et le 22 novembre (3,3 m^3/s). Ces débits sont insignifiants, mais ils traduisent la facilité avec laquelle le ruissellement se déclenche.

➢ Avec l'hiver, apparurent de véritables crues : 12,6 m^3/s le 12 janvier 2016, 9,7 m^3/s le 1er février, 14,2 m^3/s le 14 février, 10,7 m^3/s le 6 mars, 13,7 m^3/s le 2 avril.

➢ Surtout, les pointes de crue du 3 au 5 juin furent respectivement de 23, 23,9 et 23,3 m^3/s, soit égales ou supérieures à la crue quinquennale.

La Brenne, qui draine plutôt les Gâtines Tourangelles, est réputée pour ses inondations, notamment dans les bas-quartiers de Château-Renault, ce que la modestie de son débit annuel ne révèle pas : 1,7 m^3/s (document 5.10).

➢ Nous retrouvons les mêmes pointes de hautes eaux estivales : 1,7 m^3/s le 19 septembre 2015, 2,4 m^3/s le 6 octobre, 3,2 m^3/s le 21 novembre : le bassin est très favorable au ruissellement.

➢ L'hiver connut aussi des crues : 11,6 m^3/s le 11 janvier 2016, 21,5 m^3/s le 9 février, 27,8 m^3/s le 13 février, 18,4 m^3/s le 1er avril. Or, les pointes de crue du 9 février et du 1er avril, avaient dépassé la crue biennale ; quant à celle du 13 février, elle a atteint la crue quinquennale.

➢ Enfin, la crue du 1er juin (30,3 m^3/s) dépassa la crue quinquennale.

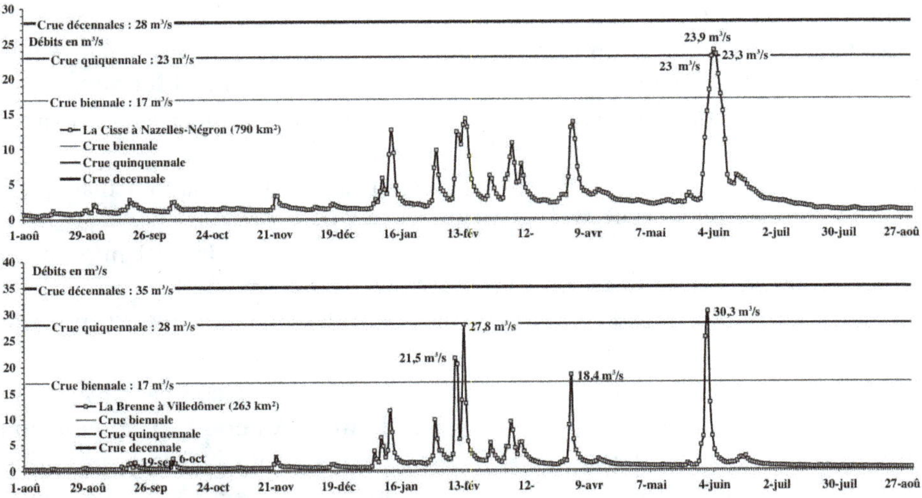

Document 5.10 - Hydrogrammes et crues récurrentes de la Cisse et de la Brenne

Or, il existe bien d'autres affluents du même modèle, tant sur la rive droite que sur la rive gauche. Leur sensibilité explique en grande partie l'accroissement de la pointe de crue de la Loire à Tours. Cette sensibilité au ruissellement est d'autant plus importante que les précipitations mesurées à Tours n'ont rien eu d'exceptionnel (document 5.8).

Nous avons insisté sur le rôle de ces modestes affluents qui ont accru les débits de pointe depuis Orléans ; dans un « Val » compris entre les bassins du Loir et du Cher, très proches. Il faudrait probablement prendre ces modestes affluents en compte dans le risque d'inondation du « Val » entre la levée et le coteau. Rappelons que les dernières dizaines de kilomètres du chenal de la Brenne, de la Cisse et de bien d'autres, sont situés entre le coteau et le bourrelet de rive, aujourd'hui surélevé d'une levée anthropique.

En aval de Tours, cette crue de juin, la principale, acquise en Auvergne et en Bourbonnais, allait alors être rejointe par de très hautes eaux en provenance du Limousin d'abord au Bec du Cher, puis au Bec des Deux Eaux de Candes-Saint-Martin à la confluence de la Vienne.

Sixième chapitre
La Loire et le Limousin

Dans le premier chapitre, nous avions évoqué le rôle fondamental de l'hydrologie limousine dans les modifications des débits de la Loire entre Tours et Saumur. Mais nous avions aussi souligné l'absence d'affluents majeurs entre le Bec d'Allier et le Bec du Cher. La situation se modifie fondamentalement dans les 50 km qui séparent Tours de Saumur. La rive gauche de la Loire reçoit, en effet, trois affluents majeurs ...

➢ Le Cher conflue le premier : il draine un bassin versant de 16 315 km^2 à Tours, qui apporta à la Loire 103 m^3/s ou 30 % des 346 m^3/s ligériens mesurés à Tours, entre le 1er août 2015 et le 31 août 2016

➢ L'Indre arrive peu en aval : c'est un cours d'eau au modeste bassin versant de 3 071 km^2 qui écoula 22 m^3/s ou 6 % du débit de la Loire à Tours.

➢ Enfin, aux confins de l'Anjou, parvient la Vienne dont le vaste bassin versant de 20 809 km^2 à Chinon apporta 184 m^3/s entre le 1er août 2015 et le 31 août 2016. Ce sont 53 % du débit de la Loire à Tours.

... Si on ajoute ces apports aux débits relevés à Tours (346 m^3/s), le débit est de 655 m^3/s. En réalité, à Saumur, on mesure 662 m^3/s ; les 7 m^3/s manquants correspondent au ruissellement sur les affluents mineurs.

Mais, si nous retenons maintenant les débits de pointe de crue, les apports sont nettement plus élevés. La Loire à Tours écoula 2 050 m^3/s (48,7 l/s/km^2) les 4 et 5 juin 2016. Les pointes de crue des affluents furent beaucoup plus élevées toutes proportions gardées : 857 m^3/s (61,5 l/s/km^2) sur le Cher à Tours le 5 juin, 227 m^3/s (73,9 l/s/km^2) sur l'Indre à Monts le 1er juin, et 1 460 m^3/s (70,2 l/s/km^2) sur la Vienne à Chinon. À l'évidence, l'eau est venue du Limousin et des provinces méridionales du Bassin de Paris (Berry et Poitou).

Si, dans un premier temps, il faut suivre l'augmentation des débits entre Tours et Saumur, il faudra, par la suite, analyser pas à pas, ce qui s'est produit sur ces gros affluents, notamment la géographie des averses responsables des crues d'hiver et surtout de juin.

I - La Loire entre Tours et Saumur

Au cours de l'année hydrologique s'étendant du 1er août 2015 au 31 août 2016, la Loire écoula 346 m^3/s à Tours (moyenne comprise entre un maximum de 2 050 m^3/s et un minimum de 68 m^3/s). Cinquante kilomètres en aval, à Saumur elle écoulait 662 m^3/s (maximum : 3 870 m^3/s, minimum : 114 m^3/s).

Cependant les valeurs relatives ne dévoilent pas de modifications spectaculaires. Entre Tours et Saumur (document 6.1) :

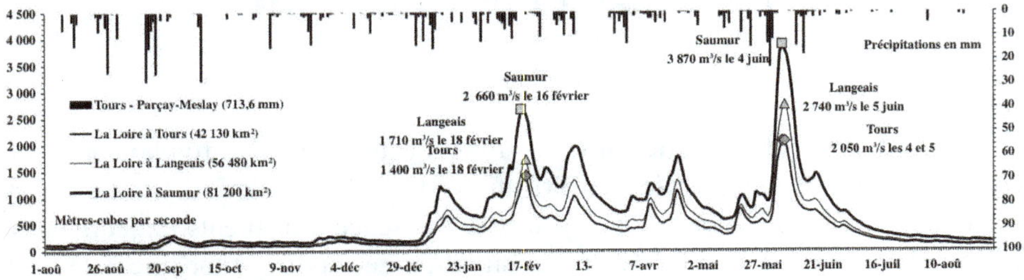

a) Les débits entre Tours et Saumur comparés aux précipitations du bassin versant

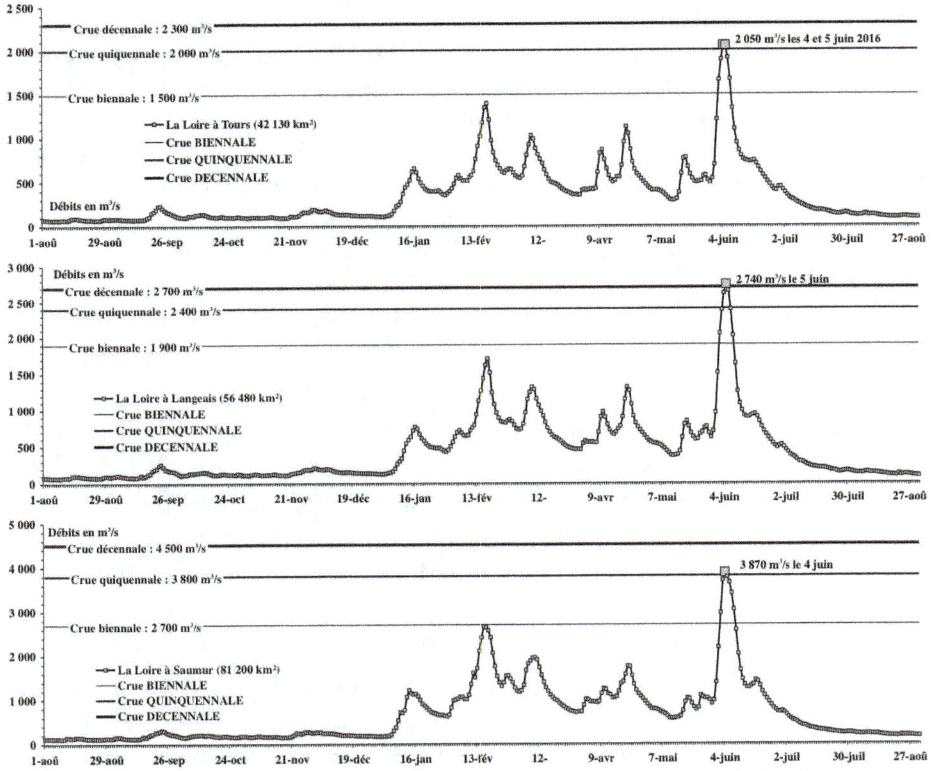

b) La Loire et les crues récurrentes du 1er août 2015 au 31 août 2016

Document 6.1 - L'évolution du débit de la Loire entre Tours et Saumur

- … l'écoulement augmenta de 346 à 662 m³/s, soit de 316 m³/s ou de 91 %.
- … le drainage passa de 42 130 km² à 81 200 km², soit une augmentation de 39 020 km² ou de 93 %.
- … la crue maximale de juin fut de 2 050 m³/s à Tours et de 3 870 m³/s à Saumur), soit une croissance 1 820 m³/s ou de 89 %.

Globalement, écoulement et crues ne semblent refléter que l'accroissement de la superficie du bassin versant, lequel a presque doublé. Cependant, il faut tenir compte de la station de Langeais située en aval de la confluence du Cher mais en amont de celles de l'Indre et surtout de la Vienne.

1°) Le rôle du Cher : à Langeais, le débit moyen de l'année hydrologique a été de 435 m^3/s. Reprenons le même raisonnement :

➢ Drainage : 42 130 km^2 à Tours et 56 480 km^2 à Langeais, soit une extension de 14 710 km^2 (ou de 35 %).

➢ Débit moyen : 346 m^3/s à Tours, 435 m^3/s à Langeais ; soit une croissance de 89 m^3/s (ou de 26 %). Avec un débit moyen de 102 m^3/s à Tours, l'apport moyen du Cher n'a pas été exceptionnel.

➢ Maximum de juin : 2 050 m^3/s à Tours et 2 740 m^3/s à Langeais, soit une augmentation de 690 m^3/s (ou de 34 %). ***C'est alors que le rôle du Cher dans la crue ligérienne se matérialise car il écoulait 837 m^3/s à Tours le 5 juin 2016***.

2°) Le rôle de l'Indre et de la Vienne : du 1er août 2015 au 31 août 2016, l'Indre écoula 22 m^3/s à Monts et la Vienne 184 m^3/s à Chinon. Reprenons notre raisonnement :

➢ Drainage : 56 480 km^2 à Langeais et 81 200 km^2 à Saumur ; l'extension est de 24 720 km^2 (ou de 44 %).

➢ Débit moyen : 435 m^3/s à Langeais et 662 m^3/s à Saumur, soit une augmentation de 227 m^3/s ou de 52 %. Le rôle de l'Indre (22 m^3/s) et surtout de la Vienne (184 m^3/s) est indéniable.

➢ Maximum de juin : 2 740 m^3/s à Langeais et 3 870 m^3/s à Saumur, la croissance fut de 1 130 m^3/s (ou de 41 %). ***L'importance des deux affluents est moindre, malgré des pointes à 227 m^3/s à Monts et 1 460 m^3/s à Chinon***.

Les mécanismes qui ont accru les débits moyens et ceux de crue, entre Tours et Saumur, sont donc loin d'être simples.

3°) Abordons alors la chronologie des hautes eaux et des crues (document 6.1) : nous retrouvons les mêmes crues, mais avec des modifications :

➢ Les « hautes eaux » de la fin du mois de septembre 2015 sont maintenant à peine marquées : 238 m^3/s à Tours, 257 m^3/s à Langeais et 306 m^3/s à Saumur.

➢ Le même phénomène se retrouve pour les hautes eaux du début du mois de décembre 2015 : 186 m^3/s à Tours, 209 m^3/s à Langeais et 265 m^3/s à Saumur. Il semble même présomptueux de parler de « hautes eaux ».

➢ Les débits de la mi-janvier 2016 sont plus marqués : 653 m^3/s à Tours, 766 m^3/s à Langeais le 16 janvier, et surtout 1 220 m^3/s à Saumur dès le 13 janvier.

➢ Les hautes eaux du début du mois de février (575 m^3/s à Tours, 719 m^3/s à Langeais et 1 060 m^3/s à Saumur le 5 février) ne sont qu'un incident de l'importante crue de la mi-février : 1 440 m^3/s à Tours, 1 710 m^3/s à Langeais le 18 février, et surtout 2 660 m^3/s à Saumur dès le 16 février.

➢ La pointe de la fin du mois de février est moins volumineuse : 648 m^3/s à Tours, 980 m^3/s à Langeais le 28 février, mais 1 550 m^3/s à Saumur le 27.

➢ Celle du début du mois de mars resta marquée : 1 030 m^3/s à Tours, 1 320 m^3/s à Langeais le 9 mars, puis 1 960 m^3/s à Saumur le 10 mars.

➢ Les hautes eaux du début du mois d'avril sont peu marquées : 864 m^3/s à Tours, 975 m^3/s à Langeais et 1 250 m^3/s à Saumur le 10 avril.

➢ Mais on peut évoquer l'événement du 21 avril : 1 130 m^3/s à Tours, 1 320 m^3/s à Langeais et 1 760 m^3/s à Saumur.

➢ Les hautes eaux de la fin du mois de mai se retrouvent intégrées à « la grande crue du mois de juin » : 2 050 m^3/s à Tours les 4 et 5 juin, 2 740 m^3/s à Langeais le 5 juin et 3 870 m^3/s à Saumur le 4 juin.

➢ Il est même encore possible de définir des hautes eaux le 18 juin : : 737 m^3/s à Tours, 940 m^3/s à Langeais et 1 440 m^3/s à Saumur.

➢ À l'inverse, le 30 juin, ce ne sont plus que de modestes hautes eaux qui précèdent de peu l'étiage estival : 437 m^3/s à Tours, 517 m^3/s à Langeais et 731 m^3/s à Saumur.

Si la répartition de ces hautes eaux restait la même, avec le temps nécessaire à l'écoulement depuis le Bec d'Allier, un décalage important fut souvent relevé.

➢ Les crues de Langeais sont généralement simultanées avec celles de Tours : le Cher apporte donc de l'eau en même temps que les Vals en amont de Tours.

➢ À l'inverse, la crue de Saumur est souvent antérieure d'une journée, ce qu'il faudrait imputer à une crue de la Vienne plus précoce.

4°) Il faut aussi relativiser l'ampleur du processus. Il ne s'est rien produit de « cataclysmal » (document 4.1.b) même si les pointes de crue ont atteint des débits un peu plus élevés et surtout plus rares. Nous avons déjà montré que la crue des 4 et 5 juin à Tours (2 050 m^3/s) n'a égalé que la crue quinquennale (2 000 m^3/s). La crue du 18 février : 1 400 m^3/s resta inférieure à la crue biennale : 1 500 m^3/s.

L'apport du Cher à Langeais amena un léger changement. La pointe de crue ligérienne du 5 juin a été de 2 740 m^3/s, soit légèrement supérieure à la crue décennale de 2 500 m^3/s. Or, la crue du 5 juin sur le Cher à Monts - 837 m^3/s - fut aussi une crue qui dépassa la crue décennale : 800 m^3/s. Mais, à Saumur, les maxima marquent le retour à des crues plus fréquentes : 3 780 m^3/s le 4 juin (crue quinquennale : 3 800 m^3/s). Il est vrai qu'à Chinon, le débit maximum eut lieu le 2 juin (3 jours avant la Loire à Saumur), et que cette pointe ne fut que de 1 540 m^3/s (crue biennale : 1 200 m^3/s, et crue quinquennale : 1 700 m^3/s). Sur l'Indre, la crue du 2 juin - 227 m^3/s - fut une crue vicennale - 210 m^3/s. Si on ajoutait ces deux crues aux 2 740 m^3/s mesurés à Langeais, on arriverait largement à la crue décennale à Saumur : 4 500 m^3/s. Mais c'est loin d'être aussi simple que cela.

II - Hydrologie du Cher en 2015-2016

Le Cher prend sa source dans le département de la Creuse, à Mérinchal, à l'est d'Aubusson. Il draine les terrains cristallins des Combrailles jusqu'à Montluçon, où il entre dans les terrains jurassiques, puis crétacés du Berry (document 2.2). Il rejoint la Loire en aval de Langeais, sur la commune de Villandry, après un trajet de 370 km.

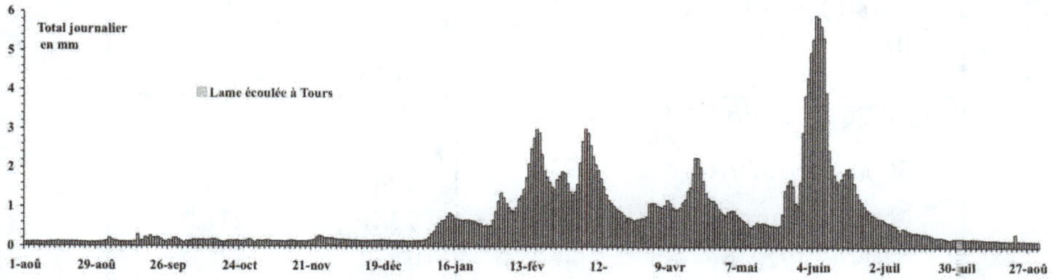

a) Hydrogramme du Cher à Tours

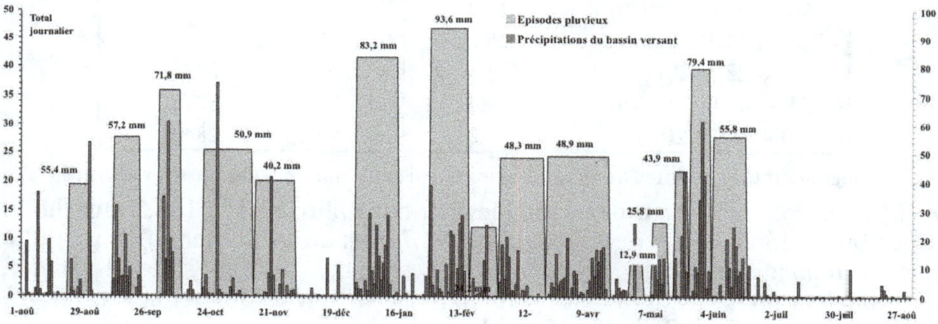

b) Hyétogramme du bassin du Cher et ses grands épisodes de pluies

Document 6.2 - Le Cher : pluies et écoulement entre le 1er août 2015 et le 31 août 2016

Son bassin versant est relativement vaste : 13 615 km² à Tours et 13 920 km² à son embouchure. D'après nos calculs, ce bassin reçut un total de 935 mm de pluies entre le 1er août 2015 et le 31 août 2016, et il écoula une moyenne de 102 m³/s soit une lame de 289 mm d'eau (quotient d'écoulement de 31 %) Le document 6.2 rend compte de l'hydro-hyétogramme.

A - Les crues observées à Tours

Il apparaît que les fortes averses de l'été et de l'automne n'ont eu guère d'efficacité. Il faut attendre janvier pour observer clairement les pointes de crue en relation avec les averses. Le récapitulatif des épisodes pluvieux et des pointes de crue afférentes en est assez caractéristique (document 6.3 + document 3.2 à 3.20). En effet, jusqu'au 30 novembre 2015, le cumul des averses atteint 308,5 mm de pluie ; ce qui n'a produit que des pointes de hautes eaux infimes : 41,1 m³/s le 12 septembre et 35,5 m³/s le 25 novembre. En réalité, ces pluies ont surtout contribué à la recharge des nappes phréatiques et pédologiques. Par la suite, l'occurrence de l'hiver, qui réduit aussi l'évapotranspiration, apporta des épisodes pluvieux qui ont « ruisselé » sur un sol et un sous-sol saturés. Il en résulta une suite de hautes eaux, voire de crues.

Episode pluvieux		Pointe de crue	
Dates	Total en mm	Date	Débit en m3/s
28-31/VIII/ 2015	38,8	-	-
11-22/IX/015	55,4	12/IX	41,1
01-10/X/2015	71,8	-	-
21/X au 11/XI/2015	50,9	-	-
13-30/XI/2015	40,2	25/XI	35,5
30/XII/2015 au 15/I/2016	83,2	14/I	120,0
30/I au 15/II/2016	93,6	03/II 17/II	193,0 423,0
17-28/II/2016	24,2	27/II	271,0
01-20/III/2016	48,3	07/III	425,0
22/III au 18/IV/2016	48,9	19/IV	322,0
30/IV au 03/V/2016	12,9	-	-
08-14/V/2016	25,8	-	-
18-23/V/2016	43,9	26/V	242,0
25/V au 02/VI/2016	79,4	05/VI	837,0
04-18/VI/2016	55,8	13/VI	284,0

Document 6.3 - Pointes de crue à Tours et épisodes pluvieux du bassin versant

➢ L'hiver commença par deux longues périodes pluvieuses : 188,5 mm du 30 décembre 2015 au 15 février 2016, puis 163,7 m^3/s du 17 février au 18 avril. Le Cher y répondit par cinq pointes de hautes eaux : 120 m^3/s le 14 janvier, 193 m^3/s le 3 février, 423 m^3/s le 17 février, 271 m^3/s le 27 février et surtout 425 m^3/s le 7 mars, puis 322 m^3/s le 19 avril.

➢ Après un répit, les épisodes pluvieux furent de retour entre le 30 avril et le 14 mai. Mais le retour du printemps fut accompagné des besoins hydriques des écosystèmes, et une seule pointe fut « remarquable » : 322 m^3/s le 19 avril. En temps normal, cet événement aurait marqué la fin des hautes eaux.

➢ Mais le sol restait suffisamment imbibé pour répondre à des nouvelles averses : 185 mm sont tombés du 18 mai au 18 juin (dont les 43,9 mm du 18 au 23 mai), ils ont engendré la pointe du 26 mai de 242 m^3/s. Surtout les 79,4 mm chus entre le 25 mai et le 2 juin ont provoqué la crue décennale de 837 m^3/s le 5 juin. Les 55,8 mm chus entre le 4 et le 18 juin ont même engendré du ruissellement : 284 m^3/s le 13 juin.

À l'évidence, le cumul des pluies satura le bassin versant, ce qui permit l'occurrence d'une crue décennale au début du mois de juin. Mais il reste à définir en quel point du bassin versant le ruissellement s'est emballé pour parvenir à l'événement de juin. À l'appui, nous évoquerons un profil longitudinal concave (document 2.3) et un coefficient de régression du nombre des chenaux (document 2.5) globalement moyen (Rb = 3,65) mais très élevé pour les rangs compris entre 1 et 4 (Rb = 4,04). Ces facteurs accentuent la rapidité du flux en amont et le réduisent en aval,

Mais certains affluents du Cher ont connu des crues d'une extrême violence ; ainsi, le 2 juin 2016, à Romorantin, la Sauldre écoula 269 m³/s, ce qui pourrait approcher une éventuelle crue tricentennale (une chance sur trois cents de se réaliser) estimable à 276 m³/s. Or, le Cher est jaugé en sept points assez bien répartis entre la source et l'embouchure, à Chambonchard (517 km), à Montluçon (1 808 km), à Saint-Amand-Montrond (3 492 km), à Vierzon (4 550 km), à Selles-sur-Cher (9 276 km), à Châtillon-sur-Cher (11 540 km) et à Tours (13 615 km).

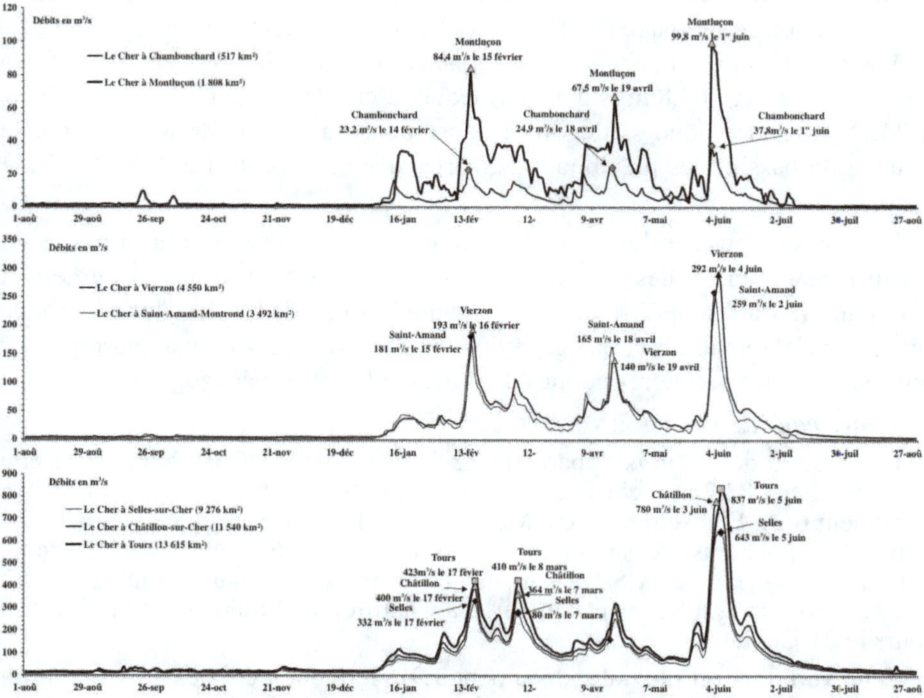

Document 6.4 - Crues du Cher de Chambonchard à Tours

B - L'enseignement des sept hydrogrammes

Illustrés sur le document 6.4, ils traduisent le cheminement des hautes eaux et des crues du Massif Central au Berry, et montrent que le Cher est assez peu montagnard (document 2.1) : son drainage concerne surtout les plateaux calcaires et crayeux du Berry (document 2.2). Le profil longitudinal est très concave (documents 2.2 et 2.3) et la croissance du nombre des chenaux vers l'aval (document 2.5) est une des moins élevées : Rb = 3,65 (Rb = 4,04 pour les drains de 4 premiers rangs).

Ce sont là des conditions favorables à un écoulement moyen plus serein que sur la Loire auvergnate et l'Allier. Pourtant, le module spécifique ne recule que faiblement …

Chambonchard	**Montluçon**	**Saint-Amand-Montrond**	**Vierzon**	
(517 km^2)	(1 808 km^2)	(3 492 km^2)	(4 550 km^2)	
8,30	**6,68**	**6,75**	**6,29**	l/s/km^2

Selle/Cher	**Châtillon/Cher**	**Tours**	
(9 276 km^2)	(11 540 km^2)	(13 615 km^2)	
7,65	**7,40**	**7,62**	l/s/ km^2

… il se stabilise même entre Montluçon et Vierzon, pour augmenter entre Vierzon et Selles-sur-Cher, et se stabiliser à nouveau par la suite. Cela traduit une croissance du drainage (multiplié par 26,3 entre Chambonchard - 517 km^2 - et Tours - 13 615 km^2) accompagnée par celle du débit moyen (4,3 m^3/s à Chambonchard et 103,8 m^3/s à Tours) lequel a crû dans les mêmes proportions (x.24,1). Il faudra donc s'attendre à une réponse assez rapide à la principale variable du bassin : les précipitations (cartes des documents 1.5, 2.6 puis 3.2 à 3.20).

Le Cher est sous l'influence de la station de Guéret (une des plus arrosées du bassin), mais aussi des stations berrichonnes : Châteauroux, Bourges et Romorantin. Mais, à la différence de la haute Loire et de l'Allier, les averses de l'été et de l'automne n'ont pas généré de hautes eaux, et il faut attendre janvier pour observer les premières pointes dont le détail est très pédagogique :

a) Hautes eaux de janvier 2016 :

➢ Une pointe de 17 m^3/s apparut le 12 janvier 2016 à Chambonchard ; elle correspond aux 83,2 mm chus sur le bassin entre le 28-XII-2015 et le 15-I-2016 (document 6.2). Elle se retrouve à Montluçon le 15 janvier avec un fort débit de 34,6 m^3/s ; pour ensuite se stabiliser : 43,4 m^3/s le 16 janvier à Montluçon, 36,6 m^3/s le 19 janvier à Saint-Amand. Cette pointe de hautes eaux s'accroît ensuite à 68,4 m^3/s à Selles et 79,1 m^3/s à Châtillon le 20 janvier et 95,6 m^3/s à Tours le 21 janvier.

➢ Cette variation est pluviale (document 3.9) : l'amont a été très arrosé (station de Guéret) mais les affluents de l'aval (notamment la Sauldre) ont apporté le ruissellement issu des fortes pluies mesurées à Bourges et à Romorantin.

b) Crue du 2 au 5 février 2016 :

➢ Les précipitations ont déversé 93,6 mm d'eau entre le 30-I-2016 et le 15-II-2016, avec deux paroxysmes : 23,3mm du 30 janvier au 2 février, puis 69,4 mm du 6 au 14 février. Les hautes eaux ici décrites sont afférentes à la première période.

➢ Avec une pointe de 4,5 m^3/s le 4 février, la pointe fut à peine perceptible à Chambonchard. Elle n'apparaît qu'à Montluçon avec une pointe de 20,1 m^3/s dès le 31 janvier, pour être répercutée à Saint-Amand (42,2 m^3/s le 1er février) puis à Vierzon (42,4 m^3/s le 2 février). L'onde de crue se développa alors rapidement : 124 m^3/s à Selles, 147 m^3/s à Châtillon et 193 m^3/s à Tours, le 3 février.

➢ Le bassin fut arrosé de manière homogène (document 3.10) ; cependant, s'il tomba 15,9 mm de pluies à Guéret le 30 janvier, ce sont 20,9, mm, 22,8 mm et 25,2 mm qui ont respectivement chu à Châteauroux, Nevers et Bourges. L'essentiel des eaux de cette crue provenait du ruissellement sur la partie médiane du bassin versant, c'est-à-dire du Berry.

➢ Retenons ce mécanisme pour la suite.

*c) La principale crue d'hiver se réalisa du 14 au 17 février 2016 (*document 6.4), du fait des apports de la seconde partie du passage pluvieux (69, 4 mm du 6 au 14 février).

➢ À Chambonchard, la pointe de crue se réalisa le 14 février (23,2 m^3/s) ; mais le lendemain, le débit de pointe était de 84,4 m^3/s à Montluçon et de 181 m^3/s à Saint-Amand. Le 16 février, le débit maximum atteignait 193 m^3/s à Vierzon puis, simultanément, on mesurait 332 m^3/s à Selles, 400 m^3/s à Châtillon et 423 m^3/s à Tours.

➢ Cette fois, les précipitations furent plus « judicieusement » réparties : 57 mm à Nevers, 65,9 mm à Bourges, 65,7 mm à Châteauroux entre le 6 et le 14 février, mais 91 mm à Guéret. La crue née en Limousin fut entretenue en Berry.

*d) Les hautes eaux du 5 au 8 mars 2016 furent plus originales (*document 6.4).

➢ Elles répondaient à un passage pluvieux qui avait apporté 48,3 mm entre le 1er et le 13 mars sur le bassin versant (documents 3.11).

➢ Le Cher du Limousin fut à peine concerné : 16,1 m^3/s le 5 mars à Chambonchard et 37,4 m^3/s le 8 mars à Montluçon.

➢ À l'inverse, le Cher berrichon connut d'assez fortes pointes de hautes eaux: 81,7 m^3/s à Saint-Amand le 5 mars, 107 m^3/s à Vierzon le 6 mars, puis des crues de 280, 364 et 425 m^3/s à Selles, Châtillon et Tours le 7 mars 2016.

➢ Les pluies ont été modestes en Limousin (document 3.11) avec 35,5 mm à Guéret, mais on releva 50,9 mm à Romorantin, 51,1 mm à Bourges et 72,1 mm à Châteauroux.

➢ Les hautes eaux mesurées à Vierzon et en aval sont originaires du Berry au travers des affluents locaux dont la Sauldre (95,6 m^3/s le 8 mars à Romorantin-Pruniers).

*e) L'épisode suivant n'eut lieu qu'entre les 5 et 8 avril 2016 (*document 6.4).

➢ En effet, 48,9 mm ont chu entre le 22 mars et le 18 avril 2016 (document 6.2) mais ce long épisode peut être scindé en deux séquences : 33,2 mm du 22 mars au 1er avril et 15,7 mm par la suite.

➢ La succession de pointes de hautes eaux fut régulière entre l'amont et l'aval : 21,2 m^3/s à Chambonchard le 5 avril, 39,2 m^3/s à Montluçon et 82,5 m^3/s à Saint-Amand le 6 avril, 68,8 m^3/s à Vierzon, 126 m^3/s à Selles et 142 m^3/s à Châtillon le 7 avril, et enfin 169 m^3/s à Tours.

➢ Les précipitations ont été élevées (document 3.12) : très fortes en amont, à Guéret, elles étaient encore abondantes en Berry.

f) Les eaux remontèrent du 13 au 20 avril (document 6.4) du fait de la seconde partie du passage pluvieux (document 6.2). Mais l'onde de crue fut à nouveau séquencée :

➢ On observe une pointe de crue limousine à Chambonchard le 17 avril (24,9 m^3/s), mais elle n'apparaît que 2 jours plus tard à Montluçon : 67,5 m^3/s le 19 avril.

➢ Cependant, on observe un maximum, sans équivoque, à Saint-Amand de 165 m^3/s le 18 avril (la veille du précédent) suivi de 140 m^3/s à Vierzon, 256 m^3/s à Selles, 296 m^3/s à Châtillon et 322 m^3/s à Tours, le 19 avril.

➢ Pourtant, pour ce qui concerne l'averse responsable des débits du 9 au 17 avril, on relève 53,7 mm à Nevers, 54,8 mm à Guéret, 47,9 mm à Bourges et 47 7 mm Châteauroux. Rien ne justifie le séquençage de la crue.

➢ Le décalage pourrait être le fait du turbinage et des éclusées au barrage de Rochebut, en amont de Montluçon. Il est vrai que l'hydrogramme du Cher à Montluçon présente des irrégularités (document 6.4).

g) L'épisode suivant survint entre le 1er et le 4 mai (document 6.4) à la suite de l'arrivée d'un bref passage pluvieux (12,9 mm entre le 28 avril et le 3 mai) mais très violent : 12,8 mm le 30 avril 2016.

➢ La réponse du bassin versant a été parfaitement claire : 12,2 m^3/s à Chambonchard et 36,2 m^3/s à Montluçon le 1er mai, 52,7 m^3/s à Saint-Amand le 2 mai, 51,2 m^3/s à Vierzon, 100 m^3/s à Selles et 117 m^3/s à Châtillon le 3 mai et enfin 131 m^3/s à Tours les 2 et 3 mai 2016.

➢ Ce type d'averse est efficace car il survient brutalement avec 99 % des pluies en 24 heures, sur un bassin versant qui été saturé par des précipitations très abondantes en Limousin comme en Berry, au cours de l'hiver.

h) Ce type d'événement se répéta entre le 23 et le 26 mai (document 6.4) comme conséquence des 25,8 mm d'eau chus entre le 8 et le 14 mai et surtout des 43,9 mm entre le 18 et le 23 mai (document 6.2, et aussi 3.14 à 3.15).

➢ L'onde de crue fut d'abord assez simple : 9,4 m^3/s le 23 mai à Chambonchard, 26 m^3/s à Montluçon le 24 mai, 37,1 m^3/s à Saint-Amand, 43 m^3/s à Vierzon, mais elle grimpa à 142 m^3/s à Selles le 25 mai et 194 m^3/s à Châtillon le 25 mai et enfin 242 m^3/s à Tours le 26 mai.

➢ Le 1er épisode pluvieux (8-14 mai) ne fut pas assez abondant pour provoquer une crue, mais il a entretenu la saturation du bassin. Aussi, les hautes eaux s'organisèrent-elles après le second épisode (18-23 mai).

➢ Au cours de ce second événement (document 3.15), les pluies furent très abondantes en Berry (Châteauroux, Romorantin, Bourges), ce qui explique que les débits aient été très nettement plus élevés en aval de Vierzon.

➢ La crue de juin se préparait.

i) L' « apocalypse » eut effectivement lieu entre le 1er et le 5 juin (document 6.4). La carte 3.17 souligne une abondance généralisée : 79,4 mm entre le 25 mai et le 2 juin, dont 68,6 mm du 29 au 31 mai (86 % du total).

➢ La réponse fut brutale et rapide : 37,8 m³/s à Chambonchard et 99,8 m³/s à Montluçon le 1er juin, 259 m³/s à Saint-Amand le 2 juin, 292 m³/s à Vierzon le 4 juin et 643 m³/s à Selles et 837 m³/s à Tours le 5 juin.

➢ Mais, dès le 3 juin, on mesura 780 m³/s à Châteauneuf-sur-Cher du fait de l'arrivée de la crue de la Sauldre : 269 m³/s le 2 juin à Pruniers (une crue plus que centennale).

➢ À l'évidence, le Cher connut un écoulement anormalement abondant du fait de la saturation de son bassin versant, mais surtout du fait de l'occurrence de fortes averses dans la partie médiane du bassin.

Pour mémoire, nous rappellerons que cet événement fut suivi de nouvelles hautes eaux entre le 16 et le 18 juin (document 6.4 : 284 m³/s à Tours le 18 juin), conséquences d'un nouveau passage pluvieux de 55,4 mm entre le 4 et le 18 juin. Mais il ne bénéficia que modestement de la saturation du bassin, les eaux de pluie étant dorénavant utilisées pour satisfaire les besoins de l'évapotranspiration.

Cependant, les 5 et 6 juin, à Tours, le débit du Cher avait dépassé la crue décennale de 800 m³/s.

C - Juin 2017 : « Apocalypse » sur la Sauldre

Nous ouvrons cette parenthèse car la ville de Romorantin connut une inondation cataclysmale que le Président du Syndicat de la Sauldre nous demanda d'analyser en vue d'une conférence d'information et d'explication qui se déroula à Romorantin le 3 avril 2017. En effet, la Sauldre, dont le débit moyen est de 14,6 m³/s et qui écoula 27,2 m³/s au jaugeage de Pruniers en aval de Romorantin entre le 1er août 2015 et le 31 août 2016, connut deux crues successives en juin 2016 : 219 m³/s le 1er juin et 269 m³/s le 2 juin (document 6.4).

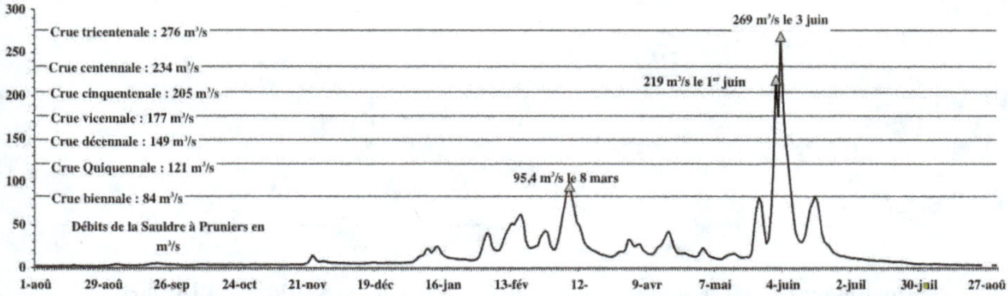

Document 6.5 - Les crues de la Sauldre à Pruniers entre le 1er août 2015 et le 31 août 2016

La Sauldre (2 254 km²) connut une douzaine d'épisodes de hautes eaux et de crues, pour la plupart situées en hiver et au printemps, entre le 1er janvier et le 18 juin. En général, ces hautes eaux sont passées inaperçues, car le plus souvent en dessous de la crue biennale estimée à 84 m³/s. Seule la crue du 8 mars 2016 dépassa ce seuil avec une pointe de 95,4 m³/s. Mais brutalement, le 1er juin, le débit de 219 m³/s surpassa la crue cinquantennale de 234 m³/s, laquelle, avec un débit de 269 m³/s le 3 juin, fut très largement dépassée.

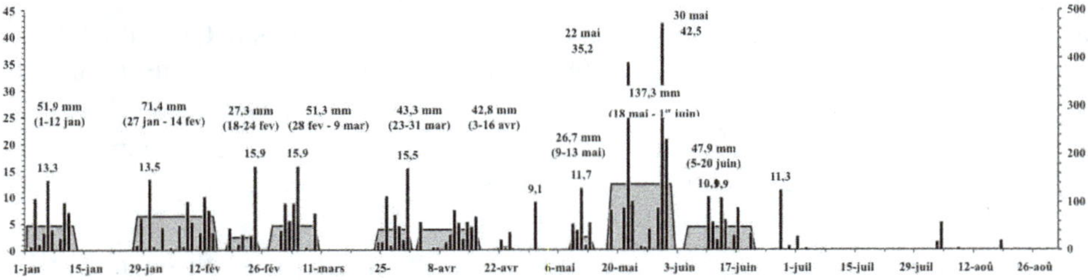

Document 6.6 - Hyétogramme de la station de Romorantin entre janvier et août 2016

Cette situation reflète la pluviométrie mesurée à Romorantin. Huit épisodes pluvieux se sont succédé de janvier à mai, apportant un total de 466,9 mm d'eau sur le bassin de la Sauldre. Aussi, chaque averse engendra un écoulement, car en hiver, l'évaporation est modérée, alors que les sols et le sous-sol sont rapidement saturés en eau. Après chacun des passages pluvieux, la part de la pluie consacrée à l'écoulement s'est accrue, et l'épisode du 18 mai au 1er juin apporta 30 % du total dont 8 % le 22 mai et 9,5 % le 30 mai : ce fut la « goutte d'eau qui fit déborder le vase ». Du 18 mai au 1er juin, les pluies apportèrent 289.10⁶ m³, du 21 mai au 11 juin, la Sauldre écoula : 68,8.10⁶ m³ : ce sont près de 25 % des précipitations qui ont été converties en écoulement, ce qui justifia les inondations des 1er et 3 juin 2016. Nous avons évalué à quelle crue récurrente nous avions eu affaire (document 6.7). La tendance est logarithmique et l'on estimerait ainsi la crue centennale à 234 m³/s et une crue tricentennale à 276 m³/s. La pointe de crue du 3 juin 2016 s'approcha de cette crue tricentennale.

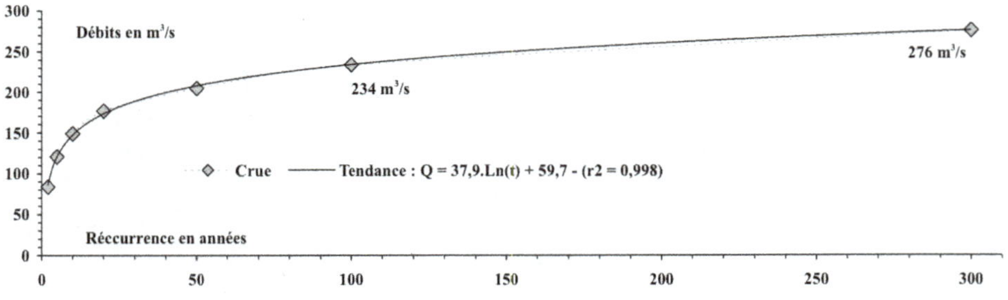

Document 6.7 - Récurrence probable des crues de la Sauldre à Pruniers

Ce « déluge » explique que le Cher débitait 780 m³/s à Châteauneuf le 3 juin et 837 m³/s à Tours le 5 juin 2016. Le Cher passa par-dessus les écluses qui le barrent entre Saint-Aignan et Tours, et faillit « monter sur les quais » à Tours et à Savonnières. Cela explique aussi la montée des eaux en aval de la confluence avec la Loire.

III - Rôle des crues de l'Indre

Le débouché actuel de l'Indre se situe au niveau de la Centrale Nucléaire de Chinon-Avoine, peu en amont du pont de Port-Boulet. Avec 3 071 km², son bassin versant est sans commune mesure avec celui du Cher ; il n'en couvre que 19 % et son débit qui fut de 22 m³/s entre le 1er août 2015 et le 31 août 2016 n'en constitue que 6 %. Mais l'embouchure de l'Indre n'est qu'à 20 km de celle du Cher actuelle (le Bec du Cher est une « issue artificielle » aménagée en 1784), et une crue simultanée avec celle du Cher à Tours peut constituer un appoint juste avant l'arrivée des eaux de la Loire.

L'Indre naît dans le Massif Ancien du Limousin au sud de Saint-Priest-la-Marche, dans le Cher, mais son bassin versant est presque exclusivement inscrit dans les terrains sédimentaires du sud du Bassin de Paris. En effet, le bassin traverse d'abord les calcaires jurassiques du Berry, les formations crayeuses du Crétacé de la Touraine. Après Loches, les interfluves sont recouverts des dépôts continentaux (le Sidérolithique) souvent argilo-sableux et très peu perméables. Six jaugeages sont effectués : Montgivray dans l'Indre (227 km²), Ardentes, en amont de Châteauroux (697 km²), Buzançais en aval de Châteauroux (1 244 km²), Saint-Cyran du Jambot en aval de Châtillon/Indre (1 712 km²), Perrusson en aval de Loches (1 880 km²) et Monts (3 071 km²).

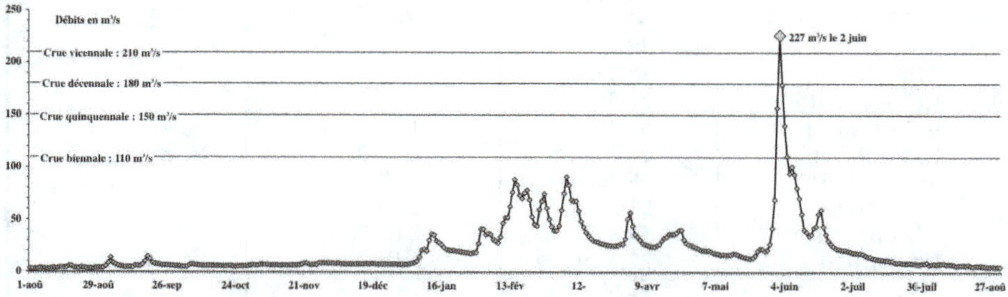

a) Hydrogramme

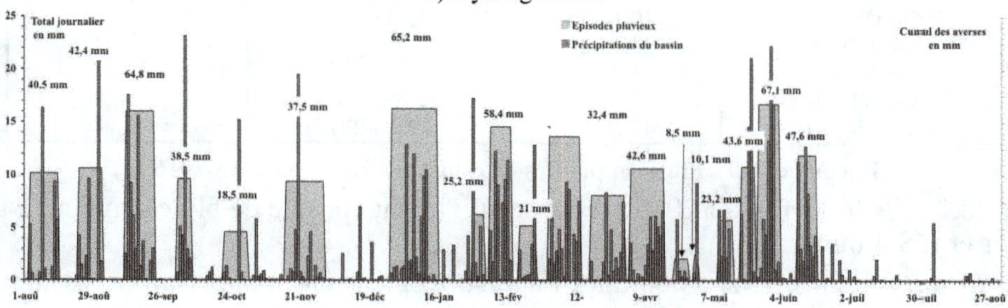

b) Hyétogramme

Document 6.8 - L'Indre à Monts entre le 1er août 2015 et le 31 août 2016

L'Indre y a fait l'objet d'une forte crue le 2 juin 2016. Le cours d'eau écoula 227 m³/s, ce qui était légèrement supérieur à la crue vicennale estimée à

210 m³/s (document 6.8.a). Comme sur l'ensemble du bassin, malgré des précipitations abondantes et durables dès le mois d'août 2015, il faut attendre janvier 2016 et la saturation des sols pour que surviennent les premières hautes eaux (document 6.8.b). Le document 6.9 rend compte des relations entre les crues et les épisodes de pluies.

➢ Les deux épisodes pluvieux du mois d'août 2015 ont été sans conséquence sur l'écoulement, ce qui est tout à fait normal en cette saison. À l'inverse, le cumul de 64,8 mm du 11 au 22 septembre a généré une courte période de hautes eaux qui culmina à 14,6 m³/s le 18 septembre.

➢ Cependant, ce fut sans lendemain, et il faut attendre janvier 2016 pour que le bassin versant réponde aux averses par du ruissellement.

L'averse du 28 décembre 2015 au 15 janvier 2016 avait déjà engendré une pointe de hautes eaux de 36,4 m³/s le 12 janvier. Elle fut suivie d'une suite de crues rapprochées marquées par une succession de pointe de crue : 41,1 m³/s le 2 février : l'épisode pluvieux du 30 janvier au 2 février 2016 avait été bref et modeste (25,2 mm), mais, avec 17,3 mm, l'averse du 30 janvier cumula 70 % du total. La saturation des sols provoqua du ruissellement.

Episodes pluvieux		**Pointe de crue**	
Dates	**Total en mm**	**Dates**	**Débits en m³/s**
3/14-VIII-2015	40,5 mm		
24/VIII-1/IX-2015	42,4 mm		
11/22-IX-2015	64,1 mm	18-IX-2015	14.6 m³/s
2/7-X-2015	38,5 mm		
21/30-X-2015	18,5 mm		
15/30-XI-2015	37,5 mm		
28/XII-2015 - 15-I-2016	65,2 mm	12-I-2016	36.4 m³/s
30/I-3/II-2016	25,2 mm	2-II-2016	41.1 m³/s
6/14-II-2016	58,4 mm	15-II-2016	88.2 m³/s
18/24-II-2016	21,0 mm	20-II-2016	78.0 m³/s
1/13-III-2016	54,8 mm	7-III-2016	90.8 m³/s
18/31-III-2016	32,4 mm	2-IV-2016	56.6 m³/s
3/16-IV-2016	42,6 mm		
21/26-IV-2016	8,5 mm	23-IV-2016	39.9 m³/s
29/30-IV-2016	10,1 mm		
9/14/V-2016	23,2 mm		
18/23-V-2016	43,3 mm		
24/V-2/VI-2016	67,1 mm	2-VI-2016	227 m³/s
10/17-VI-2016	47,6 mm	19-VI-2016	59.4 m³/s

Document 6.9 - Pluies et pointes de crue sur l'Indre en 2015-2016

➢ 88,2 m³/s le 15 février 2016 : réponse au violent épisode de pluies du 6 au 14 février (58,4 mm).

➢ 78 m³/s le 20 février : pourtant, l'averse responsable n'apporta que 21 mm d'eau entre le 18 et le 24 février, mais les sols étaient saturés par l'averse de 12,9 mm du 24 février.

➢ 90,8 m³/s le 7 mars 2016 : une crue proche de la récurrence biennale provoquée par l'abondante série pluvieuse (54,8 mm) du 1er au 13 mars.

➢ 56,6 m³/s le 2 avril : conséquence de l'épisode pluvieux qui apporta 32,4 mm d'eau du 18 au 31 mars.

À l'évidence, le ruissellement répondrait davantage à la violence des averses journalières brèves, qu'au volume global chu. En effet, avec le printemps, les besoins du couvert végétal ont réduit la fréquence et l'ampleur des hautes eaux.

➢ Cependant, la pointe de 39,9 m³/s du 23 avril pourrait être la réponse à une saturation des sols incomplètement réalisée par les pluies du 3 au 16 avril, mais que les 8,5 mm du 21 au 26 avril auraient déclenché.

➢ En temps normal, l'étiage aurait alors débuté, mais quatre épisodes de pluies se sont succédé en mai : 10,1 mm les 29 et 30 avril, 23,2 mm du 9 au 14 mai, 43,3 mm du 18 au 23 mai, et surtout 67,1 mm du 24 mai au 2 juin 2016. On notera que les averses sont devenues de plus en plus copieuses, avec deux journées très arrosées à la fin du mois de mai : 21,1 mm le 22 mai et 22,2 mm le 30 mai. Aussi le 2 juin, on a « anormalement » dépassé la crue vicennale avec 227 m³/s.

➢ Les sols apparaissent alors encore suffisamment saturés pour que les 47,6 mm du 10 au 17 juin aient été suivis d'une pointe de hautes eaux de 59,4 m³/s.

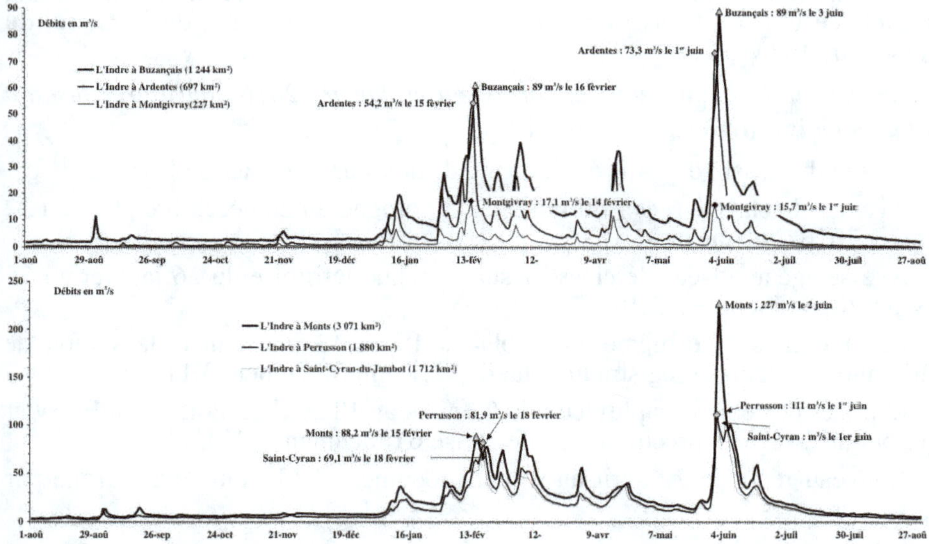

Document 6.10 - Cheminement des crues en divers points de l'Indre

L'Indre possèderait un bassin qui ne serait que partiellement aquitare ; des averses importantes et successives, même tardives, parviennent à le saturer. Il devient alors tout à fait plausible que les 227,4 m³/s du 2 juin à Monts, qui ne sont pas à associer à la crue du Cher à Tours de 837 m³/s le 5 juin et de 828 m³/s le 6 juin, aient pu toutefois accentuer les hautes eaux de la Loire en provenance de Tours : 2 050 m³/s les 4 et 5 juin, en aval du bec du Cher.

B - Cheminement des crues entre Montgivray et Monts

L'examen du document 6.10 confirme l'occurrence de trois épisodes distincts : des hautes eaux estivales et automnales en septembre 2015, des crues hivernales de janvier à mars 2016 et des crues printanières en avril et surtout en juin 2016.

a) En effet, le bassin versant a répondu à des averses assez marquées, au début du mois de septembre 2015.

➢ Le sud du Bassin de Paris fut copieusement arrosé à la fin du mois d'août 2015 (document 3.3). Mais il s'agit surtout d'averses très localisées, comme le suggère la succession des pointes de crue.

➢ Le premier épisode fut celui de Buzançais avec 11,6 m^3/s le 1er septembre 2015. On le retrouve à Saint-Cyran (12,4 m^3/s) et à Perrusson (14,2 m^3/s) le 2 septembre, puis à Monts (13,5 m^3/s) le 3 septembre 2015.

➢ Le second est né à Montgivray : 0,22 m^3/s le 3 septembre ; on le retrouve à Ardentes (0,26 m^3/s) et à Buzançais (3,28 m^3/s) le même jour, mais il ne semble pas avoir affecté l'aval.

➢ Ces modestes hautes eaux ont l'intérêt d'illustrer la réactivité du bassin versant (ce qui n'est pas sans rappeler le rôle de la Brenne, de la Cisse, du Cosson, du Beuvron ...).

b) Les véritables hautes eaux apparaissent en janvier 2016 pour durer jusqu'à la fin du mois d'avril (document 6.10)

Le sud du Bassin de Paris avait connu d'importants passages pluvieux :

➢ Averses de classes 6 et 7 du Poitou à la Sologne du 28 décembre 2015 au 22 janvier 2016 (document 3.9)

➢ Averses généralisées de classe 7 sur le même territoire du 26 janvier au 25 février 2016 (document 3.10).

➢ Léger répit sur ce même ensemble du 1er au 13 mars, mais la station de Châteauroux-Déols enregistra un total de 72,1 mm (document 3.11)

➢ Reprises des épisodes pluvieux du 23 mars au 18 avril en Poitou, en Berry et en Sologne avec des précipitations de classe 6 (document 3.12).

➢ Nouveau répit du 20 avril au 3 mai (document 3.13), qui sera marqué par l'arrêt des crues.

L'Indre répondit à toutes ces averses (document 6.10) :

➢ Le 8 janvier, on observe une pointe de 2,27 m^3/s à Mongivray ; elle se retrouve aussitôt à Ardentes (8,93 m^3/s) et le lendemain à Buzançais (12,1 m^3/s). Mais, le 12 janvier, à Mongivray puis à Ardentes, une seconde pointe de hautes eaux survint (6,74 m^3/s et 15,5 m^3/s), suivie d'une pointe de 19,4 m^3/s à Buzançais le 13 janvier. Mais, ce qui importerait le plus semble la « conjonction » de ces hautes eaux en aval, avec un seul maximum : 22,8 m^3/s à Saint-Cyran, 22,6 m^3/s à Perrusson et 36,4 m^3/s à Monts autour des 12 et 13 janvier. On pourrait l'expliquer par une saturation progressive du sol ...

➢ La suite (31 janvier-4 février) pourrait le confirmer. Les hautes eaux se succédèrent chronologiquement : 6,9 m^3/s à Montgivray le 31 janvier, 21,7 m^3/s à Ardentes le 1er février, 28,1 m^3/s à Buzançais le 2 février, 33,7 m^3/s à Saint-Cyran le 3 février et 33,5 m^3/s à Perrusson et 36,7 m^3/s à Monts le 4 février.

➢ La plus forte pointe de l'hiver fut celle de la seconde moitié de février 2016. Apparemment, elle se présente comme la précédente, avec une succession chronologique des « pointes de crue » de l'amont vers l'aval : 17,1 m^3/s à Montgivray le 14 février, 54,2 m^3/s à Ardentes le 15 février, 61 m^3/s à Buzançais le 16 février, 69,1 m^3/s à Saint-Cyran et 81,9 m^3/s à Perrusson le 18 février et 78 m^3/s à Monts le 20 février.

➢ Cependant, on relève une « anomalie » ; le maximum de février à Monts avait été de 88,2 m^3/s le 15 février. Cependant elle s'explique aisément : un affluent de l'Indre, l'Indrois, écoulait 21,9 m^3/s à Genillé le 25 février 2016. L'embouchure se situe entre Perrusson et Monts.

➢ Les eaux remontèrent assez normalement du 25 au 27 février : 4,9 m^3/s à Montgivray et 17,2 m^3/s à Ardentes le 25 février, 28,4 m^3/s à Buzançais, 44 m^3/s à Saint-Cyran et 51,5 m^3/s à Perrusson le 26 février, et enfin 74 m^3/s à Monts le 27 février.

➢ Les sols étaient complètement saturés ; aussi, les moindres affluents ont participé aux crues, ce qui a réduit la durée et la régularité de la succession des hautes eaux. En amont, cette pointe fut simultanée : 8,1 m^3/s à Montgivray, 26,3 m^3/s à Ardentes le 5 mars, mais les eaux montèrent jusqu'au 7 mars à Buzançais (39,6 m^3/s). Plus en aval, la pointe de crue se situa le 6 mars à Saint-Cyran (47,9 m^3/s) et à Perrusson (55,7 m^3/s), pour survenir le lendemain à Monts où 90,8 m^3/s s'expliquent par 31,8 m^3/s sur l'Indrois à Genillé.

Après un répit, les hautes eaux furent de retour au printemps :

➢ Les hautes eaux des 1er et 2 avril 2016 ont été marquées par la quasi-simultanéité des pointes de crue : 1er avril à Montgivray (3,9 m^3/s), à Ardentes (9,7 m^3/s) puis à Saint-Cyran (27,6 m^3/s) et à Perrusson (29,4 m^3/s). Mais il fallut attendre le 2 avril pour que le maximum apparaisse à Buzançais (16,8 m^3/s) et à Monts (56,6 m^3/s). Il faut évoquer les apports de cours d'eau mineurs, aux bassins saturés, entre Buzançais et Perrusson.

➢ À l'inverse, les hautes eaux du 17 au 22 avril évoqueraient le rôle grandissant de l'évapotranspiration. En effet, la succession chronologique des pointes de crue devient quotidienne : 17 avril à Mongivray, 18 avril à Ardentes, 19 avril à Buzançais, 20 avril à Saint-Cyran, 22 avril à Perrusson et 23 avril à Monts. Surtout, les débits n'augmentèrent que modérément …

	Montgivray	**Ardentes**	**Buzançais**	**Saint-Cyran**	**Perrusson**	**Monts**	
Débits	11,6	31,7	36,1	38,4	39,4	39,9	m^3/s
Ecart	-	20,1	4,4	2,3	1,0	0,5	m^3/s

… À l'évidence, les hautes eaux venues de l'amont ne furent pas entretenues par le ruissellement du bassin (5,7 m^3/s sur l'Indrois à Genillé le 17 avril).

C'est alors que survinrent les fortes pluies du mois de mai qui engendrèrent une crue vicennale à Monts le 2 juin.

- La succession des hautes eaux se réalisa en deux temps.
- En amont, on avait atteint 15,7 m^3/s à Montgivray et 73,3 m^3/s à Ardentes le 1er juin 2016, mais le ruissellement fut néanmoins retardé car la pointe de 89 m^3/s n'atteint Buzançais que le 3 juin.
- Entre-temps, les débits avaient culminé dès le 1er juin à Saint-Cyran (107 m^3/s) et à Perrusson (111 m^3/s), des pointes de crue qui ont atteint Monts le 2 juin : 227 m^3/s, à associer aux 92,9 m^3/s de l'Indrois à Genillé le même jour.
- Les eaux remontèrent (sans gravité) après le 15 juin, mais selon un modèle observé au début du printemps : 2,8 m^3/s à Montgivray le 16 juin, 9,9 m^3/s à Ardentes le 17 juin, 24,9 m^3/s à Buzançais le 18 juin 2016. Plus en aval, la succession est décalée négativement : 35,1 m^3/s le 17 juin à Saint-Cyran, 36,9 m^3/s à Perrusson le 18 juin et 59,4 m^3/s à Monts le 19 juin.

Toutes proportions gardées, les crues de l'Indre n'ont pas à être négligées. Le bassin versant répond très rapidement à la sollicitation des averses, lesquelles ont été abondantes dans le sud du Bassin Parisien. Avec 3 071 km^2, le bassin versant de l'Indre est plus vaste que celui de la Sauldre (2 254 km^2), dont la crue cataclysmale de juin 2016 a été décrite. Bien qu'inscrite dans un bassin sédimentaire, l'Indre présente un bassin relativement aquiclude. Les interfluves du Berry sont recouverts de formations superficielles issues du démantèlement du Massif Central pendant le Cénozoïque, que ce soient les formations sablo-argileuses éo-oligocènes de la Brenne (e6-g1), les « argiles à silex » de la forêt de Châteauroux (e5-g7 ou FA). Le ruissellement y est très intense, ce que confirme la rapidité avec laquelle on passe à des « situations de crue ».

Une concentration géographique de fortes averses, comme sur la Sauldre à la fin du mois de mai, pourrait générer une crue cataclysmale à Châteauroux ou Loches, et accroître la crue de la Loire, comme la Sauldre amplifia celle du Cher.

IV - Hydrologie de la Vienne en 2015-2016

La Vienne constitue le plus important affluent de la Loire : avec un bassin versant de 21 161 km^2 au Bec-des-Deux-Eaux de Candes-Saint-Martin, elle occupe près de 20 % du bassin de la Loire. Elle prend sa source sur le plateau de Millevaches, en Corrèze, au pied du Mont Audouze, à une altitude proche de 900 m, mais elle reçoit aussi de nombreux affluents issus soit du Limousin, soit du Poitou. Ainsi, la Creuse, avec un bassin de 10 279 km^2, draine près de 50 % du bassin de la Vienne. Son hydrologie sera fondamentale. En Poitou, le Clain, 3 217 km^2 à Dissay, à l'embouchure, apporte les eaux issues du Seuil du Poitou, aux calcaires fortement karstifiés.

À Chinon, la Vienne écoula 184,2 m^3/s entre le 1er août 2015 et le 31 août 2016, et 176,7 m^3/s à Nouâtre, près de l'embouchure de la Creuse, laquelle avait écoulé 72,5 m^3/s, à Leugny, peu en amont. Son apport constituait 41 % du débit de la Vienne. Quant au Clain, avec un débit de 16,1 m³/s à Dissay, il apporta 14 % des 116,4 m³/s mesurés à Châtellerault.

A - Les crues de la Vienne à Nouâtre

Nous avons retenu plutôt Nouâtre (document 6.11) que Chinon, parce que c'est à Nouâtre que les crues récurrentes ont été estimées.

Crue biennale	Crue quinquennale	Crue décennale	Crue vicennale	Crue cinquantennale
1 200	1 700	2 000	2 300	2 700 m³/s

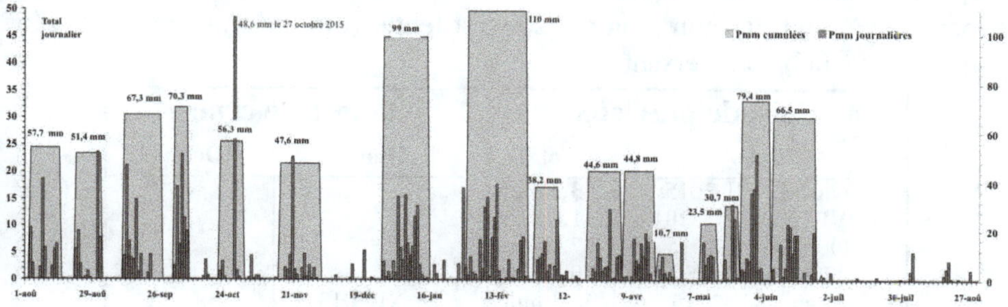

a) Hyétogramme du bassin de la Vienne

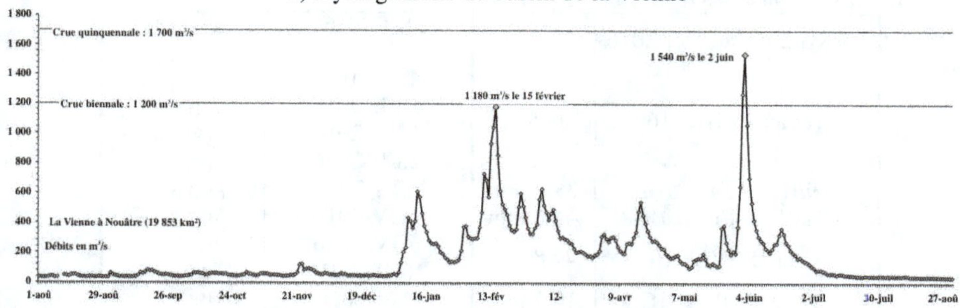

b) Hydrogramme de la Vienne à Nouâtre

Document 6.11 - La Vienne du 1er août 2015 au 31 août 2016

➢ Mais, à l'inverse de la Loire et du Cher à Tours, les maxima n'ont pas été très exceptionnels : 1 180 m³/s le 15 février 2015 (crue biennale) et 1 540 m³/s le 2 juin (< crue quinquennale). La réponse du bassin versant fut apparemment moins forte que sur le Cher. Pourtant, les précipitations avaient été abondantes dès l'été 2015.

➢ On relève six importants épisodes pluvieux jusqu'en novembre 2015 (document 6.12) : 51,7 mm du 2 au 15 août, 51,4 mm du 22 août au 1er septembre, 67,3 mm du 11 au 26 septembre, 70,3 mm du 2 au 8 octobre, 56,3 mm du 21 au 30 octobre et 47,6 mm du 2 au 11 novembre 2015.

Pourtant, nulle pointe appréciable n'a été mesurée avant le 8 janvier 2016. Les pointes de 120 et 124 m³/s des 22 et 23 novembre 2015 ne représentèrent que 10 % de la crue biennale ; cela passa inaperçu. Il faut évoquer la géologie du bassin versant. En Limousin, la Vienne et ses affluents de l'amont, drainent les roches les plus anciennes du Massif Central : essentiellement des granits, des gneiss et des micaschistes. Le milieu est par définition propice au ruissellement. Puis, entre Confolens et Lussac-les-Châteaux, la Vienne entre dans les calcaires jurassiques du Poitou (sud du Bassin de Paris) avant de pénétrer dans la craie turonienne entre Chauvigny et Châtellerault. Les interfluves couverts d'alluvions fluvio-torrentielles, souvent des formations argilo-sableuses issues du démantèlement du Massif Central entre l'Eocène et l'Oligocène, se font de plus en plus rares vers l'ouest, et ces formations disparaissent en Poitou proprement dit. À l'inverse, les calcaires du jurassique sont fortement karstifiés et poreux. En bref, la saturation des sols est lente, voire incomplète, sur la plus grande partie du bassin versant.

Episode pluvieux		Pointe de crue	
Date	Total	Date	Débits
3 au 15-VIII-2015	53,7 mm		
22/VIII au 1er/IX 2015	51,4 mm		
11 au 26-IX-2015	67,3 mm		
2 au 7-X-2015	70,3 mm		
21 au 30-X-2015	56,3 mm	23-XI-2015	124 m^3/s
15/XII au 1er/XII -2015	67,3 mm		
28/XII:2015 au 15/I/2016	99 mm	8-I-2016	435 m^3/s
		12-I-2016	610 m^3/s
		2-II-2016	379 m^3/s
1er au 25-II-2016	109,5 mm	10-II-2016	730 m^3/s
		15-II-2016	1 180 m^3/s
		26-II-2016	602 m^3/s
29/II au 9/III/2016	38,2 mm	6-III-2016	630 m^3/s
22/III au 4/IV-2016	44,6 mm	3-IV-2016	297 m^3/s
6 au 18-IV-2016	44,8 mm	6-IV-2016	309 m^3/s
		18-IV-2016	544 m^3/s
20 au 26-IV-2016	10,7 mm	4-V-2016	196 m^3/s
8 au 14-V-2016	23,5 mm	15-V-2016	196 m^3/s
18 au 23-V-2016	30,7 mm	24-V-2016	386 m^3/s
25/V au 5/VI-2016	73,4 mm	2-VI-2016	1 540 m^3/s
7 au 24-VI-2016	66,5 mm	18-VI-2016	364 m^3/s

Document 6.12 - Averses et crues sur le bassin de la Vienne

Cependant, les averses de l'hiver et du printemps, toujours abondantes, ont engendré du ruissellement et des pointes de crue à Nouâtre (documents 6.11 et 6.12). On peut aussi consulter les documents 3.2 à 3.20.

➢ Dix épisodes pluvieux importants se sont succédé du 28 décembre 2015 au 24 juin 2016, avec une nette prédominance des pluies d'hiver. Les stations les plus caractéristiques du bassin versant sont Guéret, Limoges, Poitiers et Châtellerault. Du 28 décembre au 18 avril, ces stations ont connu une pluviométrie de classe 6 à 7. Mais elles ont subi un important recul pluviométrique du 29 février au 23 mai, avec des précipitations de classes 4 à 5.

➢ Nous devons souligner la différence avec le Berry, dont les pluies alimentèrent le Cher et ses affluents à la fin de l'hiver et au printemps. Mêmes les averses responsables de la crue du 2 juin 2016 n'ont pas excédé la classe 6. Sur la même période, l'hydrologie de la Vienne ne fut pas celle du Cher.

Pourtant, le bassin de la Vienne répondit par de nombreuses hautes eaux (documents 5.11 et 5.12), dont la crue biennale (1 180 m³/s) du 15 février et la crue presque quinquennale (1 540 m³/s) du 2 juin. Il faut alors revenir sur la morphologie et le morphométrie du bassin.

➢ La Vienne est accidentée en amont (document 2.1) mais son profil est en deux parties (document 2.3). La partie limousine (massif ancien) est très inclinée : la pente du lit mineur recule de 80 % dans les 25 % en amont du linéaire de chenal. À l'inverse, la section poitevine (Bassin de Paris) est faiblement pentue : sur 75 % du linéaire de chenal, la pente ne recule que de 20 %. L'eau venue du Limousin s'accumule vers l'aval, ce qui justifie l'observation des pointes de crue les plus minimes à Nouâtre.

➢ La hiérarchie du réseau hydrographique va en ce sens (document 2.5). Le réseau de la Vienne se divise en 8 rangs selon la hiérarchie de Strahler. Le rapport de confluences Rb est de 3,64 pour l'ensemble, mais de 4,13 en Limousin. On arrive aux mêmes conclusions ; les eaux limousines « se ruent vers » le Poitou, et les crues venues de l'amont s'ajoutent à celle de l'aval, ce qui explique la multiplication des pointes de crue à Nouâtre.

Comme le Cher (et peut-être mieux) le bassin de la Vienne est sensible au ruissellement dans sa partie amont : socle aquiclude, relief énergique, chenal très en pente, nombre de chenaux se réduisant rapidement. À l'inverse, la partie aval est plus défavorable au ruissellement : roches sédimentaires aquitares, relief manquant d'énergie, chenal principal de faible pente, rapport de confluence peu élevé. La Vienne, pour ce qui concerne ses hautes eaux, dépend de l'ampleur des averses (on a vu que les sols ont fini par se saturer en janvier) et de leur géographie. En bref, des pluies limousines seront plus efficaces que des pluies poitevines.

B - Cheminement des crues de la source à l'embouchure

Nous avons la chance d'avoir accès aux données de quatorze stations réparties entre la source et l'embouchure…

Peyrelevade	Eymoutiers	Saint-Priest	Le Palais	Aixe	Verneuil	Etagnac
59,5	369	1 156	2 296	3 165	3 390	4 102 km²
1,6	6,7	24,9	41,9	67,7	55,4	59,2 m³/s

Confolens	Lussac	Chauvigny	Châtellerault	Ingrandes	Nouâtre	Chinon
4 393	5 540	5 974	9 984	10 052	19 853	20 809 km²
70,0	75,8	77,5	116,4	102,4	176,7	184,2 m³/s

… et l'on ne relève pas d'anomalie, le débit moyen du 1er août 2015 au 31 août 2016 s'accroît parallèlement au drainage, lequel double en aval d'Ingrandes du fait de la confluence avec la Creuse.

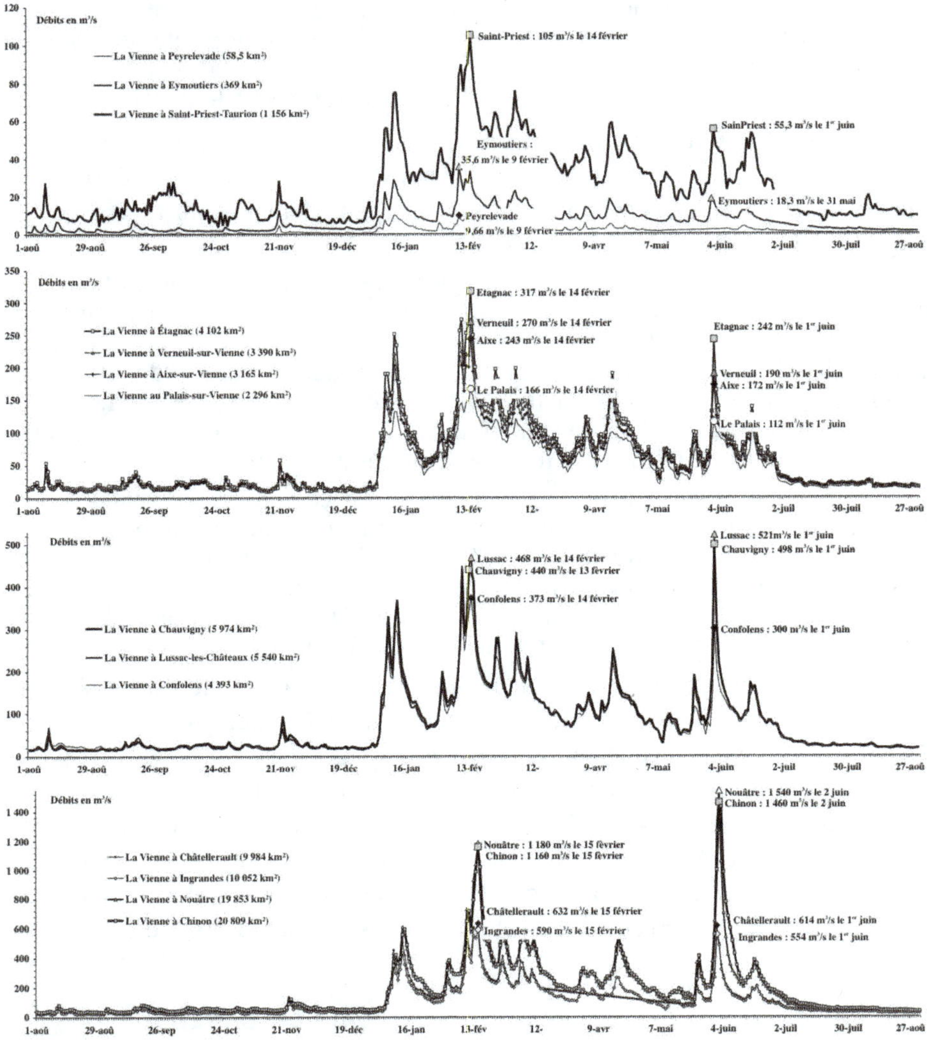

Document 6.13 - Les hydrogrammes de la Vienne entre Peyrelevade et Chinon

Le document 6.13 est sans équivoque : les mêmes pointes de crue se retrouvent de Peyrelevade (en Corrèze) à Chinon. Mais l'hydrogramme est très discontinu entre Peyrelevade et Saint-Priest ; en effet, le bassin versant encore réduit (entre 59 et 1 156 km²) rend compte des moindres occurrences de ruissellement qui sont transformées en écoulement de crue. Plus en aval, ces variations rapides s'atténuent, jusqu'à disparaître en aval de Châtellerault. L'accroissement du drainage lamine les circonvolutions des hydrogrammes. Aussi avons-nous divisé ces hydrogrammes en trois ensembles. Cette division permet aussi de mieux appréhender les modifications de l'alimentation pluviale et de sa géographie.

1°) Les crues entre Peyrelevade et Saint-Priest-Taurion : La Vienne s'écoule sur le socle du Limousin. Le milieu est accidenté et aquiclude, mais il arrive qu'une épaisse couche d'altérites recouvre le socle, notamment à la tête des fonds de vallons. Ici, l'écoulement est influencé par les éclusées du lac de Vassivière vers la Maulde et Peyrat-le-Château. En amont, des conduites forcées apportent les eaux des lacs de Faux et du Chammet ; en aval, il faut tenir compte des barrages de la Maulde : Mont Larron, Fleix, Bujaleuf, Langleret, Villejoubert et l'Artige. Ainsi s'expliquerait la variation à haute fréquence de l'hydrogramme de Saint-Priest.

En partant de Peyrelevade on relève de nombreuses pointe de hautes eaux et cela dès le mois d'août, récapitulées sur le document 6.14 ...

	Peyrelevade	**Eymoutiers**	**Saint-Priest-Taurion**
4 août 2015	0,86	4,86	14,70
9 août 2015	1,13	5,98	27,50
14 août 2015	1,11	7,01	
15 août 2015			15,30
24 août 2015	0,42	3,70	10,10
1 septembre 2015	0,95	3,28	14,20
17 septembre 2015	2,39	7,84	
18 septembre 2015			18,20
7 octobre 2015	1,07	3,84	20,90
28 octobre 2015	0,96	3,94	10,40
4 novembre 2015	0,80	2,51	18,80
21 novembre 2015	4,62	12,60	28,40
21 décembre 2015	0,90	3,85	
22 décembre 2015			9,49
7 janvier 2016	7,36	22,30	
8 janvier 2016			56,20
11 janvier 2016	9,83	28,80	
12 janvier 2016			75,30
31 janvier 2016	5,83	16,80	
1 février 2016			45,80
8 février 2016	5,12	16,70	
9 février 2016			84,00
8 février 2016	5,12	16,70	
9 février 2016			84,00
10 février 2016	7,11	29,20	89,70
14 février 2016	8,90	33,30	105,00
24 février 2016	5,50		
25 février 2016		19,80	64,60
5 mars 2016	6,65	23,00	75,90
10 mars 2016	5,08	18,60	60,60
27 mars 2016	3,17	11,80	37,10
1 avril 2016	3,20	10,20	42,00
5 avril 2016	5,47	14,00	46,60
16 avril 2016	5,05	18,40	
17 avril 2016			59,00
23 avril 2016	4,02	15,20	52,00
14 mai 2016	1,49	10,10	27,40
22 mai 2016	1,63	11,80	
23 mai 2016			33,10
31 mai 2016	1,86	18,30	
1 juin 2016			55,30
15 juin 2016	3,74		
16 juin 2016		13,20	50,30
9 août 2016			*20,40*

Document 6.14 - Succession des crues de la Vienne entre Peyrelevade et Saint-Priest

... Elles répondent aux précipitations du Plateau de Millevaches, dont la station de Limoges serait un résumé (documents 3.2 à 3.20).

Les lâchures des aménagements hydroélectriques en accentuent artificiellement le nombre à Saint-Priest, mais à Peyrelevade et à Eymoutiers, leur occurrence est probablement naturelle. Nous avons compté une trentaine de pointes en accord avec l'occurrence des averses quotidiennes (document 6.11). Mais, à notre avis, ce qui serait le plus important est que les événements les plus volumineux (quand les « pointes de hautes eaux » deviennent des « pointes de crue ») ne sont pas ceux du printemps (notamment de juin). Certes, on mesura 18,3 m^3/s à Eymoutiers le 31 mai et 55,3 m^3/s à Saint-Priest, mais les crues les plus abondantes sont survenues en hiver (en général, elles se suivent le même jour, même s'il arrive que la pointe soit décalée de 24 heures à Saint-Priest).

➢ 7,36 m^3/s à Peyrelevade et 22,3 m^3/s à Eymoutiers le 7 janvier et 56,2 m^3/s à Saint-Priest le 9 janvier.

➢ 9,83 m^3/s à Peyrelevade et 28,8 m^3/s à Eymoutiers le 11 janvier et 75,3 m^3/s à Saint-Priest le 12 janvier.

➢ 5,12 m^3/s à Peyrelevade et 16,7 m^3/s à Eymoutiers le 8 février et 84 m^3/s à Saint-Priest le 9 février.

➢ 7,11 m^3/s à Peyrelevade, 29,2 m^3/s à Eymoutiers et 89,7 m^3/s à Saint-Priest le 10 février.

➢ 8,9 m^3/s à Peyrelevade, 33,3 m^3/s à Eymoutiers et 105 m^3/s à Saint-Priest le 14 février.

Par la suite, les hautes eaux se sont réduites malgré les pointes de juin. Ces événements sont consécutifs au ruissellement des averses sur un sol qui se saturait progressivement en automne pour connaître le cheminement inverse au printemps. C'est un écoulement pluvial et évaporal tout à fait commun en Limousin. Il n'a pas alimenté les crues cataclysmales de juin.

*2°) **Les crues entre le Palais-sur-Vienne et Chauvigny***: Les six stations de jaugeage (Le Palais/Vienne, Aixe/Vienne, Verneuil/Vienne, Etagnac, Confolens et Lussac-les-Châteaux) drainent un bassin versant qui ne s'accroît que modérément. Le cours de la Vienne augmente de 150 km de lit mineur entre Le Palais-sur-Vienne (en amont de Limoges) et Chauvigny. Au cours du même trajet, le drainage s'est accru de 3 678 km^2, soit moins de 25 km^2/km. En effet, la Vienne ne reçoit que peu d'affluents, car la Creuse, la Charente et le Clain attirent une grande partie du drainage (voir la Loire moyenne).

a) Les principales crues se sont produites quasi-simultanément …

➢ 166 m^3/s au Palais, 243 m^3/s à Aixe, 270 m^3/s à Verneuil, 317 m^3/s à Etagnac, 373 m^3/s à Confolens, 468 m^3/s à Lussac et 468 m^3/s Chauvigny, le 14 février 2016.

➢ 112 m^3/s au Palais, 172 m^3/s à Aixe, 190 m^3/s à Verneuil, 242 m^3/s à Etagnac, 300 m^3/s à Confolens, 521 m^3/s à Lussac et 498 m^3/s Chauvigny, le 1er juin 2016.

… et nous ferons déjà deux remarques.

➢ Si les pointes de crue s'accroissent de l'amont vers l'aval, ce n'est que modestement : 274 m^3/s (x.1,6) le 14 févier, et 386 m^3/s (x.3,4) le 1er juin entre Le Palais-sur-Vienne et Chauvigny. Il ne s'agit que de l'apport des courts affluents.

➢ Les débits de pointe ont reculé entre Lussac et Chauvigny : 28 m³/s le 14 février et 23 m³/s le 1er juin. Le fleuve, qui désormais incise sa vallée dans les calcaires du Bajocien, très karstifiés, perd plus d'eau qu'il n'en gagne.

b) Les hydrogrammes se répartissent en trois ensembles : été-automne, hiver-printemps et juin. Le document 6.15 rend compte de ces différences …

	Le Palais-sur-Vienne	**Aixe-sur-Vienne**	**Verneuil-sur Vienne**	**Étagnac**	**Confolens**	**Lussac-les-Châteaux**	**Chauvigny**
9 août 2015	35,9	45,5	50,3	54,0			
10 août 2015					54,9	68,3	51,8
15 août 2015	19,7	22,2	24,1	26,7	33,1	27,5	22,6
18 septembre 2015	32,6	33,8	36,7	40,5	38,0	42,9	31,5
19 septembre 2015						44,3	36,0
28 octobre 2015	14,0	28,0	30,5	31,8			
29 octobre 2015					31,5	32,7	35,5
21 novembre 2015	31,9	46,8	50,7	57,6	56,4		
22 novembre 2015						65,2	93,6
24 novembre 2015	28,6	34,3	36,3	34,9			
25 novembre 2015					41,4	40,2	51,3
7 janvier 2016	101,0	150,0	163,0	190,0	216,0	224,0	218,0
8 janvier 2016	96,9	135,0	149,0	190,0	246,0	309,0	330,0
11 janvier 2016	131,0	203,0	221,0	251,0	296,0		
12 janvier 2016						363,0	369,0
1 février 2016	68,3	88,4	98,8	126,0	159,0	191,0	200,0
10 février 2016	145,0	203,0	224,0	273,0	350,0	448,0	441,0
14 février 2016	166,0	243,0	270,0	317,0	373,0	468,0	431,0
25 février 2016	119,0	160,0	173,0	197,0	237,0	280,0	
26 février 2016							281,0
5 mars 2016	120,0	160,0	177,0	198,0	241,0	292,0	280,0
5 avril 2016	91,3	113,0	122,0	122,0			
6 avril 2016					131,0	140,0	148,0
17 avril 2016	99,4	157,0	170,0	190,0	221,0	255,0	250,0
10 mai 2016	59,1	65,6	71,9	73,1	83,5		
11 mai 2016						80,8	
12 mai 2016							98,6
23 mai 2016	64,8	82,0	89,6	99,2	114,0	176,0	191,0
1 juin 2016	115,0	172,0	190,0	242,0	300,0	521,0	498,0
18 juin 2016	108,0	120,0	129,0	138,0	155,0	161,0	
19 juin 2016						161,0	165,0

Document 6.15 - Pointes de crue entre Le Palais-sur-Vienne et Chauvigny

➢ Le bassin continua de répondre aux averses estivales par du ruissellement provoquant de modestes, mais perceptibles, hautes eaux, en moyenne de 27,1 m³/s au Palais/Vienne, 35,1 m³/s à Aixe, 38,1 m³/s à Verneuil, 40,9 m³/s à Etagnac, 42,6 m³/s à Confolens, 45,9 m³/s à Lussac et 46 m³/s à Chauvigny.

➢ En janvier, le bassin était saturé et les maxima se sont amplifiés : c'est la période du ruissellement pluvio-évaporal maximum, avec en moyenne des pointes de 113,8 m³/s au Palais/Vienne, 161,2 m³/s à Aixe, 176,8 m³/s à Verneuil, 205,4 m³/s à Etagnac, 247 m³/s à Confolens, 297 m³/s à Lussac et 294,8 m³/s à Chauvigny.

➢ Ce fut aussi la période où la Vienne enregistra, statistiquement, sa crue maximale (14 février 2016) : 166 m³/s au Palais/Vienne, 243 m³/s à Aixe,

270 m³/s à Verneuil, 317 m³/s à Etagnac, 373 m³/s à Confolens, 468 m³/s à Lussac et 440 m³/s à Chauvigny.

➢ Normalement, ces hautes eaux auraient dû progressivement se réduire (voire disparaître) au printemps, du fait de l'évapotranspiration. Mais on sait que des averses copieuses se sont produites sur le bassin, et en mai-juin la moyenne des hautes eaux resta élevée : 87 m³/s au Palais/Vienne, 110 m³/s à Aixe, 120 m³/s à Verneuil, 138 m³/s à Etagnac, 163 m³/s à Confolens, 220 m³/s à Lussac et 238 m³/s à Chauvigny.

➢ Cependant, la crue de juin ne fut la plus élevée de ce secteur du bassin qu'à Lussac-les-Châteaux (521 m³/s) et à Chauvigny (498 m³/s). Bien des pointes n'ont été dues qu'à des lâchures de protection du barrage de L'Isle-Jourdain, situé en amont.

	Châtellerault	Ingrandes	Nouâtre	Chinon
22 novembre 2015	137	120		
23 novembre 2015			124	122
8 janvier 2016	454	380	435	
9 janvier 2016				420
12 janvier 2016	506	435	610	
13 janvier 2016				594
1 février 2016	291	246		
2 février 2016			379	385
10 février 2016	582	520	730	649
11 février 2016				718
15 février 2016	632	590	1 180	1 160
26 février 2016	411	365	602	599
6 mars 2016	366	329	630	640
10 mars 2016	322	291		
11 mars 2016			493	527
1 avril 2016	159			
2 avril 2016		184	326	328
7 avril 2016	149	171	287	290
17 avril 2016	132	265		
18 avril 2016			544	551
23 mai 2016	207	190		
24 mai 2016			386	411
1 juin 2016	614	554		
2 juin 2016			1 540	1 460
17 juin 2016	194	185		
18 juin 2016			364	384

Document 6.16 - Pointes de crue entre Châtellerault et Chinon

3°) De Châtellerault à Chinon, la Vienne reçoit l'apport de la Creuse (document 6.16). Entre Ingrandes et Nouâtre, le débit moyen (1er/VIII/2015 - 31/VIII/2016) passa de 102,4 m³/s à 176,7 m³/s. Surtout le drainage augmente de 10 052 km² à 19 853 km². Le document 6.16 rend compte de la date et du début des pointes de crue au niveau de chaque station de jaugeage. Du point de vue chronologique, les résultats se répartissent en trois ensembles :

➢ Les hautes eaux estivales deviennent imperceptibles du fait de la prééminence de l'évapotranspiration, et il faut attendre le 22 novembre pour qu'une pointe soit observable : 137 m^3/s à Châtellerault et 120 m^3/s à Ingrandes le 22 novembre, puis 124 m^3/s à Nouâtre et 122 m^3/s à Chinon, le lendemain.

➢ L'hiver fit l'objet de fortes « crues ». Certes, la vallée s'inscrit dans le bassin de Paris, mais les sols sont désormais saturés, et les débits moyens se répartissent ainsi : 335 m^3/s à Châtellerault, 333 m^3/s à Ingrandes, 569 m^3/s à Nouâtre et 560 m^3/s à Chinon.

➢ La pointe majeure de l'hiver se réalisa le 15 février 2016 (un décalage normal de 24 heures par rapport à la série précédente) : 632 m^3/s à Châtellerault, 590 m^3/s à Ingrandes, 1 180 m^3/s à Nouâtre et 1 160 m^3/s à Chinon.

Enfin, survinrent les hautes eaux de mai et de juin, à la moyenne anormalement élevée : 310 m^3/s à Châtellerault, 293 m^3/s à Ingrandes, 708 m^3/s à Nouâtre et 636 m^3/s à Chinon. Avec surtout la crue des 1er et 2 juin 2016 : 614 m^3/s à Châtellerault, 554 m^3/s à Ingrandes, 1 540 m^3/s à Nouâtre et 1 460 m^3/s à Chinon. Mais un second ensemble de résultats se dessine ; il est géographique et non chronologique.

➢ On observe d'abord un recul du débit de pointe entre Châtellerault et Ingrandes, puis entre Nouâtre et Chinon. À Ingrandes, la Vienne n'a pas reçu d'affluents notables depuis Châtellerault, et cela se répète entre Nouâtre et Chinon. Les valeurs moyennes comme les hautes eaux ne sont plus entretenues et les débits reculent par évapotranspiration, d'abord en novembre, car les sols étaient loin d'être saturés, et au printemps pour la même raison.

➢ Le second point porte sur l'apport de la Creuse ; entre Ingrandes et Nouâtre, les pointes de crue ont augmenté de 87 % en moyenne, dont 71 % de janvier à avril et surtout 142 % en mai et juin (178 % les 1er et 2 juin 2016).

V - Hydrologie de la Creuse en 2015-2016

La Creuse est, elle aussi, issue du Plateau de Millevaches. Elle prend sa source au Mas-d'Artiges à un peu plus de 800 m d'altitude. Son bassin versant couvre 10 279 km^2, soit près de 50 % des 21 161 km^2 du bassin de la Vienne. La Creuse draine plutôt la partie nord du Limousin, jusqu'à Crozant, et, en aval plutôt l'ouest du Berry, (documents 2.1 et 2.2). Du point de vue géologique, elle traverse les socles du Massif Central en amont, et les sédiments calcaires du Jurassique, puis la craie du Crétacé en aval, le tout étant « nappé » de dépôts continentaux aquicludes apportés par l'érosion fluvio-torrentielle du Cénozoïque.

➢ La Creuse présente une morphométrie différente de celle de la Vienne. Le profil longitudinal est en trois parties (document 2.3). Il est très incliné à l'amont : la pente du lit mineur s'abaisse de 40 % sur 10 % du linéaire. La pente du lit recule de 50 %, mais sur 40 % du linéaire de chenal. Enfin, sur 50 % de son parcours, elle ne recule plus que de 15 à 20 %.

➢ La hiérarchie du réseau hydrographique est à l'image de celui de la Vienne : le rapport de confluence est de Rb = 3,64 sur l'ensemble du bassin, avec un recul du nombre des confluences plus élevé dans quatre premiers rangs : Rb = 4,13 entre U.1 et U.4.

À l'image toujours de la Vienne, la Creuse reçoit des puissants affluents sur sa rive gauche : la Gartempe (3 922 km^2), qui la rejoint à la Roche-Pozay, et l'Anglin (1 693 km^2) qui rejoint la Gartempe à Angles-sur-l'Anglin.

A - Les crues de la Creuse à Leugny

Le jaugeage situé le plus en aval est celui de Leugny (7 997 km^2 de bassin versant), et la Creuse y écoula 72,5 m^3/s en moyenne entre le 1er août 2015 et le 31 août 2016. Nous avons cependant retenu aussi l'hydrogramme de la Roche-Posay (7 771 km^2) du fait de l'ampleur de certaines crues (document 6.17). En effet :

➢ À Leugny, la Creuse a connu deux pointes de crue sortant de l'ordinaire : 529 m^3/s le 15 février 2015, ce qui fut proche de la crue biennale estimée à 590 m^3/s, puis 871 m^3/s le 1er juin et 883 m^3/s le 2 juin 2016, soit plus que la crue quinquennale de 840 m^3/s.

➢ Les mêmes pointes de crue avaient eu lieu à la Roche-Posay. La pointe du 15 février 2015 s'éleva à 529 m^3/s, soit plus que la crue biennale de 510 m^3/s. Surtout, la crue du 1er juin 2016 culmina à 800 m^3/s alors que la crue décennale est estimée à 820 m^3/s.

Nous verrons ci-dessous, que ces deux stations sont en aval de la confluence avec la Gartempe. Bien que les bassins aient connu d'importantes pluies en été et au printemps (document 6.17.d), la Creuse n'y répondit quasiment pas. Toutefois on observe deux modestes pointes de hautes eaux (16 septembre et 7 octobre 2015) en réponse aux considérables passages pluvieux du 11 septembre au 15 octobre (67,1 et 75,7 mm). Les sols ont pris du temps pour se saturer, mais le ruissellement peut apparaître quand les précipitations sont très élevées : probablement un seuil voisin de 70 mm consécutifs.

Il faut encore attendre l'hiver pour que la saturation soit effective, en accord avec la dormance du couvert végétal. Globalement, la Creuse connut quatre périodes de hautes eaux :

➢ La première moitié de janvier 2016 fut très arrosée (99 mm de pluies) ; elle est responsable d'une série de pointes qui culmina le 13 janvier 2016 avec 191 m^3/s à la Roche-Posay et 194 m^3/s à Leugny.

➢ La succession de pluies la plus longue dura du 30 janvier au 15 mars, avec 128,5 mm du 30 janvier au 25 février. On doit six maxima à cette longue période de hautes eaux, dont 529 m^3/s à la Roche-Posay et 547 m^3/s à Leugny le 15 février 2016.

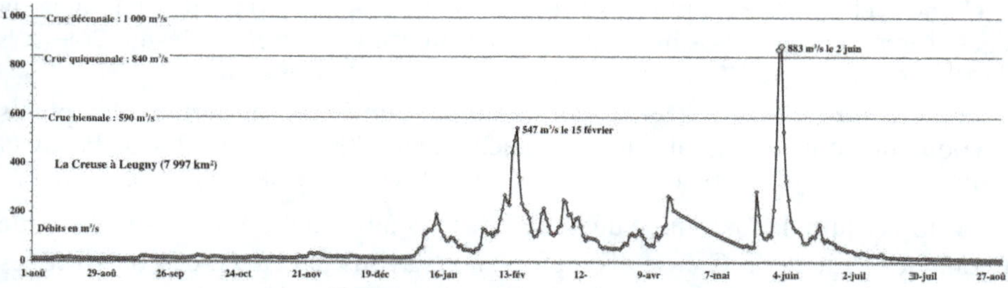

a - Hydrogramme de la Creuse à Leugny

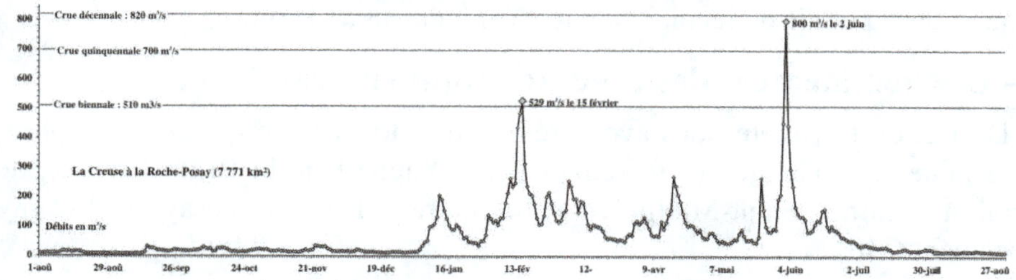

b - Hydrogramme de la Creuse à la Roche-Posay

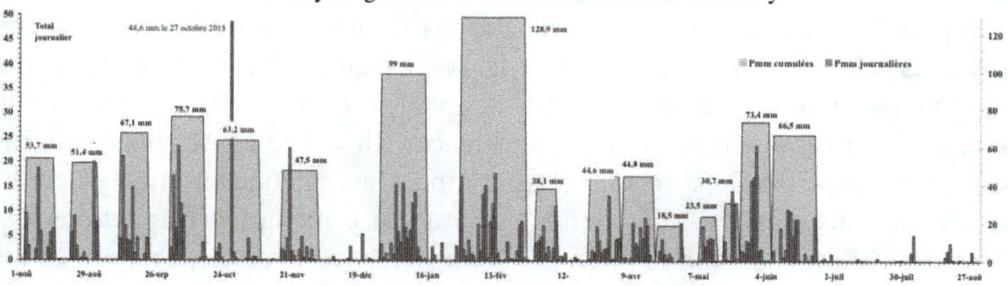

c -

c - Hyétogramme du bassin versant

Bassin versant		La Roche-Pozay		Leugny	
Dtes	**Pmm**	**Dates**	**Débit de pointe**	**Date**	**Débit de Pointe**
3 au 14-VIII-2015	53,7 mm				
22/VIII au 1er/IX 2015	51,4 mm				
11 au 22-IX-2015	67,1 mm	16-IX-2015	27 m³/s	16-IX-2015	22 m³/s
1 au 15-X-2015	75,7 mm	7-X-2015	31 m³/s	7-X-2015	25 m³/s
21/X au 7/XI 2015	63,2 mm				
17/XI au 1er/XII 2015	47,5 mm				
28/XII/2015 au 15/I/2016	99 mm	13-I-2016	191 m³/s	13-I-2016	194 m³/s
		19-I-2016	105 m³/s	19-I-2016	99 m³/s
31/I au 25/II 2016	128,9 mm	1-II-2016	140 m³/s	1-II-2016	135 m³/s
		10-II-2016	263 m³/s	10-II-2016	271 m³/s
		15-II-2016	529 m³/s	15-II-2016	547 m³/s
		26-II-2016	216 m³/s	26-II-2016	218 m³/s
1 au 8-III-2016	38,1 mm	5-III-2016	255 m³/s	5-III-2016	252 m³/s
		10-III-2016	186 m³/s	10-III-2016	175 m³/s
21/III au 4/IV 2016	44,6 mm	5-IV-2016	132 m³/s	5-IV-2016	130 m³/s
6 au 18-IV-2016	44,8 mm	17-IV-2016	269 m³/s	17-IV-2016	268 m³/s
21 au 30-IV-2016	18,5 mm				
8 au 15 V-2016	23,5 mm	15-V-2016	91 m³/s	15-V-2016	74 m³/s
18 au 23-V-2016	30,7 mm	23-V-2016	264 m³/s	23-V-2016	268 m³/s
25/V au 5/VI 2016	73,4 mm	2-VI-2016	800 m³/s	2-VI-2016	883 m³/s
7 au 24)VI-2016	66,5 mm				

d - Passages pluvieux et crues afférentes

Document 6.17 - Pluviométrie de la Creuse et crues afférentes à Leugny et à la Roche-Posay

➢ Un nouvel épisode de pluies se réalisa du 15 mars au 30 avril. Mais déjà, la végétation sortait du repos hivernal, et la pointe fut unique et modeste : 269 m^3/s à la Roche-Posay et 268 m^3/s à Leugny.

➢ Comme sur le reste du bassin de la Vienne, un important retour des pluies provoqua une crue qui aurait pu être cataclysmale: 800 m^3/s à la Roche-Posay et 883 m^3/s à Leugny. Rappelons qu'à la Roche-Posay on frôla la crue décennale.

Or, le 1er juin, la Gartempe débitait 514 m^3/s à la Roche-Posay, soit 58 % de la pointe de crue de la Creuse. Toutefois, nous avons la chance de connaître les débits de la Creuse dans neuf stations entre sa source et le Bec-des-Deux-Eaux ; ce qui nous a permis de reconstituer le cheminement de l'eau.

B - Le cheminement des crues d'amont en aval

Du fait de la variété nous avons réparti des données en quatre ensembles : entre Felletin et Glénic, à Fresselines (avec l'apport de la Petite Creuse), de Ciron à Tournon-Saint-Martin et enfin entre La Roche-Posay et Leugny (document 6.18).

a) En Limousin, la Creuse est jaugée entre sa source et Felletin (document 6.18.a) puis à Fresselines, en amont du barrage d'Eguzon, où elle reçoit la Petite Creuse. La vallée est ici incisée dans le socle aquiclude, dans un contexte topographique plutôt accidenté. C'est là que le chenal est le plus pentu (document 2.3.c) et que le rapport de confluences Rb = 4,13 est le plus élevé. Le ruissellement superficiel est très favorisé comme l'est sa concentration en crues dans les chenaux. Or, ce ruissellement répond aux mêmes précipitations du Plateau de Millevaches que la Vienne amont. Ne soyons donc pas étonnés de voir l'occurrence de pointes de crue dès les averses estivales (document 6.19).

➢ Pour l'été et l'automne, nous avons relevé pas moins de treize pointes de hautes eaux plus ou moins simultanées. Les débits moyens ont été faibles : 1,67 m^3/s à Felletin, 1,75 m^3/s à Aubusson et 3,27 m^3/s à Glénic, mais ils confirment la faculté du sol à répercuter les averses en ruissellement puis en crues du fait de l'énergie du relief et de la pente des chenaux.

➢ La première série de « fortes eaux » s'étend ici aussi de janvier à mars : moyennes de 9,9 m^3/s à Felletin, 15,7 m^3/s à Aubusson et 34,3 m^3/s à Glénic. Elles correspondent à l'abondance des pluies d'hiver sur le Limousin associée au repos de la végétation. Aussi, le maximum fut-il mesuré le 14 février 2016 : 14,6 m^3/s à Felletin, 25,5 m^3/s à Aubusson et 64,6 m^3/s à Glénic.

➢ Une seconde période de hautes eaux se situa en avril avec sept pointes d'un débit moyen de 7,8 m^3/s à Felletin, 14 m^3/s à Aubusson et 28 m^3/s à Glénic. La pointe maximale du 17 avril fut plus élevée que celle de juin 2016 : : 9,6 m^3/s à Felletin, 20,4 m^3/s à Aubusson et 45,7 m^3/s à Glénic.

➢ En effet, pour importante qu'elle ait été, la « crue de juin » resta inférieure à celle de février et avril : 9,7 m^3/s à Felletin, 17,9 m^3/s à Aubusson et 43,4 m^3/s à

Glénic. Cela soulève le rôle des apports du massif ancien dans l'occurrence des hautes eaux mesurées dans le Berry sédimentaire.

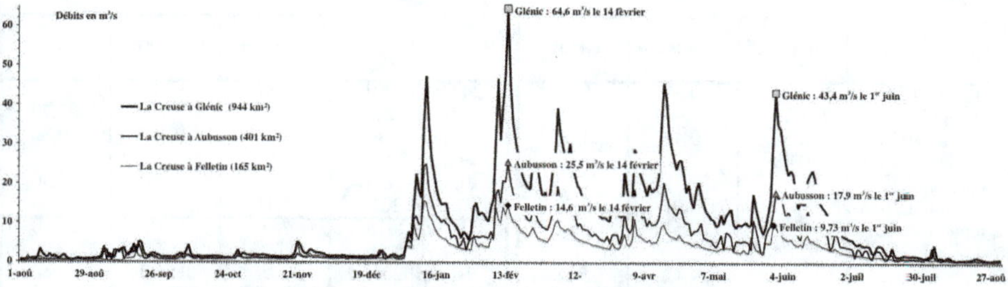

a - La Creuse limousine de Felletin à Glénic

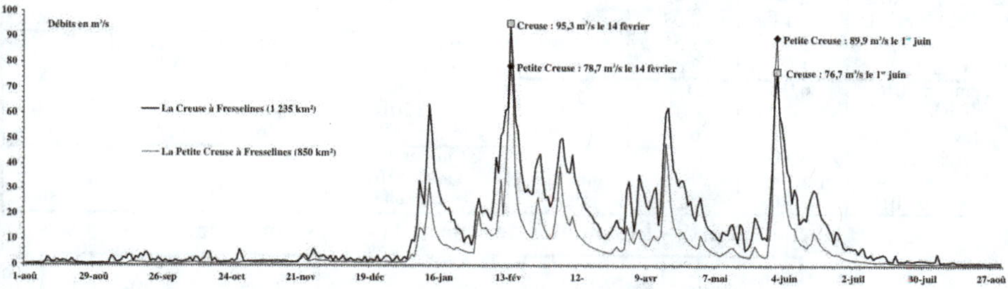

b - Creuse et Petite Creuse à Fresselines

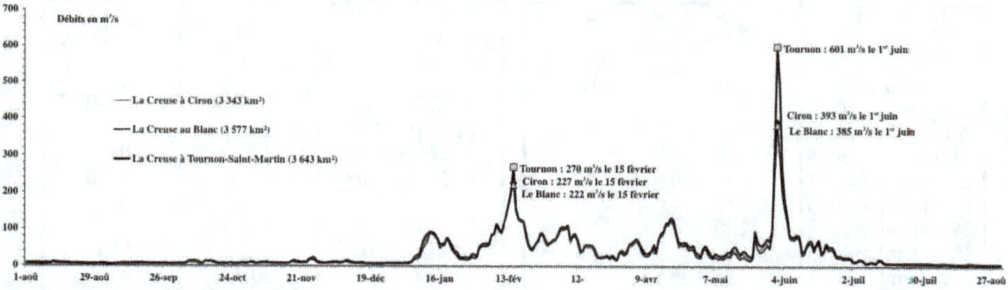

c - La Creuse berrichonne de Ciron à Tournon-Saint-Martin

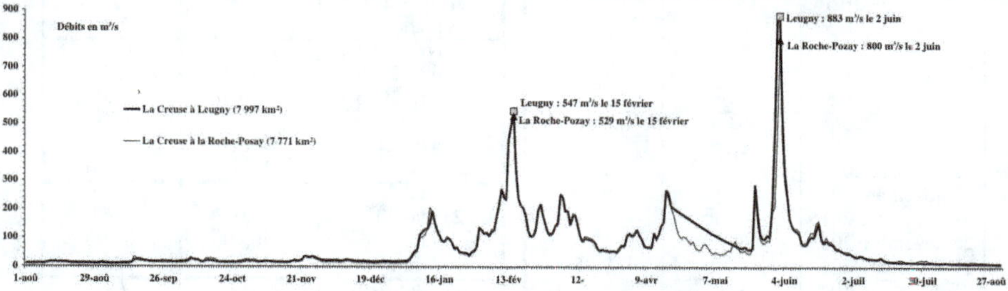

d - La Creuse entre La Roche-Posay et Leugny

Document 6.18 - Cheminement des crues de la Creuse en 2015-2016

➢ Il faut, à ce sujet, signaler des « hautes eaux tardives » : 5,7 m^3/s à Felletin, 11,6 m^3/s à Aubusson et 23,6 m^3/s à Glénic le 18 juin 2016 et même des épisodes estivaux : 4,6 m^3/s à Glénic le 4 août, preuves de la sensibilité du bassin au ruissellement.

À l'issue du Limousin, à Fresselines (23), la Creuse reçoit un affluent qui joua un rôle relativement important, la Petite Creuse.

	Felletin	Aubusson	Glénic
4 août 2015	1,57	0,39	0,82
9 août 2015	1,26	0,43	3,29
13 août 2015	0,55	0,45	1,96
18 août 2015	0,48		
1 septembre 2015	0,92		
4 septembre 2015		3,91	3,01
12 septembre 2015	0,72	0,54	3,62
17 septembre 2015	2,64		
18 septembre 2015		4,42	5,18
7 octobre 2015	1,86	1,34	2,57
8 octobre 2015	1,39	1,72	4,35
28 octobre 2015	2,04	1,43	3,07
21 novembre 2015	5,17	2,08	5,17
26 novembre 2015	2,13	1,51	3,16
25 décembre 2015	1,01	2,83	3,01
8 janvier 2016	6,91	11,70	22,50
12 janvier 2016	15,20	25,00	47,40
1 février 2016	5,02	6,63	15,20
9 février 2016	14,00		
10 février 2016		18,60	46,70
14 février 2016	14,60	25,50	64,60
24 février 2016	8,87	13,10	
25 février 2016			27,70
5 mars 2016	10,80	19,40	39,30
9 mars 2016	8,67		
10 mars 2016		14,00	30,30
27 mars 2016	5,11	7,24	14,60
1 avril 2016	7,40	13,00	23,80
5 avril 2016	11,20	18,70	28,90
16 avril 2016	9,29	15,40	34,60
17 avril 2016	9,64	20,40	45,70
29 avril 2016	4,44	8,00	14,10
30 avril 2016	4,88		
1 mai 2016		8,71	20,60
10 mai 2016	3,68	7,12	12,30
14 mai 2016	3,81	6,57	13,70
22 mai 2016	6,56	3,31	9,62
1 juin 2016	9,41	17,90	43,40
16 juin 2016	5,66	11,60	23,60
31 juillet 2016	1,44		
3 août 2016		3,84	
4-aoû			4,59

Document 6.19 - Les pointes de crue de la Creuse limousine

	Creuse	Petite Creuse
10 août 2015	3,04	1,26
14 août 2015	2,10	
15 août 2015		0,85
20 août 2015	2,39	0,68
5 septembre 2015	3,48	
6 septembre 2015		0,62
12 septembre 2015	3,91	
13 septembre 2015		1,20
19 septembre 2015	5,03	0,86
24 septembre 2015	2,87	
25 septembre 2015		0,80
27 septembre 2015	2,05	0,70
1 octobre 2015	1,96	
2 octobre 2015		0,57
6 octobre 2015		0,91
7 octobre 2015	2,74	
8 octobre 2015		1,10
9 octobre 2015	3,08	
14 octobre 2015	5,06	0,73
27 octobre 2015	6,15	
29 octobre 2015		1,41
21 novembre 2015		3,30
22 novembre 2015	4,31	
26 novembre 2015	6,37	
27 novembre 2015		2,05
8 décembre 2015	3,72	
9 décembre 2015		1,34
17 décembre 2015	3,31	1,22
22 décembre 2015	3,76	1,48
26 décembre 2015	3,69	1,25
30 décembre 2015	3,65	
31 décembre 2015		1,20
8 janvier 2016	33,30	14,60
12 janvier 2016	63,70	32,40
1 février 2016	26,20	20,80
14 février 2016	95,30	78,70
25 février 2016		26,40
26 février 2016	44,30	
5 mars 2016		39,30
6 mars 2016	50,40	
10 mars 2016		19,40
11 mars 2016	34,50	
28 mars 2016	17,90	7,46
1 avril 2016		15,60
2 avril 2016	33,20	12,20
6 avril 2016	36,10	14,00
17 avril 2016		48,30
18 avril 2016	62,50	
1 mai 2016	26,60	11,90
14 mai 2016	16,40	7,13
23 mai 2016	19,00	7,65
1 juin 2016	76,70	89,90
16 juin 2016	29,80	12,80
6 juillet 2016	*7,14*	*1,77*
19 juillet 2016	*4,35*	*1,00*
5 août 2016	*4,69*	*0,82*

Document 6.20 - Les pointes de crue de la Creuse à Fresselines

➢ C'est à leur confluence qu'on réalisa le barrage d'Eguzon dans les années 1920 (document 6.18.b et document 6.20). On y retrouve les mêmes maxima qu'en amont, avec un décalage de quelques jours. Elles marquent l'ultime influence du Massif Central.

➢ Nous avons isolé au moins vingt maxima au début de l'année hydrologique, entre le 1er août et le 31 décembre 2015. Ils donnèrent des pointes moyennes de 3,6 m³/s sur la Creuse et 1,2 m³/s sur la Petite Creuse. Les roches aquicludes du socle et l'énergie du relief confirment la rapidité de formation du ruissellement et de sa concentration en crues dans les chenaux.

➢ Toutefois, nous avons aussi éliminé autant de variations brutales du débit de la Creuse, lesquelles pourraient provenir des lâchures d'une microcentrale située au moulin de Vevry.

Nous retrouvons ensuite les mêmes épisodes qu'entre Felletin et Glénic :

➢ Avril 2016 : pointes moyennes de 36,9 m³/s sur la Creuse et 20,4 m³/s sur la Petite Creuse, mais respectivement : 62,5 m³/s le 18 avril et 48,3 m³/s le 17 avril 2016.

Mai-juin 2016 : pointes moyennes de 35,5 m³/s sur la Creuse et 29,4 m³/s sur la Petite Creuse, et respectivement : 76,7 m³/s et 89,9 m³/s le 1er juin 2016, car la Petite Creuse fit l'objet de pluies abondantes peu de temps auparavant.

Les hautes eaux plus faibles ont alors été absorbées par le plan d'eau du barrage d'Eguzon.

b) En Berry, la Creuse pénètre dans les calcaires jurassiques du sud du Bassin de Paris. L'hydrologie se simplifie du fait de l'infiltration dans des roches aquitares alors que « l'anomalie pluviométrique de mai et de juin » mettait l'accent sur la crue du 1er juin 2016 (documents 5.18 c et d, et document 6.21).

➢ Les hautes eaux d'été et d'automne ont été en partie laminées par la traversée du barrage d'Eguzon et de ses édifices de soutien à la Roche-aux-Moines et à la Roche-Bas-l'Aigue. Les trois seuls épisodes qui soient décelables (mi-septembre, début octobre et fin novembre) n'ont écoulé qu'un débit de pointe moyen de 10,1 m³/s à Ciron, 12 m³/s au Blanc, 14,6 m³/s à Tournon-Saint-Martin, 30,2 m³/s à La Roche-Posay et 26,9 m³/s à Leugny. Ils illustrent le lent cheminement des eaux dans un chenal à faible pente, mais aussi l'apport de la Gartempe à la Roche-Posay.

➢ Les hautes eaux d'hiver furent les plus abondantes : en moyenne de 98,8 m³/s à Ciron, 103 m³/s au Blanc, 108 m³/s à Tournon-Saint-Martin, 231 m³/s à La Roche-Posay et 232 m³/s à Leugny. Dans son parcours berrichon, une « crue » de la Creuse met 48 heures à se déplacer, mais à la Roche-Posay, l'apport de la Gartempe en multiplie le volume par deux.

➢ Les hautes eaux d'avril 2016 ont confirmé le rôle de la Gartempe : en moyenne 87 m³/s à Ciron, 94 m³/s au Blanc, 96 m³/s à Tournon-Saint-Martin, 200 m³/s à La Roche-Posay et 199 m³/s à Leugny.

➢ Sur cette section, c'est la crue de juin qui domina les 1er et 2 juin 2016 : 393 m³/s à Ciron, 385 m³/s au Blanc, 601 m³/s à Tournon-Saint-Martin, 800 m³/s à La Roche-Posay et 883 m³/s à Leugny. Mais 601 m³/s à Tournon-

Saint-Martin constituent une originalité qui provient de l'apport intempestif du Suin, un des drains des étangs de la Brenne, où les gestionnaires durent « ouvrir les bondes en catastrophe » (c'est une supposition car le Suin ne fait pas l'objet d'un jaugeage).

	Ciron	Le Blanc	Tournon-Saint-Martin	La Roche-Posay	Leugny
14 septembre 2015	4,0				
15 septembre 2015		6,1	7,4		
16 septembre 2015				27,3	21,5
6 octobre 2015	8,3				
7 octobre 2015		12,9	13,8	31,1	25,8
25 novembre 2015	18,1	17,1			
26 novembre 2015			22,7	32,3	33,4
12 janvier 2016	88,3	89,2			
13 janvier 2016			92,2	191,0	194,0
19 janvier 2016	71,9	75,6	77,1	105,0	99,2
1 février 2016	48,0	46,5	51,8	140,0	135,0
9 février 2016	92,5	98,2	102,0		
10 février 2016				263,0	271,0
15 février 2016	227,0	222,0	270,0	529,0	547,0
26 février 2016	84,0	91,0	86,2	216,0	218,0
5 mars 2016	96,9	105,0	100,0	255,0	252,0
7 mars 2016	101,0				
8 mars 2016		111,0	111,0	195,0	195,0
11 mars 2016	79,6	89,1	84,8	181,0	180,0
5 avril 2016	65,4	74,1	74,9	132,0	130,0
17 avril 2016	109,0	114,0	117,0	269,0	268,0
14 mai 2016	43,5				
15 mai 2016		36,9	54,0	91,1	74,3
23 mai 2016	79,7	78,6	95,9	265,0	288,0
1 juin 2016	393,0	385,0	601,0		
2 juin 2016				800,0	883,0
17 juin 2016	65,6	55,3	58,9	154,0	129,0
18 juin 2016	56,8	61,6	73,4	161,0	154,0

Document 6.21 - Les crues de la Creuse berrichonne et poitevine

L'étude de l'hydrologie de la Creuse confirme donc que les eaux de ce début du mois de juin, qui arrivèrent à la confluence de la Vienne et de la Loire provenaient plus du ruissellement de fortes pluies survenues en Berry (les mêmes averses que sur le bassin moyen du Cher et le bassin de l'Indre) que celles qui sont issues du Limousin.

C'est une remarque importante, car la modicité du rôle du Clain confirme l'impact de la répartition géographique des pluies au printemps de 2016.

VI - L'originalité de l'hydrologie du Clain

Le Clain (3 217 km^2) prend sa source au sud de Hiesse en Charente, à une altitude inférieure à 200m, pour rejoindre la Vienne à Cenon-sur-Vienne près de Châtellerault. Peu en amont, à Dissay, il écoula en moyenne 16,2 m^3/s entre le 1er août 2015 et le 31 août 2016, avec un maximum de 110 m^3/s le 15 février 2016. Son bassin versant est exclusivement inscrit dans les sédiments du sud-ouest du Bassin de Paris. En amont de Jaunay-Clan, le Clain est inscrit dans les calcaires (souvent karstifiés) du Jurassique moyen (Malm) avec une importante circulation hydrique souterraine. Ce n'est qu'en aval, que le bassin entre dans les Sables de Vierzon et la craie du Turonien (Crétacé). Cependant, ces sédiments sont recouverts de formations superficielles cénozoïques argilo-sableuses, favorables au ruissellement. Mais ce « sidérolithique » est beaucoup moins présent que plus à l'est, et les calcaires sont souvent directement exposés aux intempéries.

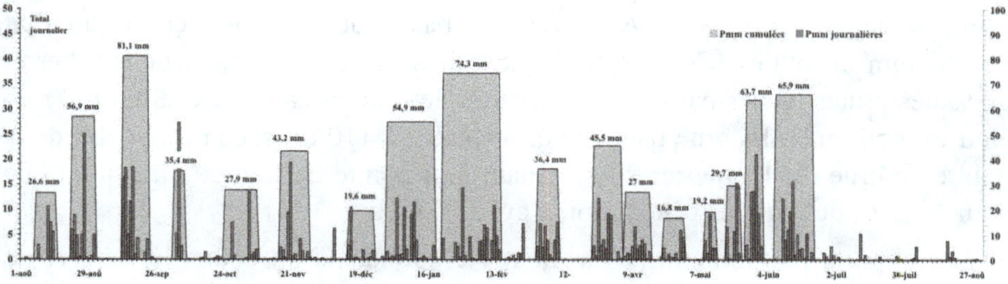

a - Hyétogramme du bassin du Clain

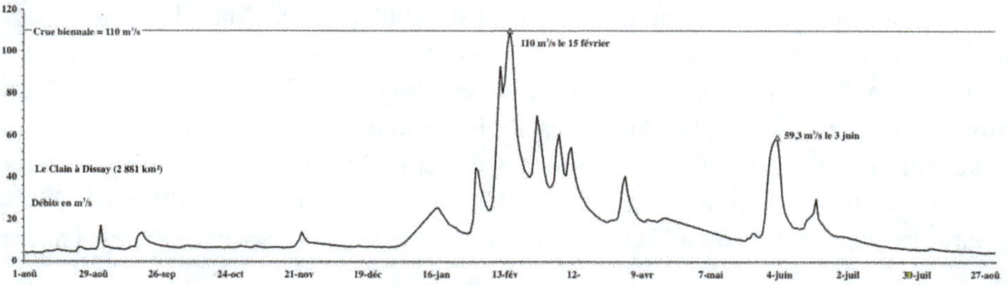

b - Hydrogramme du Clain à Dissay

Episode pluvieux		Pointe de crue	
Date	Total	Date	Débits
7 au 15-VIII-2015	26,6 mm		
22 au 31-VIII-2015	56,9 mm	1er-IX-2015	17,2 m³/s
11 au 22-IX-2015	81,1 mm	18 -IX-2015	13,6 m³/s
1er au 7-X-2015	35,4 mm		
24-X au 6-XI-2015	27,9 mm		
16 au 17-XI-2015	43,2 mm	22-XI-2015	14,1 m³/s
17 au 25-XII-2015	19,6 mm		
30-XII-2015 au 17-I-2016	54,9 mm	16-I-2016	25,7 m³/s
22-I- au 14-II-2016	74,3 mm	1er-II-2016 11-II-2016 15-II-2016 26-II-2016	44,6 m³/s 92,9 m³/s 110 m³/s 69,6 m³/s
1er au 10-III-2016	36,4 mm	6-III-2016 11-III-2016	61,1 m³/s 54,6 m³/s
24-III au 4-IV-2016	45,5 mm	2-iV-2016	40,7 m³/s
6 au 16-IV-2016	27 mmm		
22 au 30-IV-2016	16,8 mm		
9 au 13-V-2016	19,5 mm		
18 au 23-V-2016	29,7 mm	25-V-2015	13,7 m³/s
25-V au 1er-VI-2016	63,7 mm	3-VI-2016	59,3 m³/s
7 au 22-VI-2016	65,9 mm	19-VI-2016	30,1 m³/s

c - Averses et crues afférentes

Document 6.22 - Les crues du Clain à Dissay

A - Les crues du Clain à Dissay

Le document 6.22 illustre la chronologie des épisodes pluvieux observés et mesurés sur le bassin versant, et les crues afférentes d'autre part. Mais il faut déjà souligner une très nette différence avec le Cher et la Vienne. Le bassin versant du Cher avait reçu 935 mm de pluies entre le 1er août 2015 et le 31 août 2016, et sur la même période, le bassin de la Vienne reçut 974 mm de pluies ; ce sont des totaux comparables. À l'inverse, le bassin du Clain ne reçut qu'un total de 782 mm de pluies. Ce sont 84 % de celles qui avaient chu sur le Cher et 80 % des pluies reçues par la Vienne. Aussi, les hautes eaux du Clain n'ont rien eu d'exceptionnel. La crue biennale est calculée à 110 m^3/s, ce fut le débit de la pointe de crue du 15 février 2016. Quant à la pointe de la crue du 3 juin, elle n'en dépassa que de très peu la moitié avec 59 m^3/s.

Les apports pluviométriques avaient été abondants au cours de l'été et de l'automne 2015, et ils ont participé à la saturation du sol, au point que parfois le ruissellement occasionna quelques pointes de hautes eaux. Mais l'essentiel des passages pluvieux se situe en hiver à la suite de deux épisodes de fortes pluies : 54,9 mm en 20 jours suivis de 74,3 mm en 24 jours. Par la suite, les totaux pluviométriques ont reculé. Ainsi, les mois de mai et de juin ont reçu 223 mm d'eau sur le bassin du Cher, 193 mm sur celui de l'Indre et 195 mm sur la Vienne. Dans le même temps, le Clain ne reçut que 180 mm. Mais apparemment, ce fut insuffisant pour engendrer autre chose que des hautes eaux.

B - Cheminement de la crue entre Voulon et Dissay

Le Clain est jaugé à Voulon (948 km^2), à Vivonne (1 805 km^2), à Poitiers (2 089 km^2) et à Dissay (2 881 km^2). Le document 6.23 rend compte du cheminement des crues ; on y observe une quasi-simultanéité des pointes de hautes eaux.

- L'été et l'automne n'ont pas fait l'objet de gros débits, mais les quatre stations décrivent toutes des hautes eaux le 1er septembre, le 18 septembre et le 22 novembre 2015. À l'évidence, elles ont été afférentes aux épisodes pluvieux de la fin du mois d'août (56,9 mm), du milieu du mois de septembre (81,1 mm) et de la mi-novembre (43,2 mm). Il faut admettre une saturation rapide du sol et l'occurrence du ruissellement à partir d'un épisode-seuil apparemment supérieur à un total de plus de 40 mm
- L'hiver et le printemps constituent un tout. Les sols sont saturés, et il faudrait recourir au rôle de la circulation karstique, peut-être en conduites noyées. Ainsi s'explique la crue biennale du 15 février à Dissay.
- Mais, pour des raisons conjoncturelles, le Poitou fut moins arrosé que le Berry et le Limousin aux cours des mois de mai et juin. L'examen des documents 3.14 à 3.17 montre bien que la pluviométrie qui est souvent de classe

6 voire 7 à Guéret et Limoges (Limousin) ou à Bourges, Châteauroux et Romorantin (Berry), est plutôt de classe 5 à 6 à Poitiers et à Châtellerault.

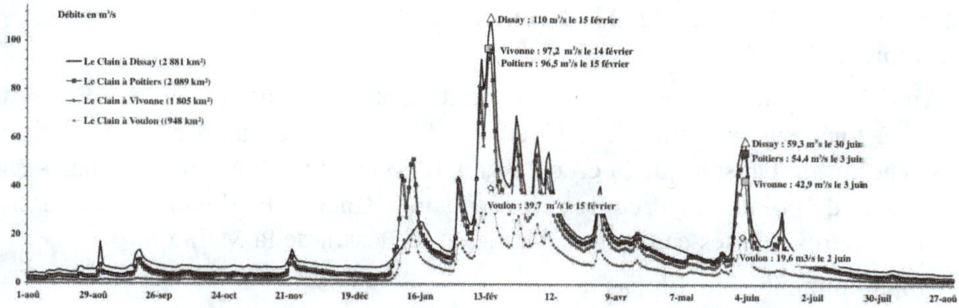

	Voulon	Vivonne	Poitiers	Dissay
1 septembre 2015	1,5	5,2	7,5	17,2
17 septembre 2015	1,9	8,8		
18 septembre 2015			9,7	13,6
22 novembre 2015	2,3	10,6	11,1	14,1
8 janvier 2016		44,6	44,5	
9 janvier 2016	18,2			16,4
13 janvier 2016	22,0	49,1	51,5	21,7
16 janvier 2016				25,7
1 février 2016		41,9	42,7	44,6
2 février 2016	17,0			
11 février 2016	29,2	70,7	80,8	92,9
14 février 2016		97,2		
15 février 2016	39,7		96,5	110,0
26 février 2016		57,5	59,8	69,6
27 février 2016	28,0			

	Voulon	Vivonne	Poitiers	Dissay
28 février 2016	22,9	38,9	44,9	54,0
5 mars 2016		50,0		
6 mars 2016	24,7		53,2	61,1
10 mars 2016	20,4	44,0	46,7	
11 mars 2016				54,6
1 avril 2016		30,7		
2 avril 2016	13,9	29,4	36,1	40,7
18 avril 2016	9,9	17,8	20,9	20,9
13 mai 2016	5,1	8,3	11,7	11,9
24 mai 2016	6,3	10,5	12,7	13,7
2 juin 2016	19,6			
3 juin 2016		42,9	54,4	59,3
18 juin 2016	6,0			
19 juin 2016		19,2	25,8	30,1

Document 6.23 - Les crues du Clain entre Voulon et Dissay

Nous verrons que le bassin du Clain annonce l'hydrologie du Thouet, du Layon et surtout de la Maine.

Quelle conclusion émettre sur cette crue de juin 2016 dans cette partie du bassin versant ? Bien qu'elle ait une origine auvergnate et un entretien par ruissellement le long des courts affluents du Val, le principal apport provient du ruissellement de très fortes averses qui se sont produites en Limousin sur des roches aquicludes, d'une part, et surtout en Berry où les « aiguats » ont dépassé les normales habituelles, d'autre part. Le Berry connut des « quasi-averses cévenoles » dans la seconde quinzaine de mai. Le Cher dépassa la crue centennale à Tours, la Sauldre la crue probablement tricentennale à Romorantin et l'Indre la crue centennale à Monts. La Vienne à Nouâtre ne dépassa que la crue biennale, mais la Creuse à la Roche-Posay avait frôlé la crue décennale. À l'inverse, en juin, le Clain ne fit l'objet que de « hautes eaux ».

Certes, ces eaux de ruissellement sont venues grossir la Loire entre Tours et Saumur. À Langeais, du fait de la conjonction de crues venues de l'amont avec les eaux apportées par le Cher, on dépassa la crue décennale le 5 juin, avec une pointe à 2 740 m³/s. Plus en aval, l'apport du bassin de la Vienne avait grossi la crue à 3 870 m³/s à Saumur, le 4 juin. On fut loin des débits cataclysmaux de

6 000 m^3/s à Blois le 29 septembre 1866, de 5 130 m^3/s à Montjean le 14 décembre 1872, de 6 300 m^3/s à Montjean le 1er décembre 1910, mais aussi de 6 100 m^3/s à Montjean le 23 décembre 1982, et 2 940 m^3/s à Blois le 9 décembre 2003.

Mais la crue de 2016 reste une crue de juin, et elle monta très haut à Blois, à Tours, à Langeais, à Saumur ; le Cher inonda Bléré et la Sauldre la basse ville de Romorantin. On sait que la crue de juin 1856 avait profité d'un « aiguât » en Auvergne, de pointes de crue très élevées sur le Cher et la Vienne, mais aussi, en aval, de très grosses eaux sur le Thouet et le Bassin de la Maine.

Apparemment ce ne fut pas le cas en 2016.

Septième chapitre
La Loire et le Massif Armoricain

Il s'agit de la partie du fleuve située entre la confluence avec la Vienne et l'Océan. Le Val se rétrécit dans la traversée du Massif Armoricain, mais surtout l'apport des affluents « change de rive ». En effet, depuis le Bec d'allier, la majorité des affluents venait du Massif Central, et principalement du Limousin. À partir de Montsoreau, la contribution de la « Corniche Angevine » et du « Bocage Vendéen » est réduite. Le Thouet (3 669 km^2) rejoint la Loire à Saumur ; or, à Chacé, il n'apporta que 18,6 m^3/s entre le 1er août 2015 et le 31août 2016, avec une crue maximale de 160 m^3/s. Puis le fleuve est rejoint par le Layon à Chalonnes-sur-Loire ; il est jaugé à Saint-Lambert-du-Lattay (920 km^2) et n'a écoulé que 4,5 m^3/s au cours de la même année hydrologique (crue maximale de 54 m^3/s). Enfin, à Nantes, la Sèvre Nantaise (2 360 km^2) n'écoula que 24,7 m^3/s entre le 1er août 2015 et le 31 août 2016 avec une crue maximale de 281 m^3/s.

Les gros affluents « se sont déplacés sur la rive droite », avec le bassin de la Maine, à cheval sur le sud-est du Massif Armoricain et le sud-ouest du Bassin de Paris. À Angers, à l'aval d'un bassin versant de 22 138 km^2, le débit moyen (1er août 2015 et 31 août 2016) fut de 138 m^3/s avec un maximum de 457 m^3/s. Mais il faut rendre compte de la part des trois principaux contributeurs : le Loir à Durtal (S = 7 920 km^2, Xi = 35 m^3/s, Max = 156 m^3/s), la Sarthe à Saint-Denis d'Anjou (S = 7 380 km^2, Xi = 47 m^3/s, Max = 209 m^3/s) et la Mayenne à Chambellay (S = 4 160 km^2, Xi = 38 m^3/s, Max = 270 m^3/s).

Ce sont des apports certes bien plus élevés que ceux de la rive gauche, mais on rappellera que le Cher à Tours apporta 103 m^3/s avec un maximum de 837 m^3/s, et que la Vienne (dont la Creuse) apportait 184 m^3/s en moyenne dont 1 460 m^3/s pour la crue maximale.

En aval de la confluence de Candes-Saint-Martin, nous sommes très loin de ces valeurs.

I - La Loire entre Saumur et Saint-Nazaire

On peut se reporter au premier chapitre. Le fleuve est jaugé à Saumur (81 200 km^2 et Xi = 662 m^3/s du 1er août 2015 au 31 août 2016), à Montjean (109 930 km^2 et Xi = 778 m^3/s), à Nantes (117 920 km^2 et Xi = 823 m^3/s) et à Saint-Nazaire (117 480 km^2 et Xi = 1 215 m^3/s). On y reconnaît néanmoins les apports de la Maine à Montjean et de la Sèvre Nantaise à Nantes, tant dans le drainage général que pour le débit moyen pour l'année hydrologique ; 1er août 2015 au 31 août 2016.

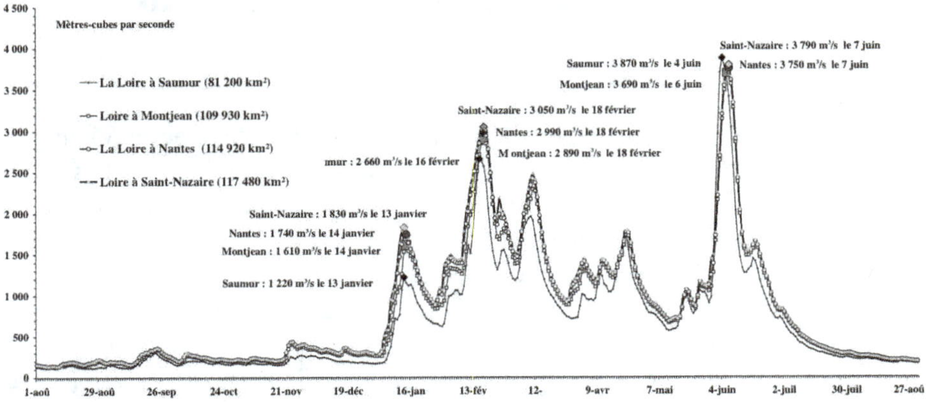

a) Hydrogrammes de la Loire entre Saumur et Saint-Nazaire

	Saumur	Montjean	Nantes	Saint-Nazaire
23 septembre 2015	306			
24 septembre 2015		347	356	361
7 octobre 2015				306
8 octobre 2015		268	288	
10 octobre 2015	207			
23 novembre 2015	253			
24 novembre 2015		406	428	435
17 décembre 2015	194			
18 décembre 2015		332	357	367
13 janvier 2016	1 220			1 830
14 janvier 2016		1 610	1 740	
16 février 2016	2 660			
18 février 2016		2 890	2 990	3 050
25 février 2016			1 990	2 190
26 février 2016	1 540			
27 février 2016		1 810		

	Saumur	Montjean	Nantes	Saint-Nazaire
10 mars 2016	1 960			
11 mars 2016		2 290	2 420	2 480
2 avril 2016	1 010			
3 avril 2016		1 340	1 410	1 450
10 avril 2016	1 250			
11 avril 2016		1 370	1 420	1 440
21 avril 2016	1 760			
22 avril 2016		1 730	1 770	1 790
18 mai 2016	1 030			
19 mai 2016		1 040	1 060	1 080
24 mai 2016	1 090			
25 mai 2016		1 140	1 160	1 180
4 juin 2016	3 870			
7 juin 2016		3 700	3 750	3 790
18 juin 2016	1 440			
19 juin 2016		1 610	1 650	1 670

b) Chronologie des pointes de hautes eaux et de crues

Document 7.1 - Les crues de la Loire entre Saumur et Saint-Nazaire

Le document 7.1 relate la succession des crues et hautes eaux entre le 23 septembre 2015 et le 19 juin 2016. On s'aperçoit alors que la succession des pointes de hautes eaux se réalise, en moyenne, sur trois jours, entre Saumur et Saint-Nazaire ; cependant ce n'est pas une règle car il existe des « dates de répartition anarchiques » à plusieurs reprises.

Trois grands ensembles peuvent être séparés.

A - Les hautes eaux de l'été et de l'automne

Ces deux saisons n'ont connu que des débits modestes, mais ils sont toutefois émaillés par quatre épisodes de plus hautes eaux. Une première remarque concerne les débits de pointe. Leur valeur est faible et se situe entre 200 et 450 m³/s, ce ne sont que des hautes eaux à seule valeur statistique. Mais ces débits s'accroissent de l'amont vers l'aval, ce qui implique le rôle des affluents. On notera ainsi l'augmentation significative entre Saumur et Montjean, du fait indéniable des apports du Thouet, de la Maine et du Layon.

La succession chronologique suit « l'ordre des choses » fin septembre, fin novembre et mi-décembre. L'écart est de 24 heures entre Saumur et Montjean, pour n'être que de quelques heures entre Montjean et Saint-Nazaire. Il faut rappeler que la distance entre Saumur et Montjean est de 75 km, puis de 60 km entre Montjean et Nantes et enfin de 45 km seulement entre Nantes et Saint-Nazaire, ce qui explique un temps de concentration de plus en plus bref. Mais les hautes eaux d'octobre présentent une distribution anarchique dans le temps : le 7/X à Saint-Nazaire, le 8/X à Montjean et Nantes et 11/X à Saumur.

➢ 23-24 septembre 2015 : la pointe de hautes eaux de Saumur est la suite d'un événement similaire observé à la même date sur la Loire à Langeais (145 m^3/s = document 7.1), le Cher à Tours (21,6 m^3/s = document 7.4) et la Vienne à Chinon (62,6 m^3/s = document 7.13),

➢ 7-10 octobre 2015 : la pointe du 8 octobre, qui se retrouve à Montjean et à Nantes, ne peut être que d'origine locale : le Thouet (8,3 m^3/s à Chacé le 7 octobre), le Layon (4,5 m^3/s à Saint-Lambert le 6 octobre), et surtout la Maine (64,8 m^3/s à Angers le 7 octobre). La précocité de la pointe de crue de Saint-Nazaire pourrait être l'écho de la crue du 7 octobre sur la Sèvre Nantaise : 21,1 m^3/s à Nantes.

Le rôle des affluents angevins, vendéens et armoricains n'est donc pas à négliger.

B - Les crues océaniques de l'hiver

La Loire reporta vers l'aval les très hautes eaux venues de l'Auvergne et du Limousin. Sept épisodes peuvent être isolés : 13-14/I, 16-18/II, 25-27/II, 10-11/III, 2-3/IV, 10-11/IV et 21-22/IV (document 7.1). Pour ce qui concerne les débits de pointes, ils ont augmenté de l'amont vers l'aval du fait de l'apport des affluents, à l'exception de la crue des 21 et 22 avril.

➢ La croissance est importante entre Saumur et Montjean ; nous l'avons calculée comme de 17 % en moyenne, dont 32 % en janvier et 33 % les 2 et 3 avril. Le rôle du Thouet, du Layon et surtout de la Maine est incontournable : 348 m^3/s à Angers le 15 janvier et 343 m^3/s le 2 avril, mais aussi 160 m^3/s le 12 janvier et 81 m^3/s le 1er avril sur le Thouet à Chacé et même 53,4 m^3/s le 12 janvier et 38,4 m^3/s le 1er avril sur le Layon à Saint-Lambert.

➢ À l'inverse, les 21 et 22 avril, le débit connut une réduction de 30 m^3/s (-2 %) entre Saumur et Montjean. La Maine écoulait à peine 60 m^3/s le 21 avril, le Thouet 6 m^3/s à Chacé et le Layon seulement 2,3 m^3/s à Saint-Lambert. Ce fut insuffisant pour soutenir la crue venue du Limousin et de l'Auvergne.

En règle quasi générale, la chronologie des pointes de crue est « logique » : 24 heures entre Saumur et Montjean, puis quelques heures entre Montjean et Saint-Nazaire. Mais il exista pourtant des exceptions, au début de l'hiver.

➢ La crue du 13-14 janvier fut plus précoce à Saint-Nazaire qu'à Nantes ! (document 7.1). Cela pourrait correspondre à la crue maximale de la Sèvre Nantaise à Nantes : 281 m^3/s le 11 janvier 2016 et 260 m^3/s le 12 janvier.

➢ La crue du 25-27 février 2016 fut aussi plus précoce à Nantes et Saint-Nazaire : et il est vrai que la Sèvre Nantaise écoula 216 m^3/s le 25 février et que, surtout, l'Erdre qui avait écoulé 17 m^3/s le 14 février écoula successivement 12,4 et 12,3 m^3/s les 25 et 26 février.

Les affluents les plus en aval - Sèvre Nantaise et même Erdre - auraient donc joué un rôle, mais il faut relativiser : l'accroissement du débit entre Nantes et Saint-Nazaire ne fut en moyenne que de 4 %. Cependant, il est vrai que les 10 % mesurés le 25 février 2016 peuvent être attribués aux crues « exceptionnelles » de ces deux derniers affluents.

C - Les crues du printemps

La Loire connut quatre pointes de crue successives : 18-19/V, 24-25/V, 4-7/VI et 18-19/VI ; la crue du 4 au 7 juin étant la plus importante, puisque :

➢ Saumur : avec 3 870 m^3/s, on a dépassé la crue quinquennale (3 800 m^3/s)

➢ Montjean : avec 3 690 m^3/s, la crue biennale (3 100 m^3/s) a été dépassée, mais on retiendra un recul entre Saumur et Montjean.

➢ Nantes : les 3 750 m^3/s ont été au-dessus de la crue biennale (3 200 m^3/s).

➢ Saint-Nazaire : avec 3 790 m^3/s, on restait toujours au-dessus de la crue biennale (3 200 m^3/s).

On sait que ces hautes eaux et ces crues proviennent largement de l'amont (haute Loire, Allier, et surtout Cher et Vienne). Aussi, la chronologie respecte la logique de la durée de l'écoulement : 24 heures entre Saumur et Montjean et quelques heures entre Montjean et Saint-Nazaire. Ce sont les débits de pointe que se retrouvent « désordonnés ».

➢ La crue des 18 et 19 mai ne s'est accrue que de 10 m^3/s entre Saumur et Montjean et de 40 m^3/s entre Montjean et Saint-Nazaire. En effet, la crue du Thouet à Chacé remontait au 14 mai avec 12 m^3/s seulement, celle de la Maine au 13 mai avec une pointe à 111 m^3/s et celle du Layon au 14 mai : 2,2 m^3/s. Cela ne fit qu'entretenir le débit venu de l'amont entre Saumur et Montjean. La Sèvre Nantaise n'ayant écoulé que 13 m^3/s le 14 mai (1,3 m^3/s sur l'Erdre sont négligeables) elle n'a fait « qu'entretenir la crue » en direction de l'aval.

➢ Le même processus s'est reproduit entre les 24 et 25 mai 2016, mais avec une nuance de taille : le débit de pointe s'est accru de 50 m^3/s entre Saumur et Montjean. En effet, le Thouet avait écoulé 13,5 m^3/s à Chacé (avec 2 m^3/s, le Layon est à négliger) et surtout la Maine avait apporté 121 m^3/s le 25 mai, ce qui aurait suffi à redonner vigueur à la crue. Puis le débit de pointe ne s'accrut que de 20 m^3/s entre Montjean et Nantes et encore de 20 m^3/s entre Nantes et Saint-Nazaire. La crue de la Sèvre Nantaise à Nantes n'avait porté que sur 11 m^3/s le 23 mai et 10 m^3/s le 24 mai.

➢ La « crue de juin » est restée importante (> 3 700 m^3/s). Mais les débits enregistrés à Montjean, Nantes et Saint-Nazaire restèrent inférieurs à celui mesuré à Saumur. On relève même un recul de 170 m^3/s entre Saumur et Montjean. L'apport des affluents fut très insuffisant : le Thouet n'avait écoulé que 53 m^3/s à Chacé le 31 mai, le Layon 16,4 m^3/s à Saint-Lambert et la Maine n'avait apporté que 203 m^3/s le 30 mai. Plus en aval, la Sèvre Nantaise n'écoula que 90 m^3/s à Nantes et, à Saint-Nazaire, le débit de pointe n'avait augmenté que de 40 m^3/s.

➢ Scientifiquement, il ne faut pas écarter les modestes hautes eaux des 18 et 19 juin. Elles sont marquées par une croissance importante du débit entre Saumur et Montjean : 170 m^3/s soit de 14 %. La Maine fut l'objet des plusieurs maxima : 391 m^3/s le 10 juin, 317 m^3/s le 12 juin, 226 m^3/s le 17 juin et encore 225 m^3/s le 21 juin. Au même instant, le Thouet écoulait 30 m^3/s le 18 juin et 29 m^3/s le 19 juin. Même le Layon apporta 6 m^3/s le 17 juin. Ces affluents ont joué leur rôle dans la remontée du débit de la Loire. À l'inverse, la Sèvre Nantaise n'a pas eu de crues majeures aux mêmes dates (22 m^3/s le 16 juin), ce qui explique l'atonie des débits à Nantes et Saint-Nazaire.

À l'évidence, le rôle des affluents vendéens, angevins et armoricains est susceptible d'entretenir, voire d'aggraver les crues de la Loire venues du Massif Central. La crue de référence, celle de 1856, cataclysmale en Auvergne, se heurta d'abord aux très hautes eaux du Cher et de la Vienne, puis à celles du bassin de la Maine. En juin 2016, ce ne fut pas le cas ...

II - Hydrologie des affluents de la rive gauche

Entre Saumur et l'Océan, la Loire reçoit peu d'affluents importants. Même le Thouet (3 669 km^2 mais 18,6 m^3/s seulement à Chacé), le Layon (920 km^2 et 4,5 m^3/s à Saint-Lambert-du-Lattay) et la Sèvre Nantaise (2 360 km^2 et 24,7 m^3/s à Nantes) ne sont que d'un modeste apport. Leurs bassins versants angevins et vendéens furent moins arrosés que l'ensemble du bassin de la Loire (873,1 mm) et nous avons mesuré une importante régression d'ouest en est : 872,8 mm sur le bassin de la Sèvre Nantaise, 801,5 mm sur celui du Layon et 799,5 mm sur celui du Thouet (totaux estimés entre le 1er août 2015 et le 31 août 2016). Enfin, il faut y souligner une moindre importance de la « crue de juin », une observation qui avait déjà été remarquée sur le Clain (document 7.22 et 7.23).

A - L'hydrologie du Thouet

Le Thouet prend sa source à 223 m d'altitude au lieu-dit le Beugnon, sur le massif ancien du Plateau des Gâtines de Parthenay (document 2.2), pour rejoindre la Loire à Saumur, à 25 m d'altitude seulement, après un parcours de 142,2 km. Il s'avère être un cours d'eau relativement calme (ce serait même l'étymologie gauloise du mot Thouet) ce qui s'explique par une dénivellation maximale de 198 m seulement associée à une pente moyenne de 1,4 m/km (document 2.5). Le rapport de confluence Rb n'est que 3,87 sur l'ensemble des 5 rangs de la hiérarchie de Strahler, et de 3,50 seulement entre les rangs 1 et 5. Le nombre de drains augmente peu vers l'aval, ce qui ne favorise guère la concentration du ruissellement.

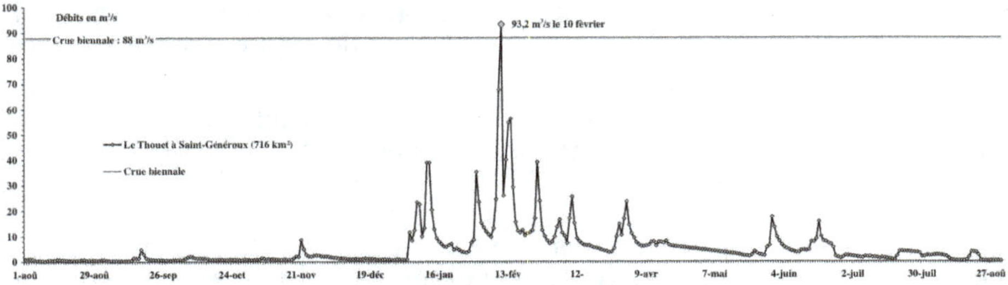

a) Hydrogramme du Thouet à Saint-Généroux

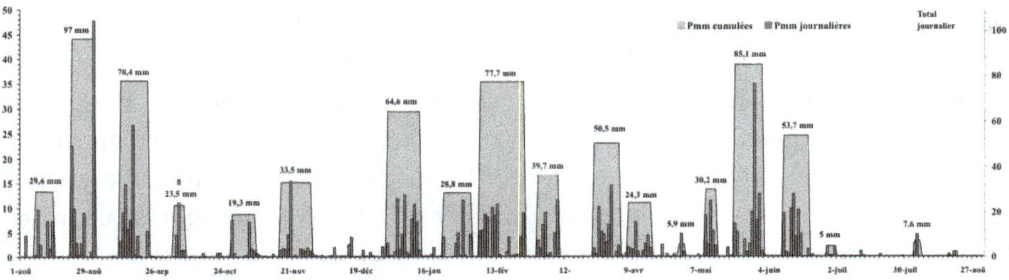

b) Hyétogramme du bassin du Thouet

Episodes pluvieux		Pointes de crues	
Date	**Total**	**Date**	**Débits**
7 au 14-VIII-2015 22 au 31-VIII-2015	29,6 mm 97 mm		
11 au 23-IX-2015	78,4 mm	18-IX-2016	20 m³/s
3 au 7-X-2015	23,5 mm	7-X-2015	8,3 m³/s
27-X au 5-XI-2015 16 au 28-XI-2015	19,3 mm 33,5 mm		23,2 m³/s
30-XII-2015 au 12-I-2016	64,6 mm	8-I-2016 12-I-2016	70 m³/s 160 m³/s
22-I au 1er-II-2016	28,8 mm	1er-II-2016	111 m³/s
5 au 24-II-2016	77,7 mm	11-II-2016 14-II-2016 26-II-2016	159 m³/s 141 m³/s 118 m³/s
1er au 9-III-2016	38,7 mm	6-III-2016 11-III-2016	55,3 m³/s 78,6 m³/s
24-III au 3-IV-2016	50,5 mm	1er-IV-2016	81,2 m³/s
7 au 16-IV-2016	24,3		
28 au 30-IV-2016	5,9 mm		
9 au 13-V-2016	30,2 mm	14-V-2016	12,2 m³/s
21-V au 1er-VI-2016	85,1 mm	24-V-2016 31-V-2016	13,5 m³/s 53 m³/s
10 au 20-VI-2016	53,7 mm	18-VI-2016	30 m³/s
28 au 30-VI-2016	5 mm		

c) Episodes s pluvieux et pointes de crue afférentes à Chacé

Document 7.2 - Hydrologie et pluviométrie du Thouet du 1er août 2015 au 31 août 2016

1°) Le Thouet à Saint-Généroux du 1er août 2015 au 31 août 2016 : nous avons retenu cette station, car en service depuis 1972, c'est la seule pour laquelle les crues récurrentes ont été calculées (document 7.2) Cet affluent, qui n'avait débité que 5,4 m^3/s sur treize mois, écoula 93,2 m^3/s le 10 février 2016. Mais il ne s'agit que d'une crue modeste, à peine supérieure à la crue biennale estimée à 88 m^3/s. Surtout, alors que la Loire et ses affluents du Limousin étaient en crue, le Thouet, lors de son débit maximum du 31 mai à Chacé, n'écoula que 53 m^3/s. Il n'a pas participé à la crue ligérienne de juin 2016. Pourtant, la comparaison du hyétogramme et de l'hydrogramme suggère une réponse rapide aux suites d'averses (document 7.2 a et b).

➢ Dans un premier temps, au cours de l'été 2015, les hautes eaux furent épisodiques. Pourtant, la série pluvieuse du 11 au 23 septembre 2015 (78,4 mm) engendra une pointe de hautes eaux de 20 m^3/s le 18 septembre. Puis celle du 3 au 7 octobre (23,5 mm) provoqua une modeste pointe de 8,3 m^3/s. Enfin, une pointe de hautes eaux de 23,2 m^3/s a répondu au cumul de 33,5 mm chus du 16 au 28 novembre.

➢ Des crues hivernales accompagnèrent les fortes averses de l'hiver (document 7.2 et documents 3.2 à 3.20). Nous retiendrons 160 m^3/s le 12 janvier 2016 (suites d'averses de 64,6 mm du 31 décembre 2015 au 12 janvier 2016), 159 m^3/s le 11 février 2016, 141 m^3/s le 14 février et 118 m^3/s le 26 février (averses du 5 au 24 février).

➢ Cependant, à partir du mois d'avril, le bassin du Thouet fut moins arrosé : 24,3 mm du 7 au 16 avril, 30,2 mm du 9 au 12 mai. Aucune pointe de hautes eaux n'est alors enregistrée. Certes, il a chu 85,1 mm entre le 21 mai et le 1er juin, mais ce fut insuffisant pour provoquer une « forte crue de juin ». Le Thouet n'écoula donc que 53 m^3/s le 31 mai 2016.

Nous avons eu affaire à la réponse structurelle d'un événement conjoncturel. Le Thouet s'inscrit dans les roches aquicludes du socle, son bassin transmet aisément les eaux de ruissellement des averses au réseau hydrographique, mais il est peu accidenté dans un contexte de polyculture herbagère très gourmande en eau au printemps, lequel avait commencé par un léger déficit pluviométrique. Les stations de Poitiers, d'Angers et de Nantes ne relevaient que de la classe 5 entre le 6 et le 14 mai (document 3.14) puis du 18 au 29 mai (document 3.15). Le bassin du Thouet n'a pas connu les puissantes averses printanières observées, par exemple, sur le Berry.

2°) Le cheminement des crues répond à cet état de fait (documents 6.3). Il serait presque inutile de s'étendre car les pointes de crue sont sensiblement les mêmes dans les quatre stations.

➢ Le « Bocage » connut des pluies abondantes en septembre et en novembre 2015 (documents 3.4 et 3.7) provoquant deux phases de ruissellement du 17 au 18 septembre puis du 21 au 23 novembre 2015.

➢ L'hiver fut très copieusement arrosé, notamment du 28 décembre 2015 au 22 janvier (document 3.9 avec des pluies de classe 6 et 7 entre Poitiers et Saint-Nazaire) puis du 26 janvier au 25 février (document 3.10 avec généralisation des épisodes pluvieux de classe 7 dans tout l'Ouest). Les quatre stations de jaugeage ont enregistré cinq maxima. Mais il faut nuancer : ce sont des hautes eaux inférieures aux crues biennales.

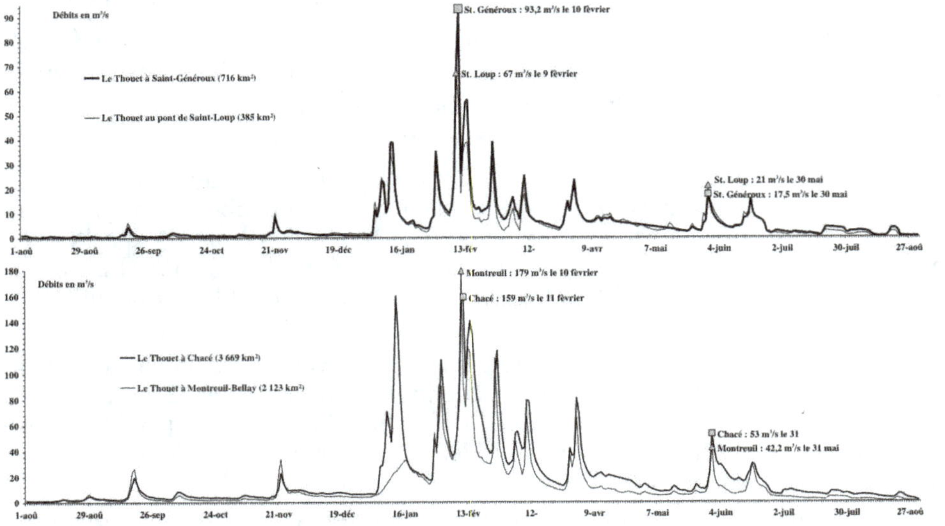

Document 7.3 - Cheminement des crues du Thouet de Saint-Loup à Chacé

➢ Les pluies de printemps ont été médiocres : document 3.13 avec la classe 3 à Poitiers du 20 avril au 30 mai, document 3.14, où l'on ne dépassa pas la classe 5 dans l'Ouest, et surtout le document 3.15, sur lequel on opposerait des pluies de classe 6 en Berry à celles de classe 5 sur le « Bocage ». Les hydrogrammes traduisent ce déficit par un recul régulier des débits du 1er avril au 27 mai 2016.

➢ Les averses de la fin du mois de mai (document 3.16) opposent très nettement la classe 7 dans le sud du Bassin de Paris à la classe 6 dans les Pays de Loire. Que ce soit à Saint-Loup, à Saint-Généroux, à Montreuil-Bellay et à Chacé, la crue afférente n'a jamais eu l'ampleur de celles de l'Indre, du Cher et surtout de la Sauldre.

Il faut effectivement conclure qu'à l'image du Clain, le Thouet ne participa pas à la crue de juin sur la Loire.

B - L'hydrologie du Layon

Le Layon est le drain principal de la « Corniche Angevine ». Sa source se situe dans les Deux-Sèvres, à Saint-Maurice-la-Fougereuse, à 117 m l'altitude. Il rejoint la Loire à Chalonnes-sur-Loire, à 13 m d'altitude seulement, à l'aval d'un chenal principal de 90 km seulement et d'un bassin versant de 950 km^2. Au cours de l'année hydrologique 2015-2016, il n'écoula que 4,5 m^3/s, avec pourtant une pointe de crue à 53,9 m^3/s confirmant une certaine faculté de réponse aux averses de la part du bassin versant. Cependant, le Layon comporte les mêmes inconvénients que le Thouet …

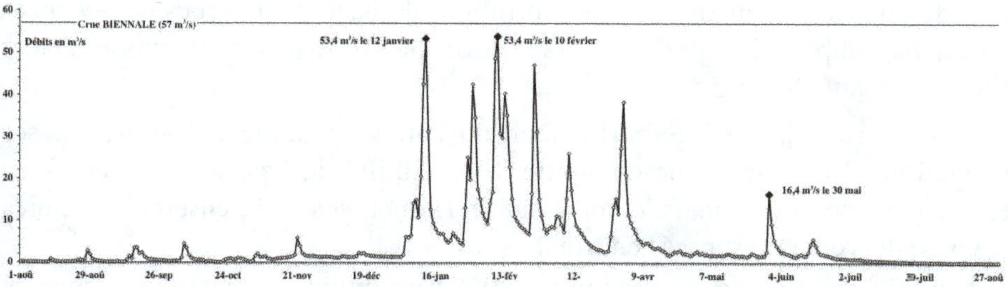

a) Hydrogramme du Layon à Saint-Lambert-du-Lattay

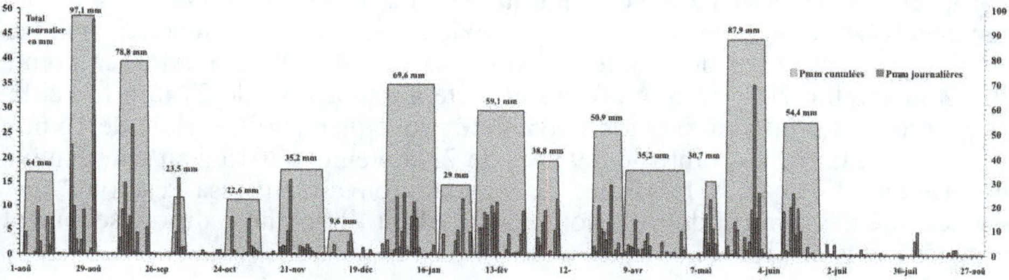

b) Hyétogramme du bassin versant du Layon

Episodes pluvieux		Pointes de crues	
Date	**Total**	**Date**	**Débits**
3/14-VIII-2015	34 mm		
22/31-VIII-2015	97,1 mm	28-VIII-2015	2,8 m³/s
11/22-IX-2015	78,8 mm	17-IX-2015	3,6 m³/s
4/7-X-2015	23,5 mm	6-X-2015	4,5 m³/s
25/X-7/XI-2015	22,6 mm	5-XI-2,5	2,1 m³/s
16/XI-3/XII-2015	35,2 mm	21-XI-2015	5,9 m³/s
6/15-XII-2015	9,6 mm		
31/XII/2015-18/I/2016	69,6 mm	12-I-2016	53,4 m³/s
29/I - 2/II-2016	29 mm	31-I-2016	42,6 m³/s
5/24-II-2016	59,1 mm	9-II-2016 13-II-2016 25-II-2016	48,7 m³/s 40,4 m³/s 47,1 m³/s
1/9-III-2016	38,8 mm	5-III-2016 10-III-2016	11,2 m³/s 26,1 m³/s
23/III - 4/IV-2016	50,9 mm	29-III-2016 1-IV-2016	15,3 m³/s 38,4 m³/s
6/30-IV-2016	35,2 mm		
9/13-V-2016	30,7 mm		
18/V - 2/VI/2016 10/24-VI-2016	87,9 mm 54,4 mm	30-V-2016	16,4 m³/s

c) Suites d'averses et pointes de crues afférentes

Document 7.4 - Hydrologie et pluviométrie du Layon du 1er août 2015 au 31 août 2016

… La dénivellation maximale n'est que de 104 m et la pente moyenne du chenal n'est que de 1,16 m/km. Mais le rapport de confluence (Rb = 4,27 pour l'ensemble des 5 rangs de chenaux et 4,09 pour les quatre premiers rangs, document 2.5) rend compte d'une concentration plus rapide du ruissellement vers le drain majeur. Nous sommes tenté d'évoquer le vignoble ; celui-ci couvre plus des 2/3 de la surface du bassin. Or, nous avons souvent constaté que les rangs de vignes avaient été aménagés orthogonalement aux courbes de niveaux ; il n'est pas impossible que cette disposition puisse favoriser le ruissellement vers les chenaux de rang 1.

Le Layon est jaugé à Saint-Lambert-du-Lattay (document 7.4) et, par ses indentations, l'hydrogramme démontre la sensibilité du bassin à la succession des épisodes de pluies, mais, comme sur le Thouet, ces deux ensembles (pluies et débits) doivent être séparés en trois.

- À la fin de l'été et à l'automne 2015, les pluies furent abondantes et marquées par de violents apports journaliers, mais isolés. Le tableau « c » du document 7.4 fait état de sept épisodes pluvieux, et le Layon y répondit non pas par des crues mais par de simples hautes eaux (2,1 à 5,9 m^3/s). Ainsi la pointe du 17 septembre 2015 (3,6 m^3/s) faisait suite à une averse de 27 mm la veille. La pointe de 4,6 m^3/s du 6 octobre avait été provoquée par une pluie de 16 mm le 5 octobre. Enfin, la pointe de 5,9 m^3/s du 21 novembre 2015 était consécutive aux 16 mm d'eau chus la veille. Le Layon prouvait ainsi sa réactivité aux averses, mêmes à la fin de la saison chaude (d'où l'hypothèse du ruissellement entre les rangs de vignes).
- Les crues de l'hiver ont été caractéristiques d'un régime pluvio-évaporal, avec sept maxima afférents à cinq épisodes très arrosés. En fait, ces pointes sont toujours associées à des averses journalières abondantes. La pointe du 12 janvier 2016 (53,4 m^3/s) relève d'une suite d'averses de 7,8 mm le 9 janvier, 10,8 mm le 10 et 7,4 mm, le 11. 11,6 mm chus le 30 janvier provoquèrent la pointe de crue de 42,6 m^3/s du 31.
- On arrive même à des hautes eaux relevant de pluies « modestes » : 48,7 m^3/s le 9 février et 8,7 mm le 8, 40,4 m^3/s le 13 février et 8,6 mm le 7 : la saturation du sol était telle que ces pluies ruisselaient facilement (malgré un relief peu accusé). On peut aussi évoquer : 11,2 m^3/s le 5 mars et 9 mm la veille, 26,3 m^3/s le 10 mars et 11,5 mm le 9 et 38,4 m^3/s le 1er avril pour 14,5 mm le 31 mars. Il faut toutefois nuancer, car aucune de ces hautes eaux n'atteignit la crue biennale estimée à 57 m^3/s.

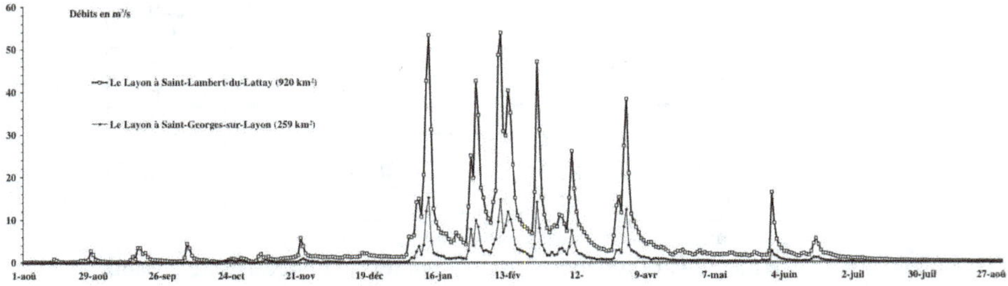

Document 7.5 - Le cheminement des crues du Layon

En effet, nous savons que le sud-ouest du bassin de la Loire fut moins arrosé que le centre et le sud. On observe aussi un recul progressif des précipitations en avril et mai (document 3.13 à 3.16 et document 7.4.b). Le bassin n'a pas connu de hautes eaux avant l'ultime crue de juin. Il a chu 87,9 mm d'eau entre le 18 mai et le 2 juin 2016, dont 35 mm le 29 mai. Cette averse généra une pointe de 16,4 m³/s le 30 mai. Mais ces hautes eaux n'ont même pas constitué 30 % de la crue biennale, ce qui n'eut que peu d'effet sur la crue ligérienne alors en cours.

On peut suivre le cheminement de ces crues depuis Saint-Georges-sur-Layon (document 7.5), mais il ne fait que confirmer l'analyse précédente. Le Layon est très sensible à l'occurrence des averses, probablement du fait de la nature de son sous-sol aquiclude (schistes) et de sa mise en valeur (vignoble). Que ce soit à Saint-Georges ou à Saint-Lambert, le bassin versant s'est avéré rapidement saturé, un peu dès l'automne et beaucoup en hiver. Toutefois, la Corniche Angevine fut moins arrosée, et principalement au printemps 2016. Le cours d'eau a répondu aux averses. Mais celles-ci étant restées moins volumineuses que dans le sud du Bassin de Paris, on resta toujours en dessous de la crue biennale et la pointe du 30 mai 2016 ne pouvait pas influencer celle de la Loire qui atteignait 3 690 m³/s le 6 juin 2016 à Montjean.

C - L'hydrologie de la Sèvre Nantaise

Elle constitue le dernier affluent important de la Loire avant l'estuaire. Son rôle est donc modeste car tardif, mais cette rivière mérite qu'on s'y intéresse car elle peut jouer un rôle important dans les crues ressenties à Nantes. La Sèvre Nantaise naît dans les Deux-Sèvres à Neuvy-Bouin, dans le Bocage Vendéen, à 215 m au-dessus du niveau de la mer, pour atteindre la Loire à Nantes (à 9 m d'altitude) après un cours de 142 km et en aval d'un bassin de 2 360 km². Son cours se trouve entièrement inscrit dans les roches aquicludes du socle (document 2.2). Cette situation favorable au ruissellement est accentuée par un rapport de confluence Rb = 4,22 pour l'ensemble des chenaux de 6 rangs et de 5,21 pour ceux des quatre premiers rangs (document 2.5). La concentration des eaux de ruissellement vers le chenal principal est très rapide et peut contribuer à des pointes de crue brutales. Mais le relief est terne : la dénivellation maximale n'est que de 206 m et une pente moyenne d'1,45 m/km pour le drain principal.

1°) La Sèvre Nantaise est jaugée à Nantes, peu avant son embouchure avec la Loire, ce qui permet une meilleure comparaison entre l'écoulement et l'alimentation pluviale entre le 1er août 2015 et le 31 août 2016 (document 7.6). Nous avons isolé 17 épisodes pluvieux ayant provoqué l'occurrence de 22 maxima, sachant que les pluies d'été étaient généralement consommées par l'évapotranspiration, et que le même épisode de saison froide avait assuré plusieurs pointes de crue. La séparation en trois ensembles chronologiques reste la règle.

➢ Même si nous avons déjà observé le processus, tant sur le Thouet que sur le Layon, la Sèvre connut des pointes de hautes eaux du mois d'août au mois de septembre 2015 (document 7.6). Ces modestes maxima de 12 à 47 m^3/s sont souvent survenus vers la fin de l'épisode pluvieux, et surtout après une averse quotidienne plutôt élevée : 30,5 m^3/s le 17 septembre 2015 et 10,7 mm la veille, 21,3 m^3/s le 7 octobre et 30,5 mm le 5, 46,7 m^3/s le 21 novembre et 20,8 mm le 20.

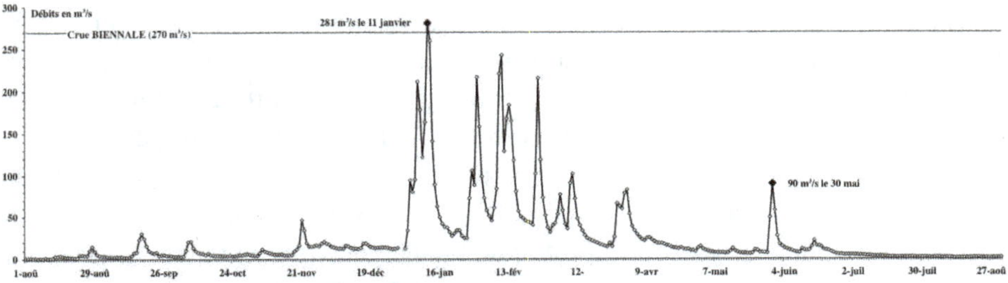

a) Hydrogramme de la Sèvre Nantaise à Nantes

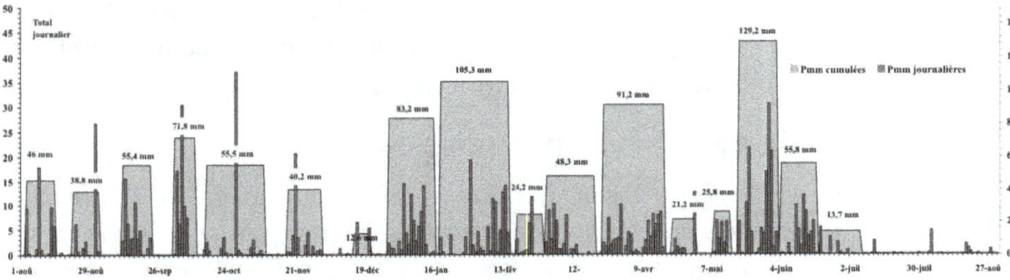

b) Hyétogramme du bassin de la Sèvre Nantaise

Episodes pluvieux		Pointes de crues	
Date	Total	Date	Débits
3/14-VIII-2015	46 mm		
22/VIII - 2/IX/2015	38,8 mm	28-VIII-2015	14,9 m^3/s
11/22-IX-2015	55,4 mm	17-IX-2015	30,5 m^3/s
1/10-X-2015	71,8 mm	7-X-2015	21,3 m^3/s
15/X - 7/XI/2015	55,5 mm	12-XI-2015	12 m^3/s
17/30-XI-2015	40,2 mm	21-XI-2015 30-XI-2015	46,7 m^3/s 20,7 m^3/s
14/20-XII-2015	12,6 mm		
28/XII/2015 - 15/I/2016	83,2 mm	4-I-2016 7-I-2016 11-I-2016	94,5 m^3/s 212 m^3/s 281 m^3/s
18/I - 14/II/2016	105,3 mm	29-I-2016 31-I-2016 10-II-2016 13-II-2016	106 m^3/s 217 m^3/s 243 m^3/s 184 m^3/s
17/28-II-2016	24,2 mm	25-II-2016	216 m^3/s
1/20-III-2016	48,3 mm	5-III-2016 10-III-2016	77,3 m^3/s 102 m^3/s
24/III - 17/IV/2016	91,2 mm	28-III-2016 1-IV-2016	66,6 m^3/s 83,1 m^3/s
21/30-IV-2016	21,2 mm		
8/14-V-2016	25,8 mm	14-V-2016	12,7 m^3/s
18/V - 2/VI/2016	129,2 mm	23-V-2016 30-V-2016	10,8 m^3/s 89,9 m^3/s
4/17-VI-2016	55,8 mm	16-VI-2016	21,8 m^3/s
20/VI - 6/VII/2016	13,7 mm		

c) - Suites d'averses et pointes de crues afférentes

Document 7.6 - Hydrologie et pluviométrie de la Sèvre Nantaise du 1er août 2015 au 31 août 2016

➢ La concordance s'est accentuée en hiver, mais surtout les hautes eaux furent plus abondantes (entre 77 et 281 m^3/s). Les deux premiers épisodes pluvieux (83,2 mm du 28 décembre au 15 janvier puis du 18 janvier au 14 février) ont engendré sept pointes consécutives à une « grosse averse ». Les 3, 6 et 11 janvier 2016, il est respectivement tombé 14,6 mm, 12,3 mm et 14,2 mm de pluies ; la Sèvre connut trois pointes de crue : 94,5 m^3/s le 4 janvier, 212 m^3/s le 7 et 281 m^3/s le 11 janvier.

➢ Le processus de saturation des sols est incontournable, car les débits de pointe n'ont cessé de croître pour des averses de même volume. Cela se répéta les 29 et 31 janvier (106 et 217 m^3/s) pour des averses de 13,5 et 19,4 mm. Parfois, le bassin répondit à un couple d'averses de 48 heures : 11,4 et 10,7 mm chus les 8 et 9 février ont généré 243 m^3/s le 10 ; 12,8 et 14,4 mm les 12 et 13 février sont responsables des 184 m^3/s du 13 février.

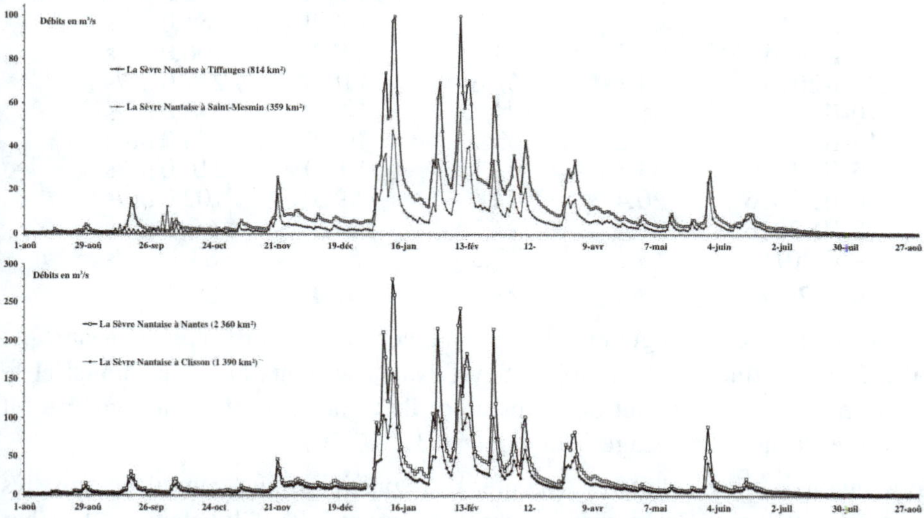

Document 7.7 - Cheminement des crues de la Sèvre Nantaise (1er août 2015 - 31 août 2016)

➢ Le mécanisme se suit jusqu'en avril : 12,4 mm de pluie et 216 m^3/s le 25 février, 8 mm de pluie 4 mars et 77,3 m^3/s le 5, suivis d'une crue de 102 m^3/s le 10 mars, afférente à une averse de 8 mm seulement, mais survenue sur des sols saturés. C'est cette saturation qui justifia une pointe de 66,6 m^3/s le 28 mars malgré une averse de 7,4 mm le 26, et une autre pointe le 1er avril de 83,3 m^3/s succédant à une averse de 10,2 mm le 31 mars.

➢ Mais, en toute logique, au printemps (bien que resté pluvieux), les hautes eaux ont disparu ou presque : 10,6 mm le 21 mai et 21,7 mm le 22 n'ont généré qu'une pointe à peine décelable de 10,3 m^3/s le 24 mai. Il faut attendre le 30 mai pour observer une pointe de crue de 90 m^3/s faisant suite à deux averses de 17 mm le 29 et 31 mm le 30 mai 2016.

Mais une fois encore, il ne faut pas se leurrer. D'abord, les pointes de crue de l'hiver ont été de simples hautes eaux, car seule la crue du 11 janvier dépassa la crue biennale estimée à 270 m³/s. Quant à la pointe de crue du 30 mai, avec 90 m³/s, elle fut sans effet.

2°) Pourtant, le cheminement des crues relevées à Saint-Mesmin, à Tiffauges, à Clisson et à Nantes, confirme la sensibilité de ce bassin versant (document 7.7). En effet, on y relève les mêmes pointes de crue …

	St. Mesmin	**Tiffauges**	**Clisson**	**Nantes**
28-VIII-2015	2,4	4,2	9,9	14,9 m³/s
16/17-IX-2015	1,9	15,7	22,4	30,5 m³/s
7-X-2015	3,8	6,4	14,2	21,1 m³/s
21-XI-2015	17,8	25,5	33,6	46,7 m³/s
4-I-2016	18,1	30,6	43,2	94,5 m³/s
7-I-2016	37,5	65,6	104,0	212,0 m³/s
11-I-2016	47,5	97,3	158,0	281,0 m³/s
29-I-2016	13,7	33,4	50,7	106,0 m³/s
31-I-2016	34,1	62,6	110,0	217,0 m³/s
10-II-2016	56,0	99,7	142,0	243,0 m³/s
13-II-2016	39,2	68,2	106,0	184,0 m³/s
25-II-2016	33,5	63,1	101,0	216,0 m³/s
10-III-2016	20,4	43,0	59,5	102,0 m³/s
28-III-2016	14,4	23,7	34,0	66,6 m³/s
1-IV-2016	15,6	33,6	50,2	83,1 m³/s
30-V-2016	**23,4**	**28,4**	**42,0**	**89,9 m³/s**

… La croissance est régulière de l'amont vers l'aval au fur et à mesure de l'arrivée des affluents. Pourquoi la Sèvre Nantaise, mais aussi le Thouet et le Layon, n'ont-ils pas connut de fortes crues de printemps ? La pluviométrie fut moins élevée sur le « Bocage » (documents 3.2 à 3.20).

Nous avons été conduits à calculer les précipitations cumulées sur les principaux affluents de la rive gauche (document 7.8). Globalement, le Cher (935 mm) et la Vienne (975 mm) ont été plus arrosés que le Thouet (799 mm), le Layon (802 mm) et même la Sèvre Nantaise (873 mm). Au jour le jour, la croissance linéaire fut de 2,6 mm/jr sur la Vienne et le Cher, contre 2 mm/jr sur le Thouet, 2,2 mm/jr sur le Layon et 2,4 mm/jr sur la Sèvre Nantaise. Mais les différences majeures se situent en mai.

➢ Sur la Vienne, le cumul des pluies passa de 759,7 mm le 1er mai à 882,3 le 31, soit une croissance de 122,6 mm. Dans le même temps, les pluies cumulées du Cher avaient crû de 149,1 mm entre 695,8 mm le 1er mai et 844,9mm le 31

➢ La Sèvre Nantaise, le plus arrosé des bassins du « Bocage », n'avait cumulé que 688,3 mm de pluies le 1er mai, et 792,9 mm le 31 : un accroissement de 104,6 mm. Le Layon fut plus déficitaire : 629,4 mm le 1er mai et 737,2 le 31, soit une différence de 107,8 mm. Quant au Thouet, malgré une croissance de 116,8 mm en mai, sa pluviométrie cumulée n'était que de 608 mm le 1er mai et 724,8 mm le 31.

L'absence de fortes crues sur les affluents issus du Massif Vendéen et de la Corniche Angevine relève bien d'une pluviométrie amoindrie en mai, alors que les affluents limousins et berrichons se trouvaient anormalement arrosés.

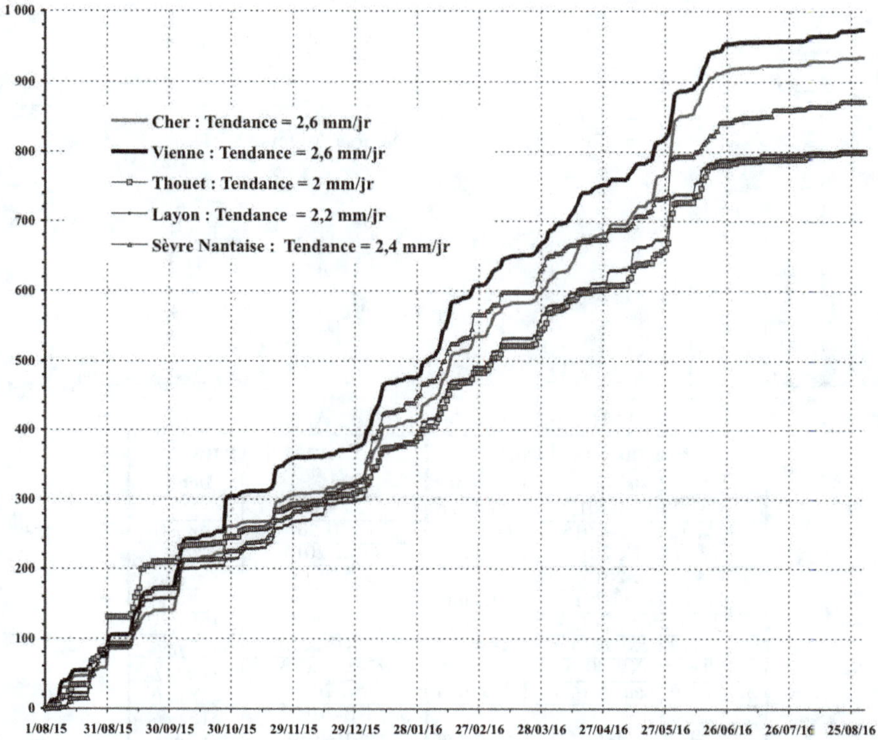

Document 7.8 - Cumul des précipitations sur les bassins du Cher, de la Vienne, du Thouet, du Layon et de la Sèvre Nantaise

III - L'hydrologie de la Maine

Rappelons qu'en elle-même, la Maine n'est pas un cours d'eau, mais l'exutoire de trois rivières :

➢ Le Loir (8 294 km^2) est le drain naturel des assises crétacées du sud-ouest du Bassin de Paris. À Durtal, il avait écoulé 35 m^3/s en 2015-2016.

➢ La Sarthe (16 374 km^2, mais 7 380 km^2 à la station de Saint-Denis-d'Anjou), draine les confins parisiens et armoricains du Maine et du Perche. Elle écoula 46,8 m^3/s à Saint-Denis-d'Anjou en 2015-2016.

➢ La Mayenne (5 820 km^2 dont 4 160 km^2 à la station de Chambellay) est un cours d'eau armoricain, qui draine un socle aquiclude. Son débit moyen avait été de 37,7 m^3/s à Chambellay en 2015-2016.

À Angers, cet ensemble devient la Maine (22 118 km^2) qui écoula 137,6 m^3/s entre le 1er août 2015 et le 31 août 2016.

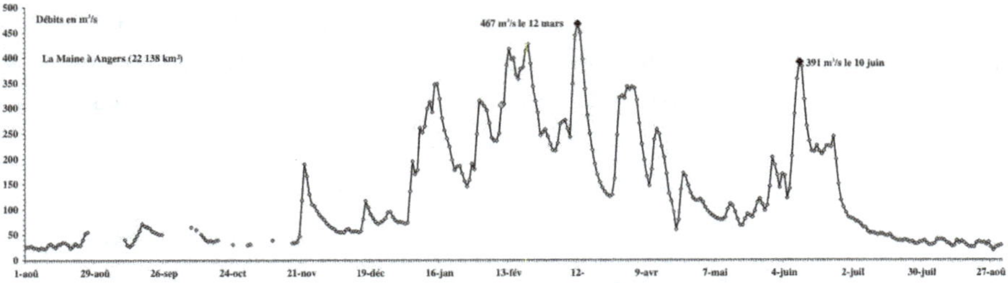

a) Hydrogramme de la Maine à Angers

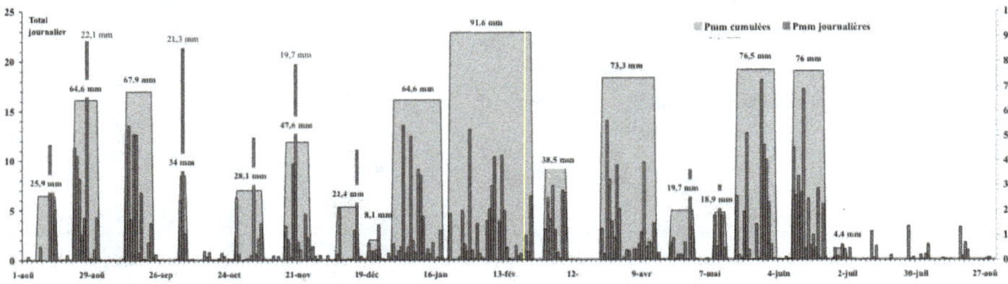

b) Hyétogramme de la Maine à Angers

Episodes pluvieux		Pointes de crues	
Date	Total	Date	Débits
7 au 14-VIII-2015	25,9 mm		
22 au 31-VIII-2015	64,6 mm	26-VIII-2015	55,6 m³/s
12 au 22-IX-2015	67,9 mm	17-IX-2015	71,8 m³/s
4 au 6-X-2015	34 mm	7-X-2015	64, m³/s
27-X au 6-XI-2015	28,1 mm		
16 au 25-XI-2015	47,6 mm	22-XI-2016	190 m³/s
7 au 12-XII-2015	21,4 mm	17-XII-2015	117 m³/s
20 au 12-XII-2015	8,1 mm	27-XII-2015	95,5 m³/s
30-XII-2015 au 18-I-2016	64,6 mm	15-I-2016	348 m³/s
22-I au 24-II-2016	91,6 mm	1-II-2016 13-II-2016 21-II-2016	315 m³/s 417 m³/s 427 m³/s
1er au 9-III-2016	38,5 mm	7-III-2016 12-III-2016	276 m³/s 467 m³/s
24-III au 14-IV-2016	73,3 mm	3-IV-2016 13-IV-2016	343 m³/s 258 m³/s
22 au 30-IV-2016	19,7 mm	30-IV-2016	172 m³/s
9 au 13-V-2016	18,9 mm	13-V-2016	111 m³/s
18-V au 2-VI-2016	76,5 mm	25-V-2016 30-V-2016	121 m³/s 203 m³/s
10 au 22-VI-2016	76 mm	10-VI-2016 24-VI-2016	391 m³/s 244 m³/s
26-VI au 1er-VII-2016	4,4 mm		

c) - Suites d'averses et pointes de crues afférentes

Document 7.9 - Hydrologie et pluviométrie de la Maine du 1er août 2015 au 31 août 2016

A - L'hydrologie de la Maine à Angers

Le jaugeage d'Angers comporte des lacunes jusqu'au 17 novembre 2015 ; aussi, quelques pointes de crue de l'été et de l'automne de cette année nous échappent (document 7.9.a). À l'inverse, la pluviométrie a pu aisément être reconstituée (document 7.9.b) ce qui a permis de restituer les crues afférentes aux principaux passages pluvieux (document 7.9.c).

➢ L'été et l'automne 2015 sont mal connus ; toutefois, l'ensemble du bassin versant aurait répondu à trois passages pluvieux (64,6 mm du 22 au 31 août, 67,9 mm du 12 au 22 septembre, 34 mm du 4 au 6 octobre) par des pointes de hautes eaux, il est vrai modestes : 55,6 m^3/s le 26 août, 71,8 m^3/s le 17 septembre et 64 m^3/s le 7 octobre.

➢ L'occurrence des véritables « crues » ne se situe qu'avec l'arrivée de l'hiver, quand les pluies ont chu sur des sols saturés dans un contexte d'évapo-transpiration réduite. Six pointes de crue se sont produites entre le 15 janvier et le 12 mars 2016. Leur moyenne fut de 375 m^3/s avec une pointe maximale de 467 m^3/s le 12 mars 2016. Ce sont des épisodes caractéristiques d'un écoulement pluvio-évaporal océanique issu des trois épisodes de pluies : 64,6 mm du 30 décembre 2015 au 18 janvier 2016, 91,6 mm du 22 janvier au 24 février 2016 et 38,5 mm du 1er au 9 mars.

➢ Puis l'hydrologie resta dans la logique de l'hydrologie de la Loire de ce couple d'années, avec des crues qui se sont poursuivies au printemps. On relève huit pointes : 343 m^3/s le 3 avril, 258 m^3/s le 13 avril, 172 m^3/s le 30 avril, 111 m^3/s le 13 mai, 121 m^3/s le 25 mai, 203 m^3/s le 30 mai, 391 m^3/s le 10 juin et 244 m^3/s le 24 juin. Ces hautes eaux et ces crues avaient été la suite de cinq passages pluvieux, dont une averse de 18,5 mm le 28 mai, à l'origine de la pointe de crue de 391 m^3/s du 10 juin.

L'absence de calcul de la fréquence des crues à Angers ne permet pas de déterminer la catégorie de la crue du 10 juin, mais, avec 391 m^3/s, elle n'avait atteint que 84 % de la crue maximale du 12 mars (467 m^3/s). Enfin, quoi qu'il en soit, elle arrivait trois jours après le maximum de 3 700 m^3/s de Montjean (7 juin 2016). Son rôle ne pouvait être que très secondaire. Nous avons donc vu l'intérêt de dissocier les événements sur chacun des affluents.

B - L'hydrologie du Loir

On ne perdra pas de vue que cette rivière est entièrement inscrite dans le Bassin de Paris et qu'elle constitue le principal affluent rive droite de la Loire issu de ce bassin sédimentaire. Le sous-sol appartient au Cénomanien sableux où se tient la nappe des sables de Vierzon et au Turonien crayeux. Mais des alluvions fluvio-torrentielles issues du démantèlement du Massif Armoricain recouvrent les interfluves. Or, cette couverture détritique est passablement aquiclude et favorable à la concentration du ruissellement. Toutefois (document 2.5), le nombre de drains ne s'accroît que modérément vers l'aval (Rb = 3,8), même si on ne retient que les quatre premiers rangs de la hiérarchie (Rb = 3,87), ce qui peut ralentir la concentration du ruissellement. Mais ce serait en partie compensé par un profil longitudinal plutôt tendu (document 2.3).

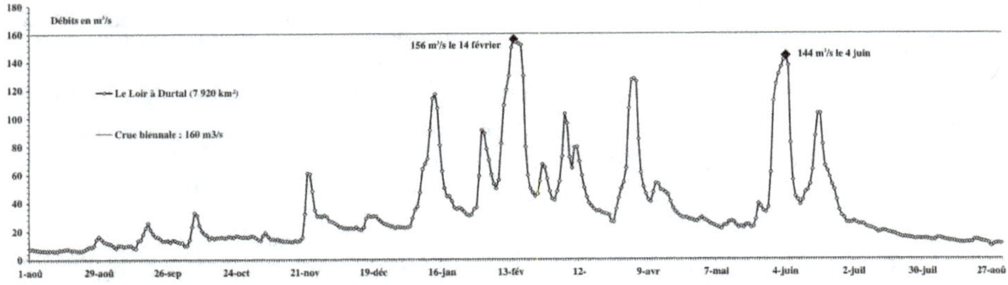

a) Hydrogramme du Loir à Durtal

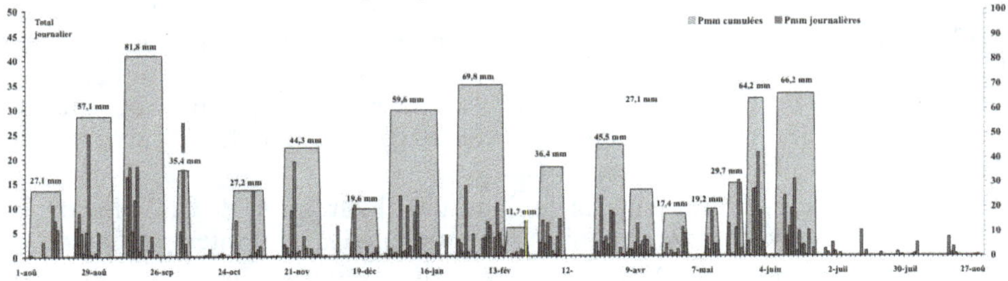

b) Hyétogramme du bassin du Loir

Episodes pluvieux		Pointes de crues	
Date	**Total**	**Date**	**Débits**
1/15 - VIII 2015	27,1 mm		
23/VIII - 15/IX 2015	57,1 mm	29 VIII 2015	16,4 m^3/s
11/26 - IX - 2015	81,8 mm	18 IX 2015	25,9 m^3/s
3/7 - X - 2015	35,4 mm	7 X 2015	33,1 m^3/s
26/X - 7/XI - 2015	27,2 mm	5 XI 2015	19 m^3/s
16/30 - XI - 2015	44,3 mm	22 XI 2015	61,2 m^3/s
14/24 - XII - 2015	19,6 mm	17 XII 2015	30,9 m^3/s
31/XII/2015 - 18/I/2016	59,6 mm	13 I 2016	117 m^3/s
27/I - 14/II - 2016	69,8 mm	1 II 2016 14 II 2016	91,4 m^3/s 156 m^3/s
16/24 - II - 2016	11,7 mm	26 II 2016	67,2 m^3/s
1/10 - III - 2016	36,4 mm	6 III 2016 11 III 2016	103 m^3/s 79,6 m^3/s
24/III - 4/IV - 2016	45,5 mm	3 IV 2016	128 m^3/s
7/16 - IV - 2016	27,1 mm	12 IV 2016	53,7 m^3/s
21/30 - IV - 2016	17,4 mm		
9/13 - V - 2016 18/23 - V - 2016	19,2 mm 29,7 mm		
26/V - 1/VI - 2016	64,2 mm	4 VI 2016	144 m^3/s
7/24 - VI - 2016	66,2 mm	18 VI 2016	103 m^3/s

c) - Suites d'averses et pointes de crues afférentes

Document 7.10 - Hydrologie et pluviométrie du Loir (1er août 2015 au 31 août 2016)

1°) Le Loir, dans sa partie aval, est jaugé à Durtal (documents 7.10). Il n'a pas connu de très fortes crues ; celle du 14 février 2016, avec 156 m^3/s, ne fit qu'effleurer la crue biennale estimée à 160 m^3/s. Celle du 4 juin, 144 m^3/s, lui fut inférieure. Pourtant, le bassin versant reflète une bonne sensibilité à l'occurrence du ruissellement.

➢ Le second semestre 2015 n'avait connu ni de fortes averses, ni de longs épisodes pluvieux (document 7.10.c) ; pourtant, le Loir fut l'objet des pointes de hautes eaux marquées, dont 33,1 m^3/s le 7 octobre 2015, 61,2 m^3/s le 22 novembre et 30,9 m^3/s le 17 décembre. On suit la saturation du sol, notamment de la couverture détritique du Cénozoïque. En effet, la série pluvieuse du 11 au 26 septembre, mesurée à 81,8 mm, ne provoqua qu'une pointe de 25,9 m^3/s le 7 octobre 2015. Inversement, 44,3 mm chus entre le 16 et le 30 novembre ont généré une pointe de hautes eaux à 61,2 m^3/s le 22 novembre.

➢ Pourtant, l'hiver 2016 n'a pas connu de crues au sens propre du terme : 117 m^3/s le 13 janvier, 103 m^3/s 6 mars et 128 m^3/s le 3 avril. La raison relève d'une pluviométrie modeste : la moyenne des épisodes pluvieux n'est que de 42 mm. Pour mieux comprendre, il faut se référer à la cartographie des pluies.

Les stations de Chartres, Alençon, Le Mans, Laval et Angers offrent une pluviométrie très variable (documents 3.2 à 3.20). D'août à décembre, il fut fréquent que les épisodes de pluies aient été de classe 6, mais, si du 26 janvier au 25 février (documents 3.10) les classes 5 et 6 furent encore majoritaires sur le bassin de la Maine, du 1er au 13 mars (documents 3.10) on passe à la classe 5 et en dessous. Certes, les pluies étaient encore de classe 6 du 23 mars au 18 avril (document 3.12), mais les séries d'averses n'appartenaient plus qu'à la classe 5, voire la classe 4, du 20 avril au 3 mai (document 3.13).

➢ Les crues de juin sur le Loir n'ont pas hérité d'une pluviométrie hivernale massive, comme en Limousin et en Berry. Déjà, les averses de mai furent modestes et n'entraînèrent pas de hautes eaux (voir le document 3.15 : épisodes de pluies de classes 5 et 4). Les suites d'averses du 26 mai au 1er juin (64,2 mm) et du 7 au 24 juin ont certes « engendré des hautes eaux de juin » mais bien inférieures à la crue biennale : 144 m^3/s le 4 juin et 103 m^3/s le 18 juin.

La description est celle d'un bassin versant sensible, mais qui connut un relatif déficit pluviométrique, alors que le Limousin et le Berry étaient anormalement arrosés. C'est la situation observée sur les Mauges.

2°) Le cheminement des hautes eaux entre Saint-Maur-sur-Loir et Durtal confirme pourtant la rapidité du développement d'une crue (document 7.11). Le document 7.11.a décrit une quasi-simultanéité des maxima. L'analyse plus détaillée du document 7.11.b le confirme. Le cas le plus fréquent serait l'occurrence de deux pointes le même jour à Saint-Maur et Villavard, suivies de deux autres séparées de moins de 24 heures le lendemain, à Port-Gautier et Durtal. Parfois, il y a même simultanéité à Saint-Maur, Villavard et Port-Gautier, voire aux quatre stations.

On s'arrêtera sur la première crue de juin. Le ruissellement avait été quasi nul depuis la mi-avril. Les pointes de hautes eaux de début juin sont séparées de 24 heures : temps à priori nécessaire pour que les sols se soient saturés. Mais, pour la seconde crue de juin, la saturation était effectuée et les quatre pointes de crue se sont succédé en moins de 24 heures.

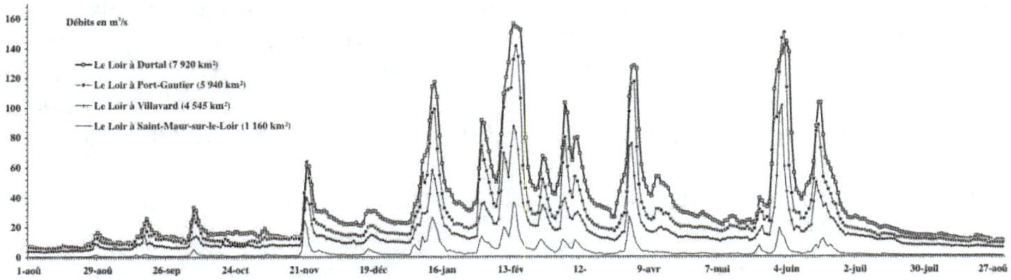

a) Cheminement des crues entre Saint-Maur et Durtal

	Saint-Maur (1 160 km²)	**Villavard (4 545 km²)**	**Port-Gautier (5 940 km²)**	**Durtal (7 920 km²)**
24 août 2015	1,44 m³/s	9,01 m³/s		
29 août 2015			12,8 m³/s	16,4 m³/s
17 septembre 2015	1,93 m³/s	14,5 m³/s	21,6m³/s	
18 septembre 2015				25,9 m³/s
7 octobre 2015	5,27 m³/s	13,2 m³/s	28 m³/s	33,1 m³/s
5 novembre 2015			13,1 m³/s	19 m³/s
6 novembre 2015	1,14 m³/s	4,28 m³/s		
21 novembre 2015	24,5 m³/s			
22 novembre 2015		39,6 m³/s	63,6 m³/s	61,2 m³/s
17 décembre 2015	5,27 m³/s	12,9 m³/s	20,7 m³/s	30,9 m³/s
12 janvier 2016	26,5 m³/s	57,9 m³/s		
13 janvier 2016			98,8 m³/s	117 m³/s
1 février 2016	13,7 m³/s	35 m³/s	73,8 m³/s	91,4 m³/s
14 février 2016	36,6 m³/s	87,3 m³/s	132 m³/s	156 m³/s
25 février 2016	11,3 m³/s			
26 février 2016		34,3 m³/s	51,6 m³/s	67,2 m³/s
5 mars 2016	11,4 m³/s			
6 mars 2016		38,8 m³/s	79,6m³/s	103 m³/s
1 avril 2016	26,9 m³/s			
2 avril 2016		75,6 m³/s		
3 avril 2016			117 m³/s	128 m³/s
12 avril 2016	2,92 m³/s	17,2 m³/s	31,9 m³/s	53,7 m³/s
1 juin 2016	19,5 m³/s			
2 juin 2016		101 m³/s		
3 juin 2016			150 m³/s	
4 juin 2016				144 m³/s
18 juin 2016	10,1 m³/s	39,5 m³/s	72,3 m³/s	103 m³/s

b) Chronologie des pointes de crues par jaugeage

Document 7.11 - Crues du Loir de Saint-Maur à Durtal

Ce sont les circonstances pluviométriques décrites ci-dessus (documents 3.2 à 3.20) qui ont bloqué l'occurrence d'une crue très importante. Le 29 janvier 1995, le Loir avait écoulé 451 m³/s à Durtal, soit plus que la crue cinquantennale estimée à 390 m³/s. Personnellement, ce mois-là, nous avons vécu à la Flèche une situation quasi insulaire, bloquant la presque totalité des issues de la ville.

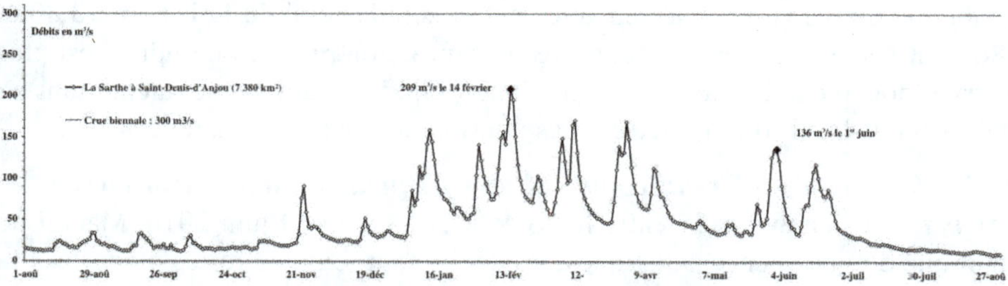

a) Hydrogramme de la Sarthe à Saint-Denis d'Anjou

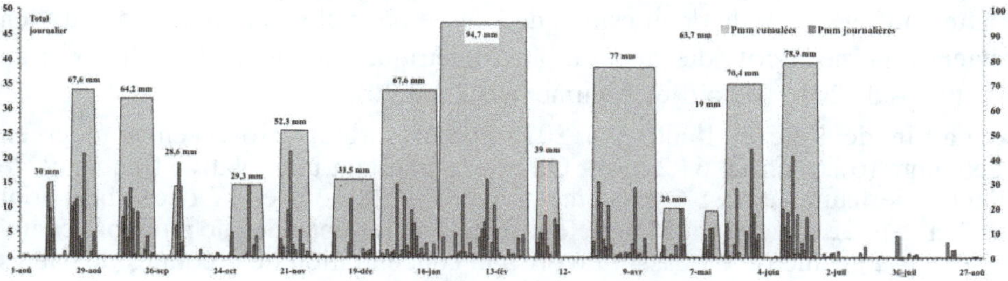

b) Hyétogramme du bassin de la Sarthe

Episodes pluvieux		Pointes de crues	
Date	**Total**	**Date**	**Débits**
12/14 - VIII - 2015	30 mm		
22/31 - VIII - 2015	67,6 mm	28 VIII 2015	33,7 m³/s
11/24 - IX - 2015	64,2 mm	17 IX 2015	33,1 m³/s
2/6 - X - 2015	28,6 mm	7 X 2015	30,4 m³/s
27/X - 8/XI - 2015	29,3 mm	6 XI 2015	24,3 m³/s
16/27 - XI - 2015	51,3 mm	22 XI 2015	90,7 m³/s
8/24 - XII - 2015	31,5 mm	17 XII 2015	51,5 m³/s
28/XII/2015 - 19/I/2016	67,6 mm	5 I 2016 8 I 2016 12 I 2016	85,6 m³/s 114 m³/s 159 m³/s
21/I - 25/II - 2016	94,7 mm	23 I 2016 1 II 2016 11 II 2016 14 II 2016 25 II 2016	64,9 m³/s 141 m³/s 157 m³/s 209 m³/s 103 m³/s
1/12 - III - 2016	39 mm	6 III 2016 11 III 2016	149 m³/s 171 m³/s
24/III - 18/IV - 2016	77 mm	29 III 2016 1 IV 2016 12 IV 2016	139 m³/s 169 m³/s 113 m³/s
22/IV - 1/V - 2016	20 mm	1 V 2016	49,7 m³/s
9/14 - V - 2016	19 mm	14 V 2016	45,5 m³/s
18/V - 1/VI - 2016	70,4 mm	24 V 2016 1 VI 2016	69,5 m³/s 136 m³/s
10/24 - VI - 2016	78,9 mm	17 VI 2016 23 VI 2016	118 m³/s 87 m³/s

c) - Suites d'averses et pointes de crue afférentes

Document 7.12 - Hydrologie et pluviométrie de la Sarthe (1er août 2015 au 31 août 2016)

C - L'hydrologie de la Sarthe

La Sarthe draine l'ouest du Bassin de Paris sur sa rive gauche et le Massif Armoricain sur sa rive droite ; dans les deux cas de figure, le sous-sol et les formations superficielles sont aquicludes. Elle est donc assez propice au ruissellement. La hiérarchie de son réseau de chenaux traduit un recul du nombre de drains vers l'aval sensiblement voisin de celui du Loir (Rb = 3,80 et 3,86 pour les quatre premiers rangs de chenaux). Son profil longitudinal est plus incurvé (document 2.3) avec une circulation rapide en amont, se ralentissant en aval. À Saint-Denis d'Anjou, les crues pourraient être mieux marquées.

1°) Le document 7.12 rend compte d'une fréquence relativement élevée des maxima; nous en avons 25 entre le 28 août 2015 et le 23 juin 2016. Mais il ne s'agit que d'événements statistiques, les débits sont toujours restés modestes : la pointe de hautes eaux la plus élevée, celle du 14 février 2016 (209 m^3/s), n'atteignit que 70 % du débit estimé de la crue biennale : 300 m^3/s. La cause en revient à la médiocrité des apports pluviométriques, notamment en hiver et au printemps de 2016 (revoir les documents 3.2 à 3.20).

➢ La fin de l'été et l'automne 2015 furent surtout arrosés en août et en septembre (67,6 mm et 64,2 mm). On relève pourtant une relative fréquence de pointes de hautes eaux : 6 événements entre le 28 août et 17 décembre, dont 90,7 m^3/s le 22 novembre. Malgré leur faiblesse, les épisodes de pluie ont saturé le sol, et la géométrie du bassin favorisa la concentration de « pointes de hautes eaux ».

➢ L'hiver connut 13 pointes de hautes eaux, voire de crues. On releva des épisodes pluvieux de plus en plus longs et plus abondants, pouvant engendrer une suite de phases de ruissellement. La série du début du mois de janvier (67,6 mm) provoqua trois pointes consécutives : 85,6, 114 et 159 m^3/s du 5 au 12 janvier 2015. Chaque pointe débita plus que la précédente sur un bassin de plus en plus saturé. Surtout, le mois de janvier, qui reçut 94,7 mm de pluies connut cinq maxima : 64,9, 141, 157, 209, 103 m^3/s entre le 23 janvier et le 25 février 2016. Jusqu'au 14 février, les débits ont été croissants. Enfin, alors que deux épisodes pluvieux peu volumineux se produisaient en mars et avril (39 et 77 mm), les maxima restèrent fréquents avec un débit supérieur à 110 m^3/s.

➢ Partout sur le bassin de la Maine, le début du printemps fut peu arrosé. A la manière du Loir, la fin du mois de mai n'a pas fait l'objet de « déluges » comme en Limousin et en Berry. Cependant, la Sarthe a réagi positivement. 70,4 mm ont chu du 18 mai au 1er juin, la rivière connut deux pointes de hautes eaux : 69,5 m^3/s le 24 mai et surtout 136 m^3/s le 1er juin. Le retour d'averses entre le 10 et le 24 juin généra un débit de 118 m^3/s le 17 juin et encore de 87 m^3/s le 23.

Mais les débits restèrent globalement faibles ; la pointe de hautes eaux du 1er juin ne constitue que 45 % du débit d'une crue biennale.

2°) En effet, l'observation du cheminement des hautes eaux entre Saint-Cénéri et Saint-Denis confirme la sensibilité pluviale du bassin versant (document 7.13). Plus encore que sur le Loir, on est frappé par la quasi-simultanéité des crues et des hautes eaux.

Le document 7.13.b confirme la rapidité de la formation des ondes de crue. Entre Saint-Cénéri et Saint-Denis d'Anjou, le bassin versant s'accroît de 908 à 7 380 km^2 ; pourtant, la règle générale est le déplacement de cette onde en seulement 24 heures. En effet, les événements au cours desquels la concentration s'effectue en un temps plus long sont très rares ; avec soit une crue plus précoce à Saint-Cénéri, ou plus tardive à Saint-Denis d'Anjou. Le rôle de la saturation préalable des sols doit être imputé, en relation avec un recul de la densité de drainage relativement moins important que sur le Loir.

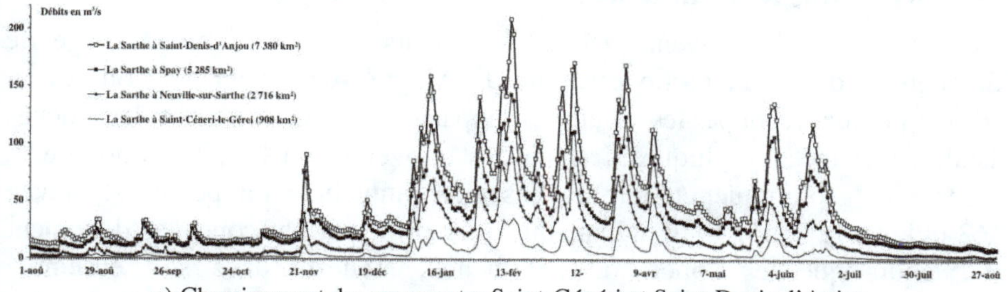

a) Cheminement des crues entre Saint-Cénéri et Saint-Denis d'Anjou

	Saint-Céneri (908 km²)	**Neuville (2 716 km²)**	**Spay (5 285 km²)**	**Saint-Denis (7 380 km²)**
28-aoû-2015	3,62 m³/s	11,9 m³/s	25,3 m³/s	33,7 m³/s
17-sep-2015	2,67 m³/s	11,3 m³/s	27 m³/s	33,1 m³/s
6-oct-2015	1,8 m³/s		26,1 m³/s	
7-oct-2015		2,28 m³/s		30,4 m³/s
6-nov-2015	1,58 m³/s	6,11 m³/s	20 m³/s	24,3 m³/s
21-nov-2015	12, m³/s	39,6 m³/s	75,4 m³/s	
22-nov-2015				90,7 m³/s
16-déc-2015	4,91 m³/s			
17-déc-2015		16,7 m³/s	35,7 m³/s	51,7 m³/s
5-jan-2016	17,6 m³/s	40,4 m³/s	66,3 m³/s	85,6 m³/s
8-jan-2016	15,4 m³/s	56,7 m³/s	86,1 m³/s	114 m³/s
12-jan-2016	19,2 m³/s	69,3 m³/s	116,2 m³/s	159 m³/s
22-jan-2016	8,86 m³/s			
23-jan-2016		26,4 m³/s	44,7 m³/s	64,9 m³/s
1-fév-2016	28 m³/s	62,8 m³/s	102 m³/s	141 m³/s
11-fév-2016	34,4 m³/s	84,8 m³/s	118 m³/s	157 m³/s
14-fév-2016	32,7 m³/s	97,8 m³/s	143 m³/s	209 m³/s
25-fév-2016	13,4 m³/s	46,6 m³/s	75,1 m³/s	103 m³/s
6-mars-2016	22,7 m³/s	57,8 m³/s	93,3 m³/s	149 m³/s
11-mars-2016	29 m³/s	71,7 m³/s	111 m³/s	171 m³/s
29-mars-2016	28,4 m³/s	72,6 m³/s	105 m³/s	139 m³/s
12-avr-2016	25,2 m³/s	57,4 m³/s	89,8 m³/s	113 m³/s
1-mai-2016	5,03 m³/s	16,7 m³/s	35,1 m³/s	49,7 m³/s
13-mai-2016	4,58 m³/s	16,3 m³/s	33,4 m³/s	
14-mai-2016				45,5m³/s
31-mai-2016	21,7 m³/s	49,1 m³/s		
1-juin-2016			107 m³/s	136 m³/s
17-juin-2016	8,11 m³/s	34,7 m³/s	72,6 m³/s	118 m³/s
22-juin-2016	11,2 m³/s	34,5 m³/s	68,4 m³/s	87 m³/s

b) Chronologie des pointes de crues par jaugeage

Document 7.13 - Crues de la Sarthe de Saint-Cénéri à Saint-Denis d'Anjou

Ainsi, la « crue du 31 mai au 1er juin « fut un événement tardif type qui ne mit que 24 heures pour se concentrer entre Saint-Cénéri et Neuville, puis encore 24 heures pour se déplacer de Neuville à Saint-Denis d'Anjou. La Sarthe est en effet, un cours d'eau qui peut connaître de fortes crues ; le 27 janvier 1995, elle écoulait 685 m^3/s, soit plus que la crue cinquantennale : 660 m^3/s. La modestie des hautes eaux en 2015-2016 est exclusivement un phénomène pluvial que nous allons retrouver sur la Mayenne.

D - L'hydrologie de la Mayenne

Le Bassin de la Mayenne (5 820 km^2 mais 4 160 km^2 au jaugeage de Chambellay) draine la partie orientale du Massif Armoricain, et son réseau hydrographique recoupe les chaînons appalachiens où alternent les roches cristallines et métamorphiques, les schistes briovériens et les sillons houillers ; ce contexte géologique en fait un ensemble aquiclude. La pente est élevée (1,63 m/km), le profil longitudinal du drain principal est concave (document 2.3), tandis que le rapport de confluence, modeste dans son ensemble Rb = 3,63), est élevé pour les quatre premiers rangs de la hiérarchie de Strahler (Rb = 4,23). Si les précipitations sont abondantes, le bassin de la Mayenne est favorable à la concentration du ruissellement et à la formation de crues importantes, notamment au jaugeage de Chambellay.

1°) Le nombre de pointes de hautes eaux à Chambellay est, en effet, abondant (document 7.14) ; nous en avons relevé au moins 37, entre le 16 août 2015 et le 24 juin 2016, mais leurs débits restent très modestes : entre 11 m^3/s le 7 octobre 2015 et 270 m^3/s le 14 février 2016. Les estimations donnent un débit de 310 m^3/s à la crue biennale. La pointe du 14 février ne constitua que 87 %. Pourtant, la comparaison du hyétogramme (document 7.14.b) et de l'hydrogramme (document 7.14.a) révèle la grande sensibilité du bassin aux averses.

➢ L'été et l'automne constituèrent la phase de saturation des sols (en concurrence avec l'évapotranspiration) ; pourtant, le bassin a connu du ruissellement au cours des épisodes pluvieux les plus abondants. Les 74,4 mm chus à la fin du mois d'août 2015 provoquèrent la succession de quatre pointes de hautes eaux (peu marquées, certes, mais bien là). Le milieu du mois de septembre reçut 52,4 mm, la Mayenne répondit par deux pointes de hautes eaux.

➢ Comme il se doit, c'est l'hiver qui connut les plus « fortes eaux » : 16 pointes entre le 26 décembre 2015 et le 12 avril 2016. La comparaison de l'hydrogramme et du hyétogramme révèle la corrélation entre grosses averses journalières et pointes de hautes eaux. Toutefois, la pointe maximale du 14 février (270 m^3/s) apparaît plutôt comme le résultat de la succession de nombreux jours de pluies que le fruit d'une forte averse. Les documents 3.9 à 3.12 nous rappellent l'occurrence d'un « relatif déficit pluviométrique » sur l'est du Massif Armoricain par rapport au sud-est du bassin de la Loire. La pluviométrie des stations est plus souvent de classes 5 à 6 (notamment en mars 2016). La classe 7 à Alençon en février 2016 fut une exception.

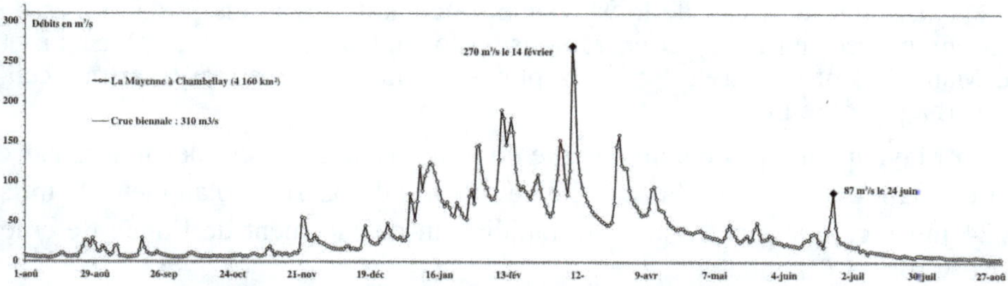

a) Hydrogramme de la Mayenne à Chambellay (2015-2016)

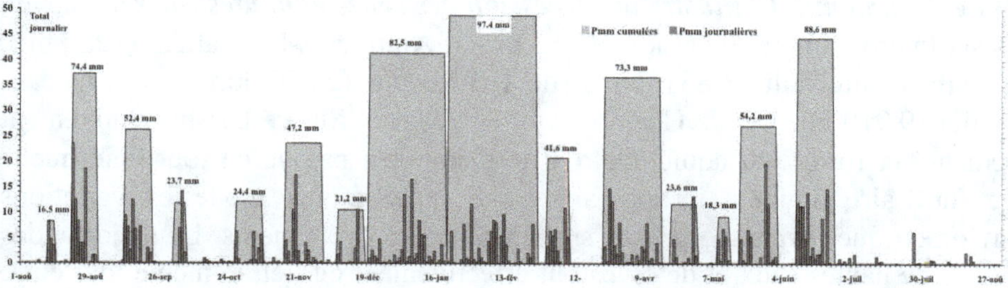

b) Hyétogramme du bassin de la Mayenne

Episodes pluvieux		Pointes de crues	
Date	Total	Date	Débits
12/14 - VIII - 2015	16,5 mm	16-VIII-2015	10,6 m³/s
22/31 - VIII - 2015	74,4 mm	26-VIII-2015 28-VIII-2015 1-IX-2015 7-IX-2015	26,6 m³/s 29 m³/s 19,1 m³/s 19,4 m³/s
11/26 - IX - 2015	57,4 mm	17-IX-2015 23-IX-2015	29,4 m³/s 11,9 m³/s
2/6 - X - 2015	23,7 mm	7-X-2015	11 m³/s
27/X - 6/XII - 2015	24,4 mm	2-XI-2015 8-XI-2015	9,64 m³/s 18,7 m³/s
16/30 - XI - 2015	47,2 mm	21-XI-2015 26-XI-2015	55 m³/s 32,6 m³/s
7/17 - XII - 2015	21,2 mm	10-XII-2015 17-XII-2015	19 m³/s 44,4 m³/s
20/XII/2015 - 19/I/2016	82,5 mm	26-XII-2015 4-I-2016 8-I-2016 12-I-2016 19-I-2016	47,9 m³/s 84,5 m³/s 119 m³/s 124 m³/s 74,4 m³/s
21/I - 25/II - 2016	97,4 mm	23-I-2016 23-I-2016 1-II-2016 10-II-2016 14-II-2016 19-II-2016 25-II-2016	73,5 m³/s 89,9 m³/s 146 m³/s 190 m³/s 180 m³/s 94,4 m³/s 109 m³/s
1/9 - III - 2016	41,6 mm	5-III-2016 10-III-2016	152 m³/s 270 m³/s
24/III - 15/IV - 2016	73,3 mm	29-III-2016 12-IV-2016	159 m³/s 93,9 m³/s
20/30 - IV - 2016	23,6 mm	24-IV-2016 1-V-2016	41,7 m³/s 38,9 m³/s
9/14 - V - 2016	18,6 mm	13-V-2016	46,2 m³/s
18/31 - V - 2016	54,2 mm	20-V-2016 24-V-2016	32,7 m³/s 48,9 m³/s
10/24 - VI - 2016	88,6 mm	17-VI-2016 24-VI-2016	33,9 m³/s 97 m³/s

c) - Suites d'averses et pointes de crues afférentes

Document 7.14 - Hydrologie et pluviométrie de la Mayenne (1er août 2015 au 31 août 2016)

➢ Par la suite, le bassin de la Mayenne ne connut jamais les fortes pluies de mai enregistrées en Berry et en Limousin (document 3.15) : Laval, Alençon et Le Mans étaient en classe 5 ; si les pluies furent de classe 6 à Chartres, cela concerna plutôt le Loir.

La Mayenne n'a pas connu de crue de juin, mais seulement des hautes eaux qui pourtant ont démontré la capacité de réponse du bassin (notamment 97 m^3/s le 24 juin), ce que montre aussi la rapidité du déplacement de l'onde de crue entre Madré et Chambellay.

*2°) **Le document 7.15 illustre la succession des crues et hautes eaux*** au moyen des six hydrogrammes de Madré (335 km^2), d'Ambrières-les-Vallées (828 km^2), de Saint-Graimbault (1 851 km^2), de l'Huisserie (2 890 km^2), de Château-Gontier (9 910 km^2) et de Chambellay (4 160 km^2). Sur ce bassin relativement accidenté et fortement aquiclude, on ne s'étonnera pas qu'en tout lieu, quelle que fût l'aire drainée, il apparaisse une réponse aux modestes variations pluviométriques avec une grande simultanéité des événements. La majorité des pointes de hautes eaux et de crues ont effectivement eu lieu le même jour entre Madré et Chambellay. Parfois, la succession dépasse les 24 heures : les pointes commencent à une date en amont pour se décaler le lendemain en aval ; et souvent les crues à Château-Gontier et à Chambellay semblent décalées de 24 heures. Il existe même des exemples où la succession porte sur 36 heures comme les crues du 14 au 16 août 2015, du 17 au 19 janvier 2016, du 23 au 25 février 2016 ou du 15 au 17 juin 2016.

Il se pourrait que ce décalage soit un artéfact. Le pas de temps utilisé ne descend pas au-dessous d'une journée ; des pointes survenues à Madré en milieu de journée ne peuvent se retrouver à Chambellay que le lendemain. Selon le même raisonnement, une onde de crue apparue en fin de journée à l'amont n'arrivera que le surlendemain à l'aval. Nous avons pourtant trouvé une « anomalie » difficilement explicable ; la crue du 2 au 7 septembre 2015 paraît mettre 5 jours pour atteindre l'aval ; nous évoquerons une confusion avec la crue du 1er septembre, où plutôt l'occurrence d'averses dispersées sur le bassin, avec l'occurrence de pointes de hautes eaux indépendantes. Somme toute, la Mayenne resta sereine en juin 2016 par le seul fait d'une pluviométrie insuffisante. Pourtant, le dernier quart du XXe siècle avait connu des « humeurs ». On estime la crue décennale à 540 m^3/s, elle fut dépassée le 26 janvier 1995 avec une pointe de crue à 593 m^3/s. La crue cinquantennale est estimée à 740 m^3/s, le 29 octobre 1966, on mesura 798 m^3/s, à Chambellay et même 824 m^3/s le 17 novembre 1974.

Du fait d'une concentration des pluies du mois de mai dans le nord du Limousin et en Berry, pas plus le Thouet et le Layon que le bassin de la Maine ne furent à même d'aggraver une crue certes née en Auvergne, mais surtout accentuée par l'ampleur des débits du début du mois de juin sur le Cher, la Vienne et leurs affluents (Sauldre et Creuse) ; en aval de Saumur, la crue ligérienne vécut sur son acquis. C'est ce qui la différencie de la crue de 1856

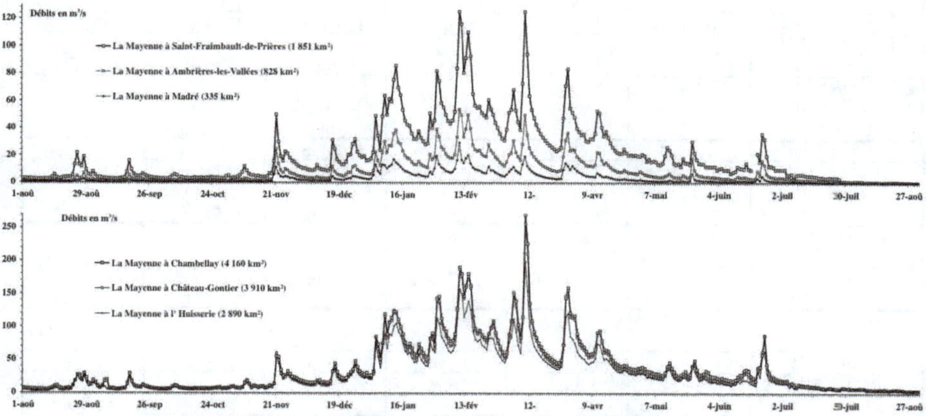

a) Cheminement des crues entre Madré et Chambellay

	Madré 335 km^2	**Ambrières** 1 851 km^2	**Saint-Fraimbault** 1 851 km^2	**Huisserie** 2 890 km^2	**Château-Gontier** 3 910 km^2	**Chambellay** 4 160 km^2
14 août 2015	0,50 m^3/s					
15 août 2015		2,11 m^3/s	5,65 m^3/s	7,98 m^3/s	8,04 m^3/s	
16 août 2018						10,6 m^3/s
23 août 2015	1,4 m^3/s	4,7 m^3/s	21,7 m^3/s	25,1 m^3/s	26,4 m^3/s	26,6 m^3/s
26 août 2015	2,2 m^3/s	6,8 m^3/s	18,8 m^3/s	24,9 m^3/s	28,8 m^3/s	29,0 m^3/s
1 septembre 2015	0,8 m^3/s	2,1 m^3/s	7,8 m^3/s	14,4 m^3/s	16,8 m^3/s	19,1 m^3/s
2 septembre 2015	0,5 m^3/s	1,6 m^3/s	5,5 m^3/s			
3 septembre 2015						
4 septembre 2015						
5 septembre 2015				10,3 m^3/s		
6 septembre 2015						
7 septembre 2015					17,3 m^3/s	19,4 m^3/s
17 septembre 2015	1,7 m^3/s	5,4 m^3/s	16,0 m^3/s	23,6 m^3/s	28,0 m^3/s	29,4 m^3/s
21 septembre 2015	0,8 m^3/s	2,4 m^3/s	6,3 m^3/s	9,5 m^3/s	10,9 m^3/s	11,9 m^3/s
7 octobre 2015	0,6 m^3/s	1,7 m^3/s	5,8 m^3/s	8,8 m^3/s	10,0 m^3/s	11,0 m^3/s
31 octobre 2015	0,6 m^3/s					
1 novembre 2015						
2 novembre 2015		0,9 m^3/s	3,4 m^3/s	7,8 m^3/s	8,7 m^3/s	9,6 m^3/s
7 novembre 2015	1,0 m^3/s	2,9 m^3/s	11,8 m^3/s			
8 novembre 2015				15,0 m^3/s	17,5 m^3/s	18,7 m^3/s
21 novembre 2015	11,3 m^3/s	24,6 m^3/s	49,5 m^3/s	61,1 m^3/s	59,2 m^3/s	55,0 m^3/s
25 novembre 2015	4,5 m^3/s	9,7 m^3/s	22,7 m^3/s			
26 novembre 2015				27,1 m^3/s	28,7 m^3/s	32,6 m^3/s
9 décembre 2015	1,5 m^3/s	4,1 m^3/s	12,7 m^3/s	16,7 m^3/s	15,0 m^3/s	
10 décembre 2015						19,0 m^3/s
16 décembre 2015	4,5 m^3/s	11,7 m^3/s	31,2 m^3/s	35,2 m^3/s		
17 décembre 2015					38,8 m^3/s	44,4 m^3/s
4 janvier 2016	13,3 m^3/s	22,4 m^3/s	48,9 m^3/s	74,4 m^3/s	85,3 m^3/s	84,5 m^3/s
7 janvier 2016	13,3 m^3/s					
8 janvier 2016		30,1 m^3/s	63,8 m^3/s	88,8 m^3/s	116,0 m^3/s	119,0 m^3/s
12 janvier 2016	17,0 m^3/s	36,0 m^3/s	75,5 m^3/s	101,0 m^3/s	123,0 m^3/s	124,0 m^3/s
17 janvier 2016	8,5 m^3/s					
18 janvier 2016		18,2 m^3/s				
19 janvier 2016			41,7 m^3/s	60,6 m^3/s	69,3 m^3/s	74,4 m^3/s
21 janvier 2016	6,0 m^3/s	15,2 m^3/s	37,9 m^3/s	58,7 m^3/s	68,5 m^3/s	73,5 m^3/s
28 janvier 2016	8,0 m^3/s	20,8 m^3/s	50,9 m^3/s	72,2 m^3/s		
29 janvier 2016					81,5 m^3/s	89,9 m^3/s

	Madré 335 km^2	Ambrières 1 851 km^2	Saint-Fraimbault 1 851 km^2	Huisserie 2 890 km^2	Château-Gontier 3 910 km^2	Chambellay 4 160 km^2
31 janvier 2016 1 février 2016	19,6 m^3/s	39,3 m^3/s	81,8 m^3/s	113,0 m^3/s	140,0 m^3/s	146,0 m^3/s
10 février 2016	29,3 m^3/s	53,8 m^3/s	125,0 m^3/s	157,0 m^3/s	176,0 m^3/s	190,0 m^3/s
14 février 2016	20,1 m^3/s	49,6 m^3/s	110,0 m^3/s	139,0 m^3/s	176,0 m^3/s	180,0 m^3/s
18 février 2015 19 février 2015	9,5 m^3/s	23,7 m^3/s	55,8 m^3/s	80,9 m^3/s	92,9 m^3/s	94,4 m^3/s
23 février 2016 24 février 2016 25 février 2016	11,7 m^3/s	27,9 m^3/s	54,0 m^3/s	83,0 m^3/s	107,0 m^3/s	109,0 m^3/s
5 mars 2106	11,6 m^3/s	30,8 m^3/s	68,3 m^3/s	112,0 m^3/s	149,0 m^3/s	152,0 m^3/s
10 mars 2016	19,4 m^3/s	49,7 m^3/s	125,0 m^3/s	199,0 m^3/s	257,0 m^3/s	270,0 m^3/s
28 mars 2016 29 mars 2016	14,4 m^3/s	36,3 m^3/s	83,5 m^3/s	120,0 m^3/s	155,0 m^3/s	159,0 m^3/s
11 avril 2016 12 avril 2016	7,2 m^3/s	22,2 m^3/s	52,6 m^3/s	74,7 m^3/s	91,6 m^3/s	93,9 m^3/s
23 avril 2016 24 avril 2016	3,0 m^3/s	9,3 m^3/s	24,7 m^3/s	35,3 m^3/s	36,8 m^3/s	41,7 m^3/s
30 avril 2016 1 mai 2016	2,3 m^3/s	8,3 m^3/s	20,8 m^3/s	29,9 m^3/s	33,2 m^3/s	38,9 m^3/s
13 mai 2016	2,0 m^3/s	6,7 m^3/s	24,1 m^3/s	36,6 m^3/s	42,3 m^3/s	46,2 m^3/s
18 mai 2016 19 mai 2016	1,6 m^3/s	5,6 m^3/s	17,8 m^3/s	23,9 m^3/s	27,7 m^3/s	32,7 m^3/s
23 mai 2016 24 mai 2016	6,8 m^3/s	17,9 m^3/s	30,1 m^3/s	41,4 m^3/s	42,8 m^3/s	48,9 m^3/s
25 mai 2016	2,0 m^3/s	6,3m^3/s	17,0 m^3/s	25,8 m^3/s	30,0 m^3/s	35,3 m^3/s
27 mai 2016 28 mai 2016 29 mai 2016	1,6 m^3/s	4,9 m^3/s	13,8 m^3/s	22,5 m^3/s	26,3 m^3/s	33,0 m^3/s
15 juin 2016 16 juin 2016 17 juin 2016	1,6 m^3/s	4,2 m^3/s	14,1 m^3/s	19,8 m^3/s	29,6 m^3/s	33,9 m^3/s
23 juin 2016 24 juin 2016	4,8 m^3/s	16,1 m^3/s	35,7 m^3/s	63,0 m^3/s	86,9 m^3/s	87,0 m^3/s

b) Chronologie des pointes de crue par jaugeage

Document 7.15 - Crues de la Mayenne entre Madré et Chambellay

➢ Cette année-là, les pluies de l'hiver avaient saturé l'Auvergne, quand survinrent des averses cévenoles : l'onde de crue, née de l'addition de la crue de la haute Loire avec celle de l'Allier, aurait atteint 12 m au-dessus de l'étiage au Bec d'Allier le 31 mai 1856, selon Roger Dion.

➢ Cette onde avoisinait encore 7,5 m entre Orléans et Tours ; et elle se heurta à la crue du Cher d'abord, puis à celle de la Vienne à Candes, dans les premiers jours de juin. Ces deux bassins avaient subi les pluies cycloniques qui avaient affecté le Limousin pendant tout l'hiver et le printemps.

➢ À Bouchemaine, la crue ligérienne se heurta cette fois à la crue de la Maine. En hiver, à la différence de 2016, l'est du Massif Armoricain et le sud-ouest du Bassin de Paris avaient souffert des pluies cycloniques anormalement élevées.

Pour juin 2016, nous avons démontré que l'apport auvergnat, par le truchement de l'Allier et de la haute Loire, avait été relativement modéré, et que le bassin de la Maine n'avait connu que ses hautes eaux saisonnières. Seuls le Cher et la Vienne avaient connu une crue dépassant la récurrence biennale, voire décennale.

Cependant, pour modeste qu'elle soit, cette crue a révélé que la Loire n'est toujours pas à l'abri de phénomènes cataclysmaux.

Huitième chapitre
Les bilans hydrologiques

Jusqu'ici, notre démarche est restée limitée à une analyse qualitative. Les chapitres qui précèdent ont été consacrés à la confrontation des processus hydrologiques (écoulement, ruissellement et crues) à la « structure hydrologique », qu'elle soit « variable » (précipitations) ou « constante » (géologie, géomorphologie et géométrie des bassins versants). En effet, à plusieurs reprises, nous avons évoqué les relations spatio-temporelles entre les épisodes pluvieux, d'une part, et les hautes eaux ou les crues, d'autre part, mais sans atteindre le niveau d'une analyse quantitative : connaître quelle part des pluies passe réellement à l'écoulement, au lieu de s'évaporer ?

Dans cette ultime recherche, où il faut confronter deux processus (les averses et leurs écoulements afférents), il est nécessaire de « parler la même langue ». Par cette expression triviale, nous entendons présenter les apports pluviométriques et les écoulements dans la même unité afin de quantifier les deux mécanismes suivants :

➢ Le « *déficit d'écoulement* » exprime la différence entre l'apport des pluies et l'écoulement mesuré à l'exutoire d'un bassin versant. La différence n'est autre que l'*évapotranspiration*, ou part des averses évaporées après avoir touché le sol, et consommée par les écosystèmes, notamment la photosynthèse de la matière organique, qui réclame beaucoup d'eau en été.

➢ On lui associe le « *coefficient d'écoulement* » ou « *quotient d'écoulement* ». Il s'agit du pourcentage des apports pluviométriques qui a été destiné à l'écoulement, soit par l'infiltration vers les nappes phréatiques et les sources, soit par le ruissellement direct sur le sol en direction des chenaux de rang 1. C'est ce ruissellement qui génère les crues.

Dans les stations météorologiques, les précipitations sont exprimées « *en mm de pluies* ». Le plus souvent, on connaît, au mieux, la hauteur de pluie mesurée quotidiennement dans un pluviomètre. Nous ouvrons une parenthèse pour rappeler *qu'1 mm de pluie sur 1* m^2 *de bassin versant constitue un volume d'1* dm^3 ou *1 litre*.

➢ Mais comment comparer la hauteur de précipitation *exprimée en mm* à un écoulement *mesuré en* m^3/s dans les différentes stations de jaugeage ? C'est possible, si le drainage situé en amont est connu (ce qui est le plus souvent le cas). Il suffit de calculer le « *module spécifique* » exprimé en $l/s/km^2$.

➢ Cette valeur s'obtient en divisant le « *débit brut =* $Q.m^3/s$ » par *l'aire du bassin* situé en amont *exprimée en* km^2. Puis il faut multiplier la valeur obtenue par 1 000, afin d'exprimer le volume en litres.

➢ Pour calculer la *lame écoulée quotidiennement*, il faut se souvenir qu'il y a 86 400 secondes dans 24 heures, et qu'un *volume d'1 litre* ou *1 dm^3* équivaut à une *lame d'eau d'1 mm sur 1 m^2 de surface* ou plus exactement *10^6 mm^2*. Sur une durée de 24 heures, la lame d'eau écoulée se calcule en *multipliant le « module spécifique » par 86 400* et en *divisant le résultat par 10^6*. Il revient au même de le *multiplier par 0,0864*.

À Nantes, la Loire débita 3 750 m^3/s le 7 juin 2016. En amont, l'aire du bassin versant est de 114 920 km^2.

➢ Le module spécifique avait été :

… **(1) Q.m^3/s/S.km^2*1000 = 3 750 m^3/s/114 920 km^2*1 000 = 32,16 l/s/km^2**

➢ La lame écoulée fut, quant à elle, de :

… **(2) Q. l/s/km^2*0,0864 = 32,16*0,0864 = 2,82 mm.**

Dans cette nouvelle recherche, le calcul ne sera pas réalisé pour l'ensemble de l'année hydrologique (1er août 2015 au 31 août 2016), mais pour la crue la plus originale et qui se manifesta avec le plus de vigueur, celle du début du mois de juin 2016. Ce ne fut pas un événement majeur, mais il rappela aux riverains que le fleuve restait dangereux ; des villes furent inondées dans la partie médiane du bassin, à une date où l'on avait oublié le drame de 1856.

I - Bilan hydrologique à Nantes

Pourquoi commencer par l'exutoire ? L'écoulement mesuré à Nantes rend compte de tous les événements qui se sont succédé depuis l'amont. Ainsi la crue de juin 2016 apparaît-elle comme une synthèse des situations pluviométriques qui se sont produites sur le fleuve et l'ensemble de ses affluents, pendant le mois de mai et le mois de juin 2016. Le document 8.1 illustre cette « crue de juin » dans son ensemble. Il montre notamment que la pointe de crue maximale du 7 juin fut précédée de deux pointes de hautes eaux les 19 et 21 mai, pour être suivie d'une ultime pointe de hautes eaux le 19 juin 2016. Ce serait la conséquence de quatre épisodes pluvieux très rapprochés qui se seraient succédé entre le 8 mai et le 24 juin 2016.

➢ Les eaux commencèrent à monter le 16 mai 2016 : la Loire écoula 0,55 mm d'eau, soit un débit brut de 734 m^3/s. Une première pointe de hautes eaux fut atteinte le 19 mai : 0,80 mm (ou 1 060 m^3/s). Puis le débit recula jusqu'au 23 mai.

➢ Une seconde pointe de hautes eaux est survenue le 25 mai 2016 : 0,87 mm (ou 1 160 m^3/s), pour reculer à nouveau jusqu'au 29 mai.

➢ C'est alors que la « crue proprement dite » se déclencha. Elle culmina le 7 juin avec un débit de 3 750 m^3/s, ou un module spécifique de 32,16 l/s/km^2, soit encore une lame d'eau de 2,82 mm. Remarquons qu'à l'aval d'un bassin de 114 920 km^2, soit de 114 920 000 000 mm^2, ce sont 324 074,4 m^3 d'eau qui sont passés sous le pont de Nantes ce jour-là ! Cette crue dura jusqu'au 15 juin.

➢ En effet, une dernière pointe de hautes eaux apparaît le 19 juin : 1,24 mm (1 650 m^3/s). Mais le 29 juin, la Loire avait quasiment retrouvé son débit du 16 mai avec une lame d'eau écoulée de 0,63 mm (ou 832 m^3/s).

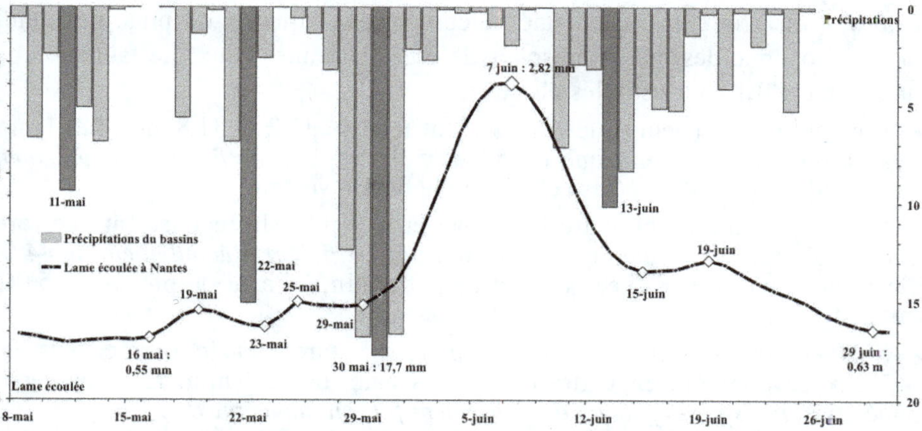

a) Hydrogramme et hyétogramme à Nantes

Lames écoulées		**Précipitations**		**Coefficient d'écoulement**
Dates	**Qmm**	Dates	**Pmm**	**Q/P.%**
16 mai - 29 juin	**56,2**	**8 mai - 25 juin**	**200,6**	**28%**
16-23 mai	5,5	8-15 mai	31,2	18%
24-29 mai	5,9	17-23 mai	31,8	19%
30 mai - 15 juin	**32,1**	**25 mai - 3 juin**	**73,6**	**44%**
16-29 juin	13,6	4 - 24 juin	63,9	21%

b) Episodes s pluvieux et phases de crues afférentes

Document 8.1 - Bilan hydrologique de la Loire à Nantes en mai-juin 2016

Mais c'est ce long épisode du 16 mai au 29 juin qui constitue l'onde de crue globale ; et si on additionne les lames d'eau mesurées entre le 16 mai et le 29 juin, la Loire écoula 56,2 mm. Apparemment, les précipitations responsables de cet épisode, réparties sur l'ensemble du bassin versant, constituent une suite de quatre séries pluvieuses qui cumulèrent un total de 200,6 mm. Il devient possible de comparer écoulement et pluies.

➢ On peut calculer le « *déficit d'écoulement* » en retranchant la lame d'eau écoulée du total chu. À Nantes, il a été de 200,6 mm - 56,2 mm = 144,4 mm. La valeur peut sembler élevée, mais elle correspond à l'évapotranspiration du bassin. Notons qu'entre le 1er août 2015 et le 31 août 2016, la Loire écoula un total de 245,3 mm d'eau à Nantes. Au cours de la même période, le bassin avait reçu un total de 873,1 mm de pluies. Le déficit apparaît beaucoup plus considérable : 873,1 - 245,3 = 627,8 mm

➢ On préfère alors calculer une « valeur adimensionnelle », le « *coefficient d'écoulement* » obtenu en divisant la lame écoulée par le total chu ; soit 56,2 /100,6 = 0,28, qu'il est préférable d'exprimer en pourcentage. Ce coefficient fut à Nantes de 28 %.

C'est une valeur qui pourrait sembler modeste. Mais, si l'on retient l'année hydrologique, ce coefficient a été de 245,5/873,1.% = 28 %, et le coefficient du mois de juin est équivalent au coefficient moyen. Or, compte tenu de la saison, le milieu du printemps, c'est une valeur élevée, laquelle, de plus, ne traduit qu'une moyenne des quatre épisodes de crues et hautes eaux. Le tableau « b » du document 8.1 en illustre les phases.

➢ Dans un premier temps, les averses ont totalisé 31,2 et 31,8 mm. Les lames d'eau afférentes ne furent que de 5,5 et 5,9 mm. Le *coefficient d'écoulement resta faible : 18 à 19 %*. Mais cela satura le bassin versant.

➢ Puis 73,6 mm ont chu entre le 25 mai et le 3 juin ; la réponse fut une forte crue : 73,6 mm du 30 mai au 15 juin, *soit un coefficient d'écoulement de 44 %*. C'est une valeur très élevée pour un mois de juin, à l'aval de près de 115 000 km^2 de bassin versant.

➢ Sols et sous-sol étaient presque partout saturés, et le dernier passage pluvieux de 63,9 mm engendra des hautes eaux de 13,6 mm. Elles passèrent inaperçues, *mais le coefficient d'écoulement fut tout de même de 21 %*.

Cette succession de « bilans hydrologiques » est la synthèse de tout ce qui est survenu en amont. Il faut en effet rappeler que le bassin de la Loire se divise en quatre ensembles :

➢ *La Loire auvergnate :* au Bec d'Allier, la haute Loire et l'Allier convergent en apportant les pluies qui ont ruisselé sur l'Auvergne et le Velay.

➢ *La Loire des « Vals »* entre Cours-les-Barres et Tours » : ici, le fleuve ne reçoit pas d'affluent et se limite souvent au transfert de l'onde provenant du Massif Central.

➢ *La Loire limousine* du Bec du Cher au Bec de Vienne, à Candes-Saint-Martin : elle reçoit le Cher, l'Indre et la Vienne. C'est ici que la crue fut la plus violente, du fait de l'impact réel des « coefficients d'écoulement » des affluents. On sait aussi quel rôle ils jouèrent dans les crues historiques (notamment celle de 1856).

➢ *La Loire angevine et armoricaine* s'écoule entre Candes et Nantes. La Loire reçoit le Thouet, le Layon et la Sèvre Nantaise sur la rive gauche et la Maine, et ses trois affluents sur la rive droite. À l'inverse de juin 1856, le rôle de ces affluents fut limité du fait d'une pluviométrie moins abondante.

La méthode du « bilan hydrologique » va nous permettre de mieux cerner le rôle de la « structure hydrologique » entre les variables (pluies) et les constantes du bassin (relief et géologie).

II - Le bilan au Bec d'Allier

Les chenaux élémentaires ont rassemblé les pluies tombées sur l'Auvergne et le Velay en direction du bassin amont de la Loire. Cette eau se retrouve au Bec d'Allier, à la rencontre de la haute Loire (15 570 km^2 à Nevers) et de l'Allier (14 310 km^2 à Cuffy). Après la confluence, c'est la station de Cours-les-

Barres qui rend compte du rôle de la pluviométrie de cette partie du Massif Central.

Il nous est apparu plus pédagogique d'effectuer le bilan de la crue de juin à Cours-les-Barres. Le résultat est important pour l'analyse et l'interprétation des coefficients d'écoulement dans la partie aval du bassin. Mais la connaissance du bilan hydrologique de la crue de la haute Loire à Nevers, et de celui de la crue de l'Allier à Cuffy, permettra de préciser le rôle réel de la pluviométrie dans un contexte géologique assez voisin.

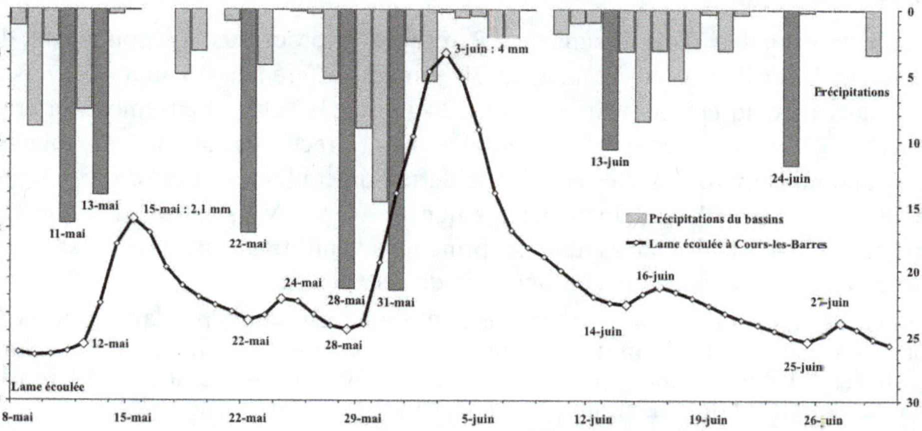

a) Hydrogramme et hyétogramme à Cours-les-Barres

Lames écoulées		**Précipitations**		**Coefficient d'écoulement**
Dates	**Qmm**	Dates	**Pmm**	**Q/P.%**
12 mai - 30 juin	**72,2**	**8 mai - 25 juin**	**222,4**	**32%**
12 - 22 mai	14,7	8 - 15 mai	51,0	29%
22 - 28 mai	7,9	18 - 23 mai	30,2	26%
28 mai - 14 juin	**37,4**	**24 mai - 8 juin**	**87,8**	**43%**
14 - 24 juin	11,5	10 - 21 juin	41,3	28%
25 - 30 juin	4,5	24 - 27 juin	12,1	37%

b) Episodes s pluvieux et phases de crue afférentes

Document 8.2 - Bilan hydrologique de la Loire à Cours-les-Barres en mai-juin 2016

1°) Nous commencerons par un bilan global à Cours-les-Barres. Le drainage y est de 32 610 km^2. Avec un débit moyen de 263,9 m^3/s (1er août 2015 - 31 août 2016), le fleuve y écoula une lame d'eau de 277,6 mm. Il ne s'agit que de 32,3 mm de plus qu'à Nantes ; or, à l'inverse du débit, le module spécifique et la lame d'eau écoulée reculent au fur et à mesure que le drainage s'accroît. Cette faible différence entre Cours-les-Barres et Nantes s'explique par d'importants apports arrivés plus en aval. Les précipitations estimées en amont de Cours-les-Barres sont de 846,2 mm entre le 1er août 2015 et le 31 août 2016, le coefficient d'écoulement sur 13 mois a donc été de 31 % ; c'est plus qu'à

Nantes, mais cela reste assez peu élevé pour un bassin versant montagnard. Comment ce bassin a-t-il réagi aux précipitations des mois de mai et juin 2016 ? Le document 8.2 en donne l'illustration. L'épisode de crue dura 50 jours, entre le 12 mai (246 m^3/s) et le 30 juin (243 m^3/s). Si la crue majeure s'est produite le 3 juin avec un débit brut de 1 510 m^3/s, soit une lame écoulée de 4 mm, elle avait été précédée de deux autres phases de hautes eaux : 795 m^3/s ou 2,1 mm le 15 mai et 440 m^3/s ou 1,2 mm le 24 mai. Puis cette crue majeure fut suivie par deux pointes de hautes eaux : 493 m^3/s ou 1,3 mm le 16 juin et 341 m^3/s ou 0,9 mm le 27 juin.

Le tableau « b » du document 8.2 résume le processus. L'écoulement de crues et hautes eaux du 12 mai au 30 juin est afférent à 45 jours d'averses réparties en cinq épisodes du 8 mai au 24 juin 2016. Dans l'ensemble, la crue écoula 72,2 mm d'eau, alors qu'elle avait reçu 222,4 mm de pluies. L'évapotranspiration fut très élevée : le déficit d'écoulement a été de 150,3 mm et le coefficient d'écoulement ne fut que de 32 %. Mais il est vrai que cet événement se réalisa alors que le printemps était très entamé. Il est donc nécessaire de décomposer la chronologie de cet épisode.

➢ *Hautes eaux du 12 au 22 mai :* elles ont duré onze jours, pendant lesquels le bassin versant reçut 51 mm de pluies pour en écouler 14,7 mm. Elles se sont réalisées du 8 au 15 mai, avec principalement 16,3 mm le 11 mai et 14,1 m le 13. Le déficit fut de 22,3 mm avec un coefficient d'écoulement de 29 %.

➢ *Hautes eaux du 22 au 28 mai :* cet épisode fut plus bref : 7 jours ; il n'apporta que 30,9 mm de pluies surtout concentrées le 22 mai avec 17 mm dans la journée. Ce fut suffisant pour générer une pointe de hautes eaux. Mais la Loire n'avait écoulé que 7,9 mm, le déficit resta important : 22,3 mm associé à un coefficient d'écoulement en recul : 26 %.

➢ *La crue du 28 mai au 14 juin* : en 18 jours, le bassin écoula 37,4 mm alors que les averses avaient apporté un total de 87,8 mm dont 21,4 mm le 28 mai et 21,5 mm le 31 mai. Il y a eu ruissellement, et le coefficient d'écoulement s'éleva à 43 % : « *4 gouttes d'eau sur 10 ont participé à la crue* ». Mais cela reste assez modéré ; la crue du 3 juin 3016 n'a rien eu de comparable avec celle de 1856 : peut-être de 12 m au-dessus de l'étiage au Bec d'Allier, d'après Roger Dion.

➢ *Hautes eaux du 14 au 24 juin* : en 18 jours, le bassin avait encore reçu 41,3 mm, mais il n'écoula que 11,5 mm, maintenant le coefficient d'écoulement à 28 %.

➢ *Hautes eaux du 25 au 27 juin* : en 6 jours, il est tombé 12,1 mm dont surtout 11,8 mm le 24 juin. Avant l'étiage, le bassin, bien saturé par l'hiver et les pluies de printemps, écoula 4,5 mm, ce qui portait le coefficient d'écoulement à 37 %.

L'Auvergne et le Velay sont favorables à la concentration des crues (documents 2.1, 2.2, 2.3 et 2.5), le sous-sol est le plus souvent aquiclude, le relief est accidenté, la géométrie du bassin versant est favorable (chenaux de forte pente et rapport de confluence élevé). On devine ce qui s'est produit ; les pluies ont été insuffisamment abondantes pour élever le coefficient d'écoulement à 50 et 70 %. Cependant, la crue qui survint resta modeste : avec un débit de 1 510 m^3/s le 3 juin, elle était bien en deçà des 1 700 m^3/s estimés pour la crue biennale.

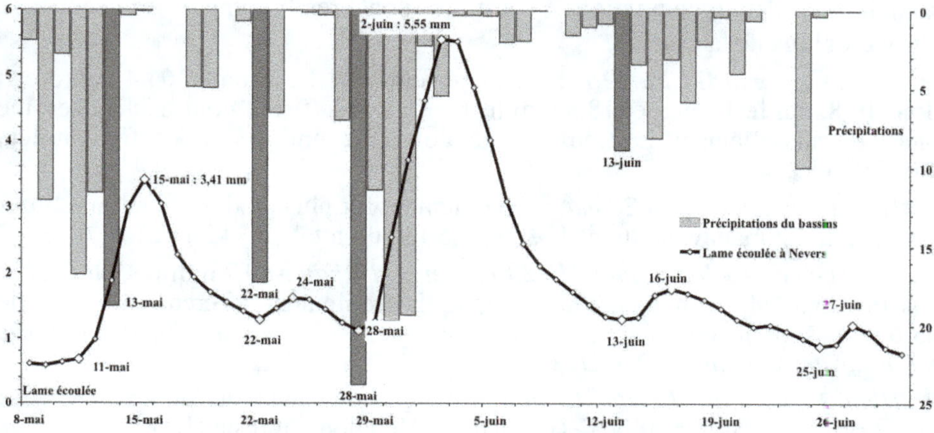

a) Hydrogramme et hyétogramme à Nevers

Lames écoulées		Précipitations		Coefficient d'écoulement
Dates	Qmm	Dates	Pmm	Q/P.%
11 mai au 30 juin	**100,3**	**8 mai au 27 juin**	**243,3**	**41%**
11 au 22 mai	23,2	8 au 15 mai	64,4	36%
22 au 28 mai	9,8	18 au 23 mai	34,3	29%
28 mai au 13 juin	**48,6**	**25 mai au 2 juin**	**89,7**	**54%**
13 au 25 juin	17,6	10 au 21 juin	38,9	45%
25 au 30 juin	5,8	24 au 27 juin	10,4	56%

b) Episodes s pluvieux et phases de crues afférentes

Document 8.3 - Bilan hydrologique de la Loire à Nevers en mai-juin 2016

2°) Dans le bilan de l'écoulement à Nevers, la Loire, qui n'a pas encore reçu l'Allier, y draine un bassin de 17 570 km^2, Au cours de l'année hydrologique 2015-2016, elle y écoula 158,3 m^3/s soit une lame d'eau assez élevée de 348,8 mm. Dans le même temps, son bassin avait reçu 867,6 mm de pluies. Le déficit est élevé : 518,8 mm, mais, avec 40 %, le coefficient d'écoulement est nettement « meilleur » qu'à Cours-les-Barres.

Le document 8.3 résume les processus de la crue de juin 2016. Celle-ci dura 51 jours, du 11 mai où le débit à Nevers était de 114 m^3/s, au 30 juin, ou il avait repris une valeur voisine de 131 m^3/s. Au cours de cette période, nous retrouvons une pointe de crue le 2 juin (936 m^3/s ou 5,55 mm) encadrée par quatre pointes de hautes eaux :15 mai (504 m^3/s ou 3,4 mm), 24 mai (273 m^3/s ou 1,6 mm), 16 juin (298 m^3/s ou 1,8 mm) et 27 juin (205 m^3/s ou 1,2 mm). C'est le même scénario qu'à Cours-les-Barres. En 51 jours, la crue écoula une lame de 100,3 mm afférente à un total pluviométrique de 242,3 mm. Le déficit est de 142 mm, mais surtout le quotient d'écoulement a été de 41 %. Ce sont 9 % de plus qu'à Cours-les-Barres. À l'évidence, les constantes du bassin de cette haute Loire ont mieux répondu (ici localement : l'est du bassin) à la sollicitation des précipitations. C'est ce dont rend compte le découpage chronologique de la crue.

➢ *Hautes eaux du 11 au 22 mai* : en une semaine, il est tombé 64,4 mm d'eau dont 16,8 mm le 11 mai et 18,8 mm le 13. Ce fut suffisant pour déclencher une phase de ruissellement. La Loire écoula alors 23,2 mm avec un coefficient déjà élevé : 36 %.

➢ *Hautes eaux du 22 au 28 mai* : l'écoulement fut plus modeste : 9,8 mm, mais l'averse du 22 mai avait atteint 17,2 mm (50 % du total de 34,3 mm).

➢ *La crue se développa entre le 28 mai et le 13 juin* : 89,7 mm ont chu sur le bassin, dont 74,2 mm du 28 au 31 mai. L'écoulement afférent avait été de 48,6 mm, soit un coefficient d'écoulement de 54 % ; *« plus d'une goutte de pluie sur deux participa à la crue »*.

➢ *Hautes eaux du 13 au 15 juin* : malgré des hauteurs moins élevées : Qmm = 17 6 et Pmm = 38,9, le coefficient d'écoulement resta élevé : 45 %.

➢ *Hautes eaux du 25 au 30 juin* : les volumes concernés sont encore plus faibles : Qmm = 5,8 et Pmm = 10,4, mais le coefficient d'écoulement remonta à 56 %. Près des 2/3 des précipitations avaient ruisselé.

Cette crue de juin de la Loire auvergnate confirme que cette partie haute du bassin versant possède toutes les « constantes géomorphologiques » pour que des pluies importantes puissent engendrer une forte crue. Mais la pointe de crue du 2 juin 2016 n'eut cependant rien de cataclysmal : avec 936 m^3/s, elle ne fit qu'effleurer la crue biennale estimée à 1 000 m^3/s.

3°) Bilan hydrologique de l'Allier à Cuffy : l'Allier draine 14 130 km^2 de bassin, soit une superficie voisine de celle de la Loire à Nevers. Mais, entre le 1er août 2015 et le 31 août 2016, l'Allier ne reçut que 819,9 mm de pluies (47,7 mm de moins que sur le bassin de la haute Loire), du fait d'une situation d'abri à l'est des volcans d'Auvergne. Le débit moyen du fleuve a été de 116,5 m^3/s, soit une lame écoulée de 279,3 mm. Le déficit d'écoulement fut élevé : 540,6 mm, avec un coefficient d'écoulement de 34 % seulement. C'est le simple reflet d'une pluviométrie réduite.

La crue de juin 2016 y est illustrée par le document 8.4. Elle dura 50 jours entre le 12 mai 2016 (119 m^3/s) et le 30 juin (132 m^3/s), et elle écoula une lame d'eau de 74,9 mm après avoir reçu un total de 198,5 mm de pluies (près de 45 mm de moins que sur la Loire à Nevers). Le coefficient d'écoulement ne fut que de 38 %. Cependant, on rencontre les mêmes événements qu'à Nevers et à Cours-les-Barres.

➢ *Hautes eaux du 12 au 22 mai* : autour d'un maximum d'1,6 mm le 15 mai, cette crue écoula 12,7 mm. Les pluies responsables avaient été de 36,2 mm (dont 15,6 mm le 11 mai). Le coefficient d'écoulement était de 35 %.

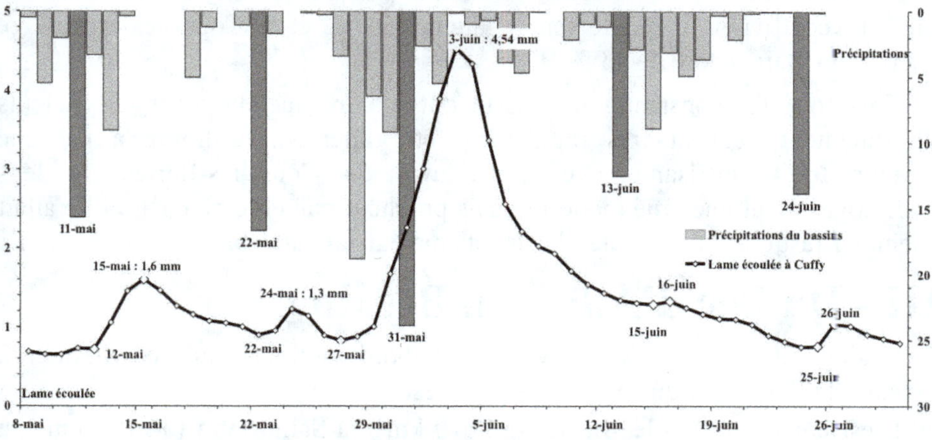

a) Hydrogramme et hyétogramme à Cuffy

Lames écoulées		Précipitations		Coefficient d'écoulement
Dates	Qmm	Dates	Pmm	Q/P.%
12 mai - 30 juin	**74,9**	**8 mai - 25 juin**	**198,5**	**38%**
12 - 22 mai	12,7	8 - 14 mai	36,2	35%
22 - 27 mai	5,9	18 - 23 mai	25,5	23%
27 mai - 15 juin	**43,2**	**25 mai - 8 juin**	**80,2**	**54%**
16 - 25 juin	10,2	10 - 22 juin	42,3	24%
25 - 30 juin	5,4	23 - 25 juin	14,0	39%

b) Episodes s pluvieux et phases de crues afférentes

Document 8.4 - Bilan hydrologique de l'Allier à Cuffy en mai-juin 2016

➢ *Hautes eaux du 22 au 27 mai* : la pointe du 24 mai ne fut que de 1,3 mm, maximum d'une lame écoulée de 5,9 mm, afférente à une pluviométrie de 25,5 mm (dont 16,6 mm le 22 mai, responsables des hautes eaux). Le coefficient recula cependant à 23 %.

➢ *La crue du 27 mai au 15 juin* culmina le 3 juin avec une pointe de 4,54 mm. Les pluies responsables se sont élevées à 80,2 mm, dont 58,2 mm du 28 au 31 mai (23,9 mm le 31 mai). La lame écoulée fut plus élevée : 43,2 mm, et le coefficient d'écoulement s'éleva alors à 54 %.

➢ *Hautes eaux du 16 au 25 juin* : il ne s'agit en réalité que d'une décrue moins forte : 42,3 mm de pluies (12,5 mm le 13 juin), mais 10,2 mm d'écoulement : le coefficient recula à 24 %.

➢ *Hautes eaux du 25 au 30 juin* : l'averse du 24 juin (13,8 mm) constitue 99 % de l'apport pluvial, aussi provoqua-t-elle la pointe du 26 juin (1,03 mm). Le coefficient d'écoulement augmenta à 39 %, prouvant la capacité des constantes à faciliter la genèse du ruissellement.

À l'évidence, la modestie de la crue à Cours-les-Barres relève d'une pluviométrie insuffisante (heureusement d'ailleurs) pour provoquer un ruissellement massif. Si la haute Loire à Nevers connut un coefficient d'écoulement de 41 %, l'Allier à Cuffy fut loin de cette situation : 38 %. Cependant, dans les deux bassins, pendant la phase de paroxysme (27 mai - 15 juin) le coefficient d'écoulement a atteint 54 %, et à Cours-les-Barres, ce coefficient était encore de 43 %.

Toutefois, les constantes du bassin ont montré que des forts coefficients d'écoulement peuvent très rapidement être atteints ; la limite a été une pluviométrie insuffisante. Aussi, en aval de Cours-les-Barres, le legs hydrologique fut une crue modeste, mais proche d'une crue biennale. Elle allait cheminer jusqu'à Tours, faute d'affluents majeurs auparavant.

III - Du Bec d'Allier au Bec du Cher

Il s'agit de la « Loire des Vals ». D'abord méridien du Bec d'Allier à Orléans, le fleuve oblique ensuite vers l'ouest.

➢ Il est jaugé à Cours-les-Barres (32 610 km^2), à Saint-Satur (34 126 km^2), à Gien (35 500 km^2), à Orléans (36 970 km^2), à Blois (38 320 km^2), à Onzain (40 500 km^2) et à Tours (42 130 km^2). Sans affluent important, le drainage n'augmenta que de 9 520 km^2 entre Cours-les-Barres et Tours (1 516 km^2 de Cours à Saint-Satur, 1 374 km^2 Saint-Satur à Gien, 1 470 km^2 de Gien à Orléans, 1 350 km^2 d'Orléans à Blois, 2 180 km^2 de Blois à Onzain et 1 630 km^2 de Blois à Tours). Globalement, le débit brut moyen avait crû de 82,1 m^3/s, passant de 263,9 m^3/s à Cours-les-Barres, à 346 m^3/s à Tours.

Toutefois le document 4.2.a rappelle que la croissance avait été modeste de Cours-les-Barres à Orléans (30 m^3/s) avec même un recul entre Gien et Orléans. Puis le débit avait brutalement augmenté entre Orléans et Blois.

1°) Le cheminement des crues et hautes eaux est illustré par le document 8.5. Ne soyons pas étonné de retrouver les mêmes pointes de hautes eaux et de crues avec le décalage chronologique nécessaire au déplacement des ondes de crue. Mais la durée du déplacement de ces ondes nous est apparu importante :

➢ *15-18 mai :* il faut quatre jours à la crue pour atteindre Tours, avec la succession de quatre paliers : Cours le 15 mai, Saint-Satur et Gien le 16 mai, Orléans à Onzain le 17 mai et Tours le 18 mai.

➢ *24-27 mai* : la répartition spatiale et chronologique est la même ...

➢ ***Crue du 3 au 4 juin*** : La durée est réduite à 48 heures avec une pointe de crue simultanée à Cours-les-Barres et à Saint-Satur le 3 juin, laquelle fut observée le 4 juin de Gien à Tours. On peut déjà estimer une réponse à des pluies plus abondantes sur les sols saturés des petits affluents locaux.

➢ *16-18 juin* : l'onde se déplaça en trois jours : Cours-les-Barres et Saint-Satur le 16 juin, Gien et Orléans le 17 juin, puis Blois et Tours le 18 juin, avec une anomalie de la pointe de crue à Onzain le 17 juin.

➢ *27-29 juin* : le déplacement de l'onde de crue reste de trois jours. En fait, on revient progressivement à la chronologie des 15-18 mai et 24-27 mai.

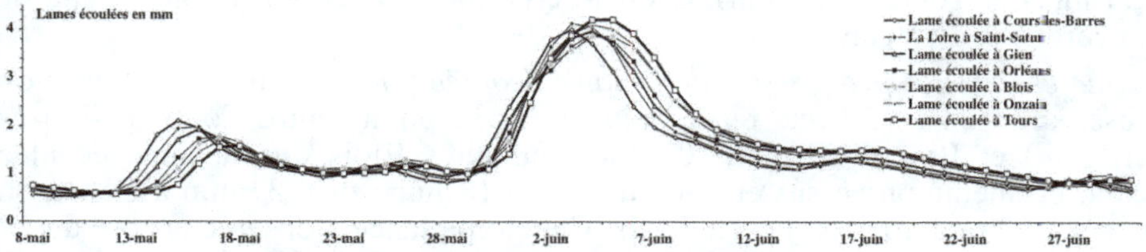

a) Hydrogrammes entre Cours-les-Barres et Tours

	Cours-les-Barres	**Saint-Satur**	**Gien**	**Orléans**	**Blois**	**Onzain**	**Tours**
15-mai	2,11						
16-mai		1,98	1,93				
17-mai				1,76	1,79	1,69	
18-mai							1,58
24-mai	1,17						
25-mai		1,21	1,21				
26-mai				1,27	1,31	1,22	
27-mai							1,17
3-juin	**4,00**	**4,13**					
4-juin			**3,97**	**3,90**	**3,86**	**4,10**	**4,20**
16-juin	1,31	1,27					
17-juin			1,35	1,51		1,48	
18-juin					1,52		1,51
27-juin	0,90						
28-juin		0,86	0,91				
29-juin				0,99	0,94	0,87	0,89

b) Dates des différentes pointes de crues et hautes eaux et lames écoulées

Document 8.5 - Hautes eaux et crues entre Cours-les-Barres et Tours (8 mai - 30 juin 2016)

Le document 8.5.b quantifie les pointes de crue et hautes eaux. La moyenne en a été de 1,83 mm pour les premières hautes eaux de mai, 1,22 mm pour les secondes pointes de mai. Ce sont des valeurs faibles avec le recul entre la première et la deuxième pointe, déjà observé sur la haute Loire et l'Allier. La véritable crue écoula entre 3 et 4 fois plus d'eau avec une lame moyenne de 4,02 mm. Puis les troisième et quatrième pointes de hautes eaux confirment la situation de décrue avec 1,42 mm et 0,91 mm écoulés. Les résultats sont « plus explicites » en utilisant cette moyenne comme « base 100 » …

	Cours	Saint-Satur	Gien	Orléans	Blois	Onzain	Tours
15-18 mai	115	108	105	96	98	92	87
24-27 mai	96	99	99	104	107	100	96
3-4 juin	**100**	**103**	**99**	**97**	**96**	**102**	**105**
16-18 juin	92	90	95	106	107	104	106
27-29 juin	99	94	100	108	104	95	98

… Il en ressort plusieurs cas de figures :

➢ *Une réduction progressive du volume écoulé* : c'est ce qui se passa du 15 au 18 mai ; en base 100, la lame écoulée perdit 28 points entre Cours-les-Barres (2,11 mm) et Tours (1,58 mm). C'est le type même d'un « héritage » venu de l'Auvergne et du Velay.

➢ *Une croissance progressive de la lame écoulée (mais suivie d'un recul)* : on l'observa du 24 au 27 mai où le gain fut de 11 points entre Cours-les-Barres (1,17 mm) et Bois (1,31 mm). Ce n'est qu'après Blois que la lame écoulée recula. Le même processus eut lieu du 16 au 18 juin : de 1,31 mm à Cours, on passa à 1,52 mm à Blois, puis à Tours. Cette croissance s'observe encore du 27 au 29 juin, avec une montée régulière de la pointe de hautes eaux jusqu'à Orléans. Il faut évoquer l'occurrence du ruissellement le long des versants de la vallée, avec concentration dans les petits affluents.

➢ *Une décrue suivie d'une croissance de l'écoulement* : du 3 au 4 juin, la crue recula de 7 points entre Saint-Satur (4,13 mm) et Blois (3,86 mm), mais elle gagna 8 points entre Blois (3,86 mm) et Tours (4,20 mm). Nous avons déjà évoqué le rôle de la Cisse et du Beuvron.

La crue dans le val ne fut pas un événement simple, mais le total écoulé entre le 8 mai et le 30 juin rend compte du rôle des confins de l'Orléanais et du Berry. À l'évidence, la crue de juin fut amplifiée entre Orléans et Blois, voire jusqu'à Tours.

	Cours	Saint-Satur	Gien	Orléans	Blois	Onzain	Tours
Qmm	74,4	75,9	77,1	79,9	82,8	80,9	81,8
Base 100	94	96	98	101	105	102	104

2°) Avec les bilans hydrologiques entre Cours-les-Barres et Tours, l'objectif a été de réaliser des bilans hydrologiques intermédiaires à Cours-les-Barres, à Saint-Satur, à Gien, à Orléans, à Blois, à Onzain et à Tours (42 130 km^2). La difficulté porta sur la représentativité des données pluviométriques. Nous avons appliqué la méthode de Thiessen.

Choisissons trois stations de jaugeage sur un cours d'eau : « A » est en amont, « B » est au centre et « C » est en aval.

➢ L'écoulement mesuré en « A » est afférent aux pluies chues sur le bassin versant situé en amont que nous nommerons « BV.A ».

➢ L'écoulement mesuré en « B » est afférent aux pluies de son bassin versant « BV.B ». Celui-ci s'étend sur « BV.A » et sur la portion de bassin comprise entre « A » et « B », que nous nommerons « d.AB ».

➢ Et ainsi de suite en C ou « BV.C » est la somme de « d.AB » et « d.BC ».

La difficulté a été de déterminer quelles stations météorologiques devaient être retenues pour ces accroissements intermédiaires de l'aire du bassin versant de la Loire.

a) La réponse est empirique, à partir de la cartographie des jaugeages et des pluviomètres.

➢ À Cours-les-Barres (32 610 km²), les précipitations ont été calculées selon la moyenne pondérée des précipitations chues en amont de Nevers sur la Loire, en amont de Cuffy, sur l'Allier, et entre Cours-les-Barres et ces deux stations.

➢ À Saint-Satur (34 126 km²), le bassin s'est accru de 1 516 km², dont nous avons attribué la pluviométrie à la station de Nevers-Marzy.

➢ À Gien (35 500 km²), il faut adjoindre les pluies chues sur 1 374 km² supplémentaires. Nous avons choisi la station d'Orléans.

➢ À Orléans (36 970 km²), le bassin a gagné 1 470 km² soumis aussi à la pluviométrie d'Orléans.

➢ À Blois (38 320 km²), c'est à la station de Blois que nous avons emprunté la pluviométrie des 1 350 km² supplémentaires.

➢ À Onzain (40 500 km²), le bassin s'est accru de 2 180 km² arrosés par les pluies mesurées à Blois.

➢ Enfin, à Tours (42 130 km²), la station de Tours paraît acceptable pour estimer les précipitations chues sur les 1 630 km² supplémentaires.

	Cours	**Saint-Satur**	**Gien**	**Orléans**	**Blois**	**Onzain**	**Tours**
Pmm	225,9	225,8	226,5	229,0	207,9	185,6	199,3
Base 100	105	105	106	107	97	87	93

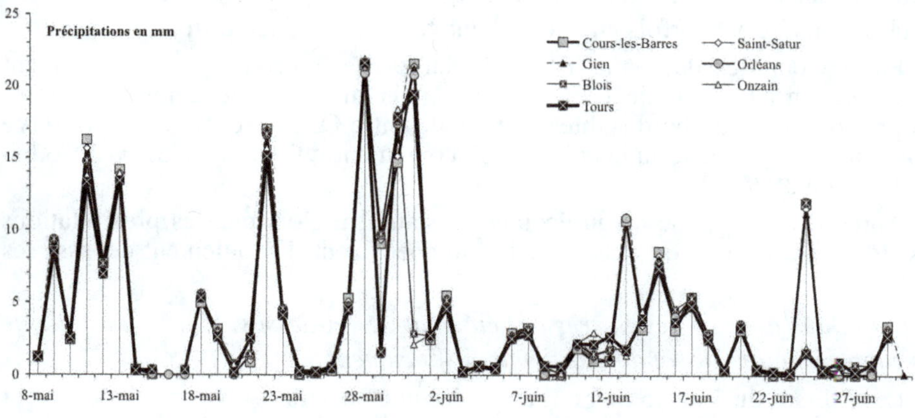

Document 8.6 - Chronologie des précipitations journalières du 8 mai au 30 juin 2016

Le document 8.6 rend compte de la répartition quotidienne des précipitations. Il en ressort une pluviométrie relativement stable jusqu'à Orléans entre le 8 mai et le 30 juin 2016. On est même surpris de trouver une chronologie distribuée en cinq ensembles presque parfaitement superposables

➢ 8 au 15 mai : total moyen de 49 mm avec deux maxima de 14,8 et 13,7 mm les11 et 13 mai.

➢ 18 au 23 mai : total moyen de 31,1 mm avec un maximum de 16,4 mm le 22 mai.

➢ 25 mai au 7 juin : total moyen de 80,9 mm avec trois maxima : 21,2 mm le 28 mai, 16,7 et 15,6 mm les 30 et 31 mai

➢ 10 - 21 juin : total moyen de 39,7 mm sans maxima marqués

➢ 24 - 29 juin : total moyen de 13 mm avec un maximum le 24 juin.

Mais ces épisodes pluvieux sont aussi un « héritage de l'Auvergne et du Velay ». La méthode de Thiessen donne un rôle très important aux bassins versants de l'Allier et de la haute Loire ; dans les moyennes pondérées, la part des deux bassins est de 95,6 % à Saint-Satur, 91,9 % à Gien, 88 % à Orléans, 85,1 % à Blois, 80,5 % à Onzain et encore 77,4 % à Tours. Aussi, les hautes eaux et crues mesurées aux mêmes stations de jaugeage seront principalement des héritages de la jonction des eaux de la haute Loire et de l'Allier.

La preuve de cet héritage auvergnat porte certes sur la succession de cinq épisodes pluvieux ayant engendré le même nombre de hautes eaux et de crues, et cela au même moment ; et nous avons vu que seules les pointes de crue et hautes eaux se sont chronologiquement décalées vers l'aval. Le document 8.7 en rend bien compte.

b) Dans un premier temps, on retiendra la crue dans son ensemble, un épisode à cinq têtes, passant par un maximum dans les premiers jours de juin 2016, et compris entre les 10-12 mai et le 30 juin. Alors que les précipitations ont eu une forte tendance au recul, on s'aperçoit que les totaux ont non seulement été stables, mais ils ont parfois eu une certaine tendance à s'accroître.

➢ Entre Cours-les-Barres et Blois, la lame d'eau écoulée a régulièrement augmenté, en moyenne, de 1,5 à 2,5 mm en chaque jaugeage. En même temps, les précipitations, d'abord stables, ont reculé entre Orléans et Blois. On observe alors un accroissement du coefficient d'écoulement qui passa de 32 % à Cours-les-Barres à 39 % à Blois.

➢ Après Blois, la lame d'eau écoulée se stabilisa, alors que les précipitations ont décru. Le résultat est spectaculaire, le coefficient d'écoulement dépassa les 40 %.

c) Les bilans à Cours-les-Barres ont été analysés ci-dessus. Mais il est utile de les rappeler à titre de « point de départ » (document 8.7).

➢ Les averses du 5 au 15 mai ont engendré une onde de 14,7 mm au coefficient d'écoulement de 29 % ; et elles furent suivies d'un apport plus modeste : 30,2 mm dont seulement 26 % ont ruisselé : 7,9 mm.

➢ À l'inverse, la crue principale du 28 mai au 14 juin : 37,4 mm écoula 43 % de l'averse : 87,7 mm du 28 mai au 8 juin. Elle est la suite de l'événement contemporain sur la haute Loire et l'Allier, et a pris naissance dans le Massif Central.

➢ Les hautes eaux suivantes : 11,5 mm du 14 au 24 juin et 4,5 mm du 25 au 30 juin, afférentes à deux épisodes pluvieux de 41,3 mm et 11,9 mm, sont à peine perceptibles, mais avec des coefficients d'écoulement de 28% et 37 %, ils rappellent que le bassin auvergnat est propice au ruissellement.

Cet ensemble, qui cumule une lame écoulée de 72,2 mm afférente à un total pluviométrique de 222,4 mm, constitue le véritable héritage venu de la haute Loire et de l'Allier. La hauteur d'eau est très modérée, le coefficient d'écoulement est de 32 % seulement. Le bassin amont est aquiclude et accidenté, mais les pluies de mai et juin furent insuffisantes à provoquer un « aiguât » comme à Brives-Charensac en 1980.

	Précipitations		Lames écoulées		Coefficient d'écoulement
	Dates	Pmm	Dates	Qmm	Q/P. %
Cours-les-Barres	**8 mai - 25 juin**	**222,4**	**12 mai - 30 juin**	**72,2**	**32%**
	8 - 15 mai	51,0	12 - 22 mai	14,7	29%
	18 - 23 mai	30,2	22 - 28 mai	7,9	26%
	24 mai - 8 juin	**87,8**	**28 mai - 14 juin**	**37,4**	**43%**
	10 - 21 juin	41,3	14 - 24 juin	11,5	28%
	24 - 27 juin	12,1	25 - 30 juin	4,5	37%
Saint-Satur	**8 mai - 25 juin**	**222,5**	**10 mai - 30 juin**	**74,6**	**34%**
	8 - 15 mai	50,2	10 - 23 mai	17,6	35%
	18 - 23 mai	30,9	23 - 29 mai	7,1	23%
	25 mai - 8 juin	**87,2**	**29 mai - 14 juin**	**37,7**	**43%**
	10 - 21 juin	42,5	14 - 25 juin	12,5	29%
	23 - 28 juin	11,9	25 - 30 juin	4,6	39%
Gien	**8 mai - 25 juin**	**223,3**	**10 mai - 30 juin**	**75,9**	**34%**
	8 - 15 mai	49,0	10 - 23 mai	17,2	35%
	18 - 23 mai	31,4	23 - 28 mai	6,4	20%
	25 mai - 8 juin	**87,7**	**28 mai - 14 juin**	**39,2**	**45%**
	10 - 21 juin	43,6	14 - 26 juin	14,1	32%
	22 - 28 juin	11,5	26 - 30 juin	4,0	35%
Orléans	**8 mai - 28 juin**	**226,0**	**11 mai - 30 juin**	**78,0**	**35%**
	9 - 15 mai	49,3	11 - 23 mai	14,1	29%
	18 - 23 mai	31,0	23 - 28 mai	6,9	22%
	25 mai - 8 juin	**89,0**	**28 mai - 14 juin**	**40,1**	**45%**
	10 - 21 juin	44,0	14 - 27 juin	17,0	39%
	23 - 28 juin	12,6	27 - 30 juin	3,7	29%
Blois	**8 mai - 29 juin**	**204,9**	**11 mai - 30 juin**	**80,7**	**39%**
	9 - 15 mai	49,9	11 - 24 mai	15,3	31%
	18 - 25 mai	32,2	24 - 30 mai	8,3	26%
	26 mai - 9 juin	**72,4**	**30 mai - 15 juin**	**41,8**	**58%**
	10 - 22 juin	35,9	15 - 27 juin	15,8	44%
	23 - 29 juin	14,4	27 - 30 juin	3,5	24%
Onzain	**8 mai - 29 juin**	**182,8**	**11 mai - 30 juin**	**78,8**	**43%**
	9 - 15 mai	47,5	11 - 23 mai	13,3	28%
	18 - 24 mai	31,5	23 - 29 mai	7,7	24%
	25 mai - 8 juin	**63,9**	**29 mai - 15 juin**	**43,1**	**67%**
	10 - 22 juin	36,0	15 - 27 juin	15,2	42%
	24 - 29 juin	6,3	27 - 30 juin	3,2	52%
Tours	**8 mai - 29 juin**	**199,3**	**12 mai - 30 juin**	**80,3**	**40%**
	8 - 15 mai	46,4	12 - 23 mai	12,6	27%
	17 - 25 mai	30,7	23 - 29 mai	7,4	24%
	25 mai - 8 juin	**80,2**	**29 mai - 16 juin**	**45,4**	**57%**
	10 - 22 juin	35,1	16 - 28 juin	15,4	44%
	24 - 29 juin	6,4	28 - 30 juin	3,4	54%

Document 8.7 - Bilans hydrologiques intermédiaires entre Cours-les-Barres et Tours

d) Les bilans à Saint-Satur sont réalisés à l'aval d'un bassin versant qui ne s'est accru que de 1 516 km², sans avoir reçu d'affluents notables. Globalement, la quantité de pluies fut la même : 222,5 mm (222,4 mm à Cours-les-Barres). On ne constate guère de changement :

➢ Les deux premières ondes de hautes eaux ont écoulé une quantité d'eau très voisine de celle Cours-les-Barres, afférente à des averses à peine supérieures.

➢ La crue principale est sensiblement la même, avec un coefficient d'écoulement de 43 %.

➢ Les petites ondes de crue de juin rappellent leurs homologues de Cours-les-Barres.

L'héritage est quasi-global, on se contentera de souligner que les quelques millimètres de pluies supplémentaires ont légèrement accru la lame écoulée et le coefficient d'écoulement. Doit-on déjà évoquer l'apport des versants et des petits affluents ?

e) À Gien, le bassin versant s'est étendu de 1 374 km² depuis Saint-Satur et de 2 890 km² depuis Cours les Barres. Les bilans restent stables :

➢ La première partie de l'onde de crue (10-23 mai et 23-28 mai) ne constitue pas un changement, si ce n'est que la lame écoulée au deuxième épisode a reculé (6,4 mm) pour une averse inchangée. Le coefficient d'écoulement recula à 20 %, et nous estimons que l'apport local fit défaut, et que la lame d'eau héritée de Cours-les-Barres et de Gien s'amenuisa par évaporation.

➢ La crue principale (28 mai-14 juin) est inchangée.

➢ À l'inverse, la modeste lame écoulée du 14 au 26 juin avait augmenté par rapport à Gien du fait d'un apport pluviométrique légèrement supérieur. On évoquera encore un processus de ruissellement local. Dans le même sens, la lame écoulée à la fin juin, déjà très modeste, recula du fait d'un apport pluviométrique en repli : pas d'averse localement !

Certes, les hautes eaux et crues sont la suite de celles qui sont issues de la haute Loire et de l'Allier. Mais il semble que des modifications légères aient été provoquées par une pluviométrie purement locale.

f) À Orléans, les modifications se précisent. Les précipitations se sont accrues de 2,7 mm et la lame écoulée est maintenant de 78 mm (coefficient d'écoulement de 35 %). Il faut impliquer le rôle d'averses situées dans la partie aval du bassin versant dont la surface s'est accrue de 1 470 km² depuis Gien et de 4 360 km² depuis Cours-les-Barres.

➢ Mais les épisodes de hautes eaux qui précèdent la crue principale n'offrent pas de modification décelable.

➢ La crue principale ne fut que très modestement plus élevée : 40,1 mm

➢ C'est au niveau des hautes eaux secondaires que la variation est la plus forte Le ruissellement a atteint 17 mm du 14 au 17 juin, soit 39 % des pluies du 10 au

21 juin, mais la consultation des chroniques pluviométriques révèle des averses de 13,4 mm, 12,2 mm et 8,1 mm le 16 juin, entre Saint-Satur et Orléans.

g) À Blois, le bassin versant s'est étendu de 1 350 km² depuis Orléans (et de 5 710 km² depuis Cours-les-Barres), et le recul pluviométrique qu'on observe aux pluviomètres d'Orléans et Blois est ressenti. La lame chue du 8 mai au 29 juin n'est plus que de 204,9 mm. Pourtant, le coefficient d'écoulement augmenta : 39 % du fait d'une lame d'eau écoulée de 80,7 mm.

➢ Les pluies du 9 au 15 mai ont atteint près de 50 mm et celles du 18 au 25 mai près de 32 mm. Elles ont accru la hauteur des lames d'eau : 15,3 mm du 11 au 23 mai et 8,3 mm du 18 au 25 mai. Or, on enregistra localement des averses de 27 mm le 13 mai et de 14 mm le 21 mai à Blois.

➢ Ce fut suffisant pour accroître la hauteur écoulée par la crue principale du 30 mai au 15 juin. Avec 41,8 mm, elle couvrit 58 % de son apport pluviométrique réduit à 72 mm. Cela illustre encore le rôle du ruissellement local.

➢ Le même processus affecta l'épisode du 15 au 27 juin, soutenu par une averse locale de 31,6 mm le 24 juin (11,8 mm en amont de Cours-les-Barres).

h) À Onzain, le drainage gagne 2 280 km² par rapport à Blois (et 7 890 km² depuis Cours-les-Barres), le rôle des averses locales devient plus important, d'autant plus que le bassin reçoit le Beuvron dont les crues de juin s'approchèrent de celles de la Sauldre. Mais, globalement, la lame écoulée recula à 78,8 mm du fait de précipitations réduites à 182,8 mm. Aussi le coefficient d'écoulement s'éleva (artificiellement) à 43 %.

➢ En effet, au pluviomètre de Blois on a enregistré de « grosses averses » : 27 mm le 13 mai, 14 mm le 21 mai et surtout : 20,8 mm, 21,8 mm, 38,1 mm et 21 mm du 28 au 31 mai 2016.

➢ Elles provoquèrent une crue sur le Beuvron (81,6 m³/s ou 13,8 mm) et sur son affluent le Cosson (118 m³/s ou 13,8 mm également). Entre le 29 mai et le 16 juin, ils écoulèrent respectivement 90,8 mm et 101,5 mm.

➢ Ce fut suffisant pour accroître l'onde de crue principale de la Loire, et surtout, artificiellement, son coefficient d'écoulement.

i) Enfin, à Tours, le bassin gagne encore 1 630 km² par rapport à Onzain (et 9 520 km² par rapport à Cours-les-Barres). Bien qu'en progrès avec 199,3 mm, les précipitations restent globalement faibles. Pourtant, la lame d'eau écoulée atteignit 80,3 mm avec un coefficient d'écoulement de 40 % qui ne peut qu'être artificiel.

➢ Aux pluviomètres de Tours-Saint-Symphorien, on releva 14 9 mm le 21 mai, 13,5 mm, 23,5 mm et 11,5 mm du 28 au 30 mai, et encore 14,4 mm le 9 juin et 18,2 mm le 13 juin.

➢ La crue principale de la Loire du 29 mai au 16 juin écoula alors 45,4 mm (coefficient d'écoulement de 57 %) ; et malgré des hautes eaux secondaires de 15,4 mm du 16 au 18 juin et 3,4 mm du 28 au 30 juin, les coefficients d'écoulement se sont élevés à 44 % et 54 %.

➢ Ici, on peut avoir une image de cette anomalie au travers de la crue de la Cisse et de la Brenne. La Cisse écoula 23 m^3/s, 23,9 m^3/s et 23,3 m^3/s du 3 au 5 juin 2016, et l'on mesure un apport de 24 mm à Tours entre les 29 mai et le 16 juin. Simultanément, la Brenne, qui écoulait 30,3 m^3/s le 1er juin, apportait 7,9 mm d'eau.

Ces calculs, que nous pourrions qualifier de « *coin de table* », illustrent cependant le rôle de ces modestes affluents entre le Bec d'Allier et le Bec du Cher en cas de précipitations cataclysmales généralisées. Mais, cependant, la Loire conserva plutôt l'intégralité de la crue de juin dans sa traversée des « Vals », surtout si on prend en compte les changements survenus avec l'arrivée des affluents du Limousin.

IV - Du Bec du Cher au Bec de Vienne

Le drainage de la Loire est presque multiplié par deux entre Tours (43 130 km^2) et Saumur (81 200 km^2) du fait de l'arrivée des affluents du Limousin, et principalement du Cher et de la Vienne. Le 4 juin 2016, la Loire débitait 2 050 m^3/s à Tours et 3 870 m^3/s à Saumur (dans les deux cas, on avait dépassé la crue quinquennale).

Mais revenons sur le bilan hydrologique de Tours et comparons-le avec celui de la Loire à Saumur (document 8.8). Au cours des ces deux mois de mai et de juin, le total pluviométrique a été de 199,3 mm en amont de Tours et de 199,9 mm en amont de Saumur. En utilisant la méthode de Thiessen, la part des précipitations du bassin versant en amont de Tours est de 52 %, celle du bassin de la Vienne de 26 %, celle du bassin du Cher de 17 % (celle du bassin de l'Indre : 4 % aurait même pu être négligée). Or, en amont de Saumur, on ne retrouvera pas une lame d'eau chue aussi élevée que celle estimée en amont de Tours. Pour ce qui concerne le fleuve, la lame écoulée à Saumur (78 mm) est quasi équivalente à celle qui s'écoula à Tours (80,3 mm). Cette constance traduit en réalité une forte alimentation issue du Massif Central, car l'aire du drainage ayant doublé avec une alimentation pluviale générale équivalente, le débit liquide aurait dû reculer, du fait de l'évapotranspiration. Il en résulte un coefficient d'écoulement relativement élevé pour mai-juin : 40 % à Tours et encore 39 % à Saumur.

On ne s'étendra pas sur les résultats, l'onde de crue principale dura du 29 mai au 14/16 juin. Elle était afférente à une suite d'averses de 45,4 mm à Tours et de 42,3 mm à Saumur, et chaque fois elle en écoula 56 à 57 %. Elle avait été précédée de deux ondes de crue préliminaires, 11-23 mai et 22-29 mai au coefficient d'écoulement plus faible : 27 et 24 %, dans l'attente de la saturation du sol. Cette onde principale fut elle-même suivie de deux ondes secondaires du 15 au 28 juin et du 2 juin au début juillet, avec des quotients d'écoulement plus élevés. Il n'y a pas de modifications exceptionnelles des bilans, mais cela ne doit pas surprendre, il faut surtout en retenir la stabilité. Ne perdons pas de vue qu'à Nantes, le coefficient d'écoulement de l'ensemble des crues de mai-juin est de 28 %, dont 44 % seulement pour l'onde principale (document 8.1).

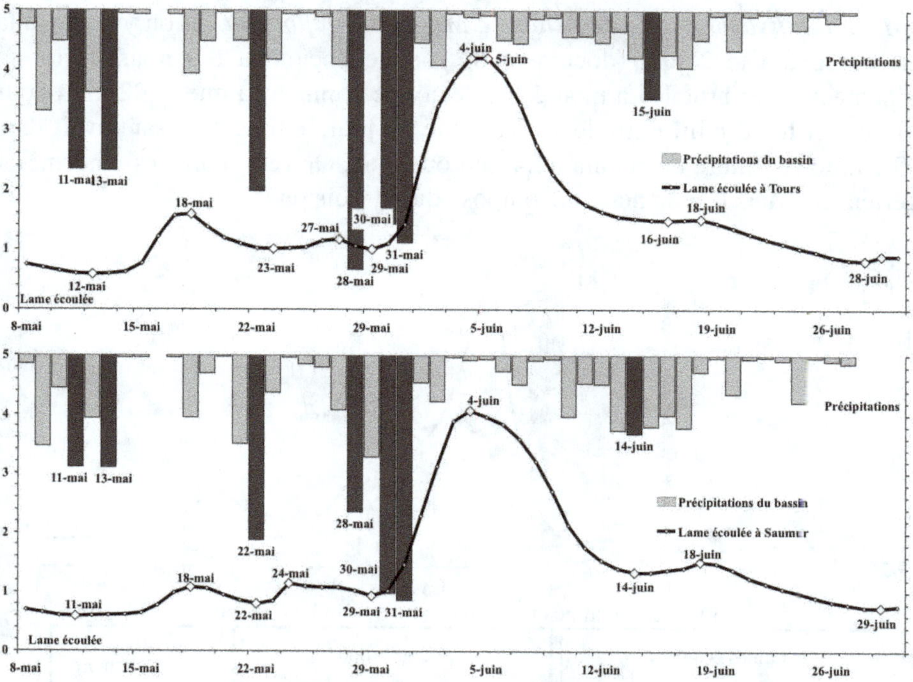

a) Hydrogramme et hyétogramme à Tours et à Saumur

	Lames écoulées		Précipitations		Coefficient d'écoulement
	Dates	Qmm	Dates	Pmm	Q/P.%
Loire à Tours	**12 mai - 30 juin**	**80,3**	**8 mai - 29 juin**	**199,3**	**40%**
	12 - 23 mai	12,6	8 - 15 mai	46,4	27%
	23 - 29 mai	7,4	17 - 25 mai	30,7	24%
	29 mai - 16 juin	**45,4**	**25 mai - 8 juin**	**80,2**	**57%**
	16 - 28 juin	15,4	10 - 22 juin	35,1	44%
	28 - 30 juin	3,4	24 - 29 juin	6,4	54%
Loire à Saumur	**11 mai - 30 juin**	**78,0**	**8 mai - 27 juin**	**199,9**	**39%**
	11 - 22 mai	9,6	8 - 15 mai	35,8	27%
	22 - 29 mai	8,1	17 - 24 mai	33,4	24%
	29 mai - 14 juin	**42,3**	**25 mai - 3 juin**	**75,0**	**56%**
	14 - 29 juin	18,3	4 - 17 juin	44,8	41%
	28 - 30 juin	1,5	19 - 27 juin	9,6	16%

b) Episodes s pluvieux et phases de crues afférentes

Document 8.8 - Bilans hydrologiques de la Loire à Tours et Saumur en mai-juin 2016

L'Indre est le premier affluent à atteindre la Loire en aval de Tours, il est donc logique de commencer par lui, même si son rôle reste pondéré par l'exiguïté du bassin versant (3 071 km²).

1°) Le bilan hydrologique de l'Indre à Monts est important car on y dépassa la crue vicennale le 2 juin (document 6.8), et le document 8.9 nous décrit un événement assez brutal. La montée des eaux ne commença que le 22 mai, pour se terminer le 30 juin. Entre le 18 mai et le 18 juin, le bassin versant avait reçu 159,7 mm, et l'Indre en écoula 62,4 mm ou 39 %. On reste dans les « normes » ligériennes. Mais l'onde ne se décompose qu'en trois phases :

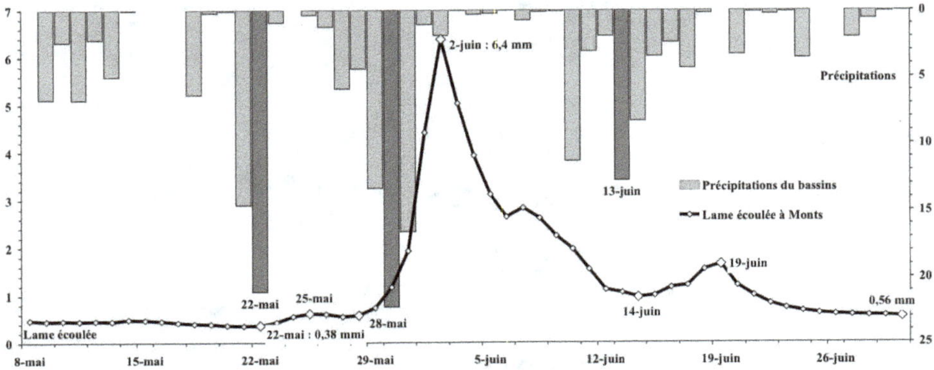

a) Hydrogramme et hyétogramme de l'Indre à Monts

Lames écoulées		Précipitations		Coefficient d'écoulement
Dates	Qmm	Dates	Pmm	Q/P.%
22 mai - 30 juin	**62,4**	**18 mai - 18 juin**	**159,7**	**39%**
22 - 28 mai	3,8	18 - 23 mai	43,3	9%
28 mai - 14 juin	**44,5**	**25 mai - 2 juin**	**67,1**	**66%**
14 - 30 juin	15,7	4 - 18 juin	49,3	32%

b) Episodes s pluvieux et phases de crues afférentes

Document 8.9 - Bilans hydrologiques de l'Indre à Monts en mai-juin 2016

➢ *Hautes eaux du 22 au 28 mai* : la lame écoulée est modeste ; avec 9,6 mm, elle ne constitue que 9 % de ressource pluviale.

➢ *Forte crue du 28 mai au 14 juin* : avec une lame de 44,5 mm, le bassin écoula 66 % des pluies (*2 gouttes d'eau sur 3 ont ruisselé*). C'est une « vague » qui survint à la suite d'une averse de 21,1 mm le 22 au et de 22,2 mm le 28 mai.

➢ Mais l'effet fut bref car cette onde principale ne fut suivie que par une onde de hautes eaux mineure de 15,7 mm du 14 au 30 juin, n'écoulant que 32 % de la pluie dont elle était afférente.

L'Indre appartient à ces petits bassins dont les crues très brèves, mais violentes, peuvent, localement, accroître l'impact d'un événement plus abondant venu de l'amont. Or l'apport du Cher n'arrivait que quelques kilomètres en aval.

2°) Le bilan hydrologique du Cher à Tours est plus important encore. Le 5 juin 2016, le Cher a fait l'objet d'une crue supérieure à la crue décennale. Le document 8.10 fait état d'un épisode assez bref entre le 21 mai et le 29 juin. Du 18 mai au 24 juin, nous estimons que le bassin versant reçut au moins 194,2 mm de pluies dont 42 % se sont convertis en ruissellement. Surtout, comme sur l'Indre l'épisode se divise en 3 stades :

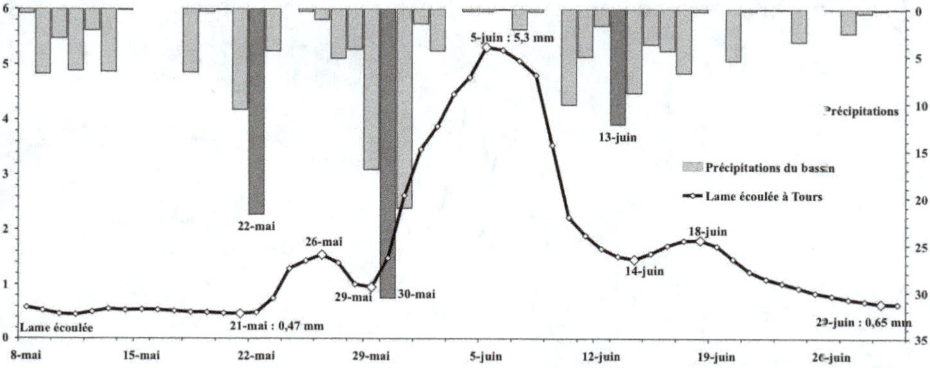

a) Hydrogramme et hyétogramme du Cher à Tours

Lames écoulées		Précipitations		Coefficient d'écoulement
Dates	Qmm	Dates	Pmm	Q/P.%
21 mai - 29 juin	**80,7**	**18 mai - 24 juin**	**194,2**	**42%**
21 - 29mai	9,3	18 - 23 mai	43,9	21%
29 mai - 14 juin	**54,3**	**25 mai - 2 juin**	**85,3**	**64%**
14 - 29 juin	19,5	10 - 18 juin	52,9	37%

b) Episodes s pluvieux et phases de crues afférentes

Document 8.10 - Bilans hydrologiques du Cher à tours en mai-juin 2016

- *Une courte phase de hautes eaux du 21 au 29 mai* : la montée des eaux fut brutale et rapide, et multipliée par 3,3 en 5 jours. Afférent à une averse de 43,9 mm, cet épisode n'en écoula cependant que 21 %
- *Mais l'onde de crue majeure se réalisa entre le 29 mai et le 14 juin*, et sa lame d'eau (54,3 mm) écoula 64 % des précipitations de 85,3 mm. Nous sommes dans l'ordre de grandeur de l'événement de l'Indre, mais sur un bassin versant de 13 615 km².
- *L'onde, affaiblie, persista jusqu'au 29 juin,* écoulant encore 37 % de son apport pluvial.

Nous savons que le centre de gravité de la crue ligérienne de juin 2016 s'est situé sur le Cher ; et déjà, à l'échelle du bassin, avec près des 2/3 des précipitations écoulées, il est évident que les averses avaient, localement, largement dépassé les possibilités d'absorption du bassin versant par évaporation et par infiltration. L'exemple de la Sauldre alors est particulièrement pédagogique. Déjà, dans sa totalité, entre le 21 mai et le 27 juin, la rivière écoula 64 % des apports pluviaux.

➢ *Dans un premier temps, une onde de crue déjà biennale* (82,6 m^3/s le 25 mai) a envahi la basse ville de Romorantin. La lame écoulée entre le 21 et le 28 mai s'éleva à 15,6 mm, mais ne représenta que 26 % des 60,3 mm chus sur le bassin.

➢ *Le deuxième épisode fut le plus violent* (219 m^3/s le 1er juin et surtout 269 m^3/s le 3 juin ce qui approchait la crue tricentennale). La Sauldre écoula 67,5 mm d'eau du 28 mai au 11 juin, mais ce ***furent 94 % des averses estimées à 71,6 mm***. On comprend l'ampleur des dégâts dans la ville basse.

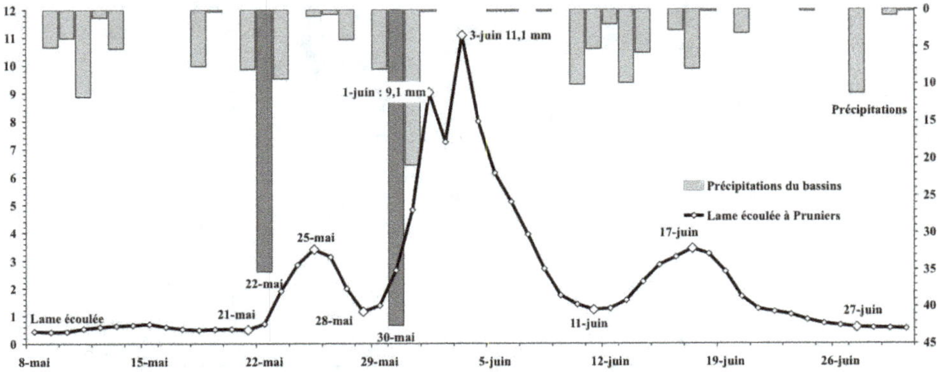

a) Hydrogramme et hyétogramme de la Sauldre à Pruniers

Lames écoulées		Précipitations		Coefficient d'écoulement
Dates	**Qmm**	Dates	**Pmm**	**Q/P.%**
21 mai - 27 juin	**110,3**	**18 mai - 14 juin**	**171,0**	**64%**
21 - 28 mai	15,6	18 - 23 mai	60,3	26%
28 mai - 11 juin	**67,5**	**29 mai - 1er juin**	**71,6**	**94%**
11 - 27 juin	29,5	10 - 14 juin	33,1	89%

b) Episodes s pluvieux et phases de crues afférentes

Document 8.11 - Bilans hydrologiques de la Sauldre à Pruniers en mai-juin 2016

➢ *Le troisième épisode fut moins élevé* : 83,4 m^3/s le 17 juin (crue biennale), mais, entre le 11 juin et le 27 juin, elle consomma encore 89 % des précipitations estimées à 33,1 mm.

En d'autres lieux, on aurait évoqué un « aiguât » ou une « averse cévenole » dont les coefficients de ruissellement sont situés entre 85 et 95 %. Cette « vague » a rejoint le Cher, lui-même en crue, peu en aval de Selles-sur-Cher. Certes, la Sauldre ne draine que 2 099 km², et pas plus que l'Indre sur la Loire, elle n'eut d'effet cataclysmal sur le Cher (13 615 km²). Mais on reste étonné de la sensibilité des bassins versants (Indre et Sauldre) à cette période de l'année, alors que leur relief est très loin de celui d'un torrent méditerranéen.

Le Cher n'a pas aggravé la crue de la Loire en aval de Tours, mais il l'a entretenue ; ce qui fut aussi le cas de la Vienne.

3°) Le bilan hydrologique de la Vienne : avec un drainage de 20 809 km², le bassin de la Vienne couvre le quart du bassin de la Loire en amont de Saumur. Il est connu que ce cours d'eau fut en grande partie responsable de la crue cataclysmale de 1907 sur la Loire angevine. En 2016, on fut loin du compte, et le bilan hydrologique à Chinon est de l'ordre de celui de la Loire à Tours et à Saumur (document 8.12) La crue dura du 22 mai au 30 juin. L'apport avait été modeste, car il prend aussi en compte la partie occidentale du bassin versant, déjà moins arrosée ; et, avec une lame de 47,8 mm, le fleuve n'écoula que 30 % des 158 7 mm chus sur le bassin. C'est un coefficient d'écoulement inférieur à celui de la Loire à Tours.

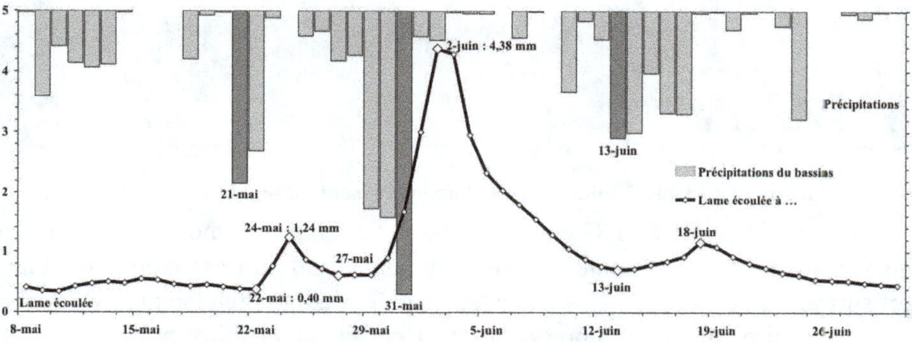

a) Hydrogramme et hyétogramme de la Vienne à Chinon

Lames écoulées		Précipitations		Coefficient d'écoulement
Dates	Qmm	Dates	Pmm	Q/P.%
22 mai - 30 juin	**47,8**	**18 mai - 18 juin**	**158,7**	**30%**
22 - 27 mai	4,6	18 - 23 mai	30,7	15%
27 mai - 13 juin	**31,4**	**25 mai - 2 juin**	**72,9**	**43%**
13 - 30 juin	13,0	7 - 18 juin	54,6	24%

b) Episodes s pluvieux et phases de crues afférentes

Document 8.12 - Bilans hydrologiques de la Vienne à Chinon en mai-juin 2016

➢ *La première onde de crue (22-27 mai)* n'écoula déjà que 15 % des 30,7 mm de pluies.

➢ *L'onde majeure du 24 mai au 13 juin* (31,4 mm) n'en écoula que 43 %.

➢ *Avec la troisième vague de hautes eaux* (13-30 juin), le coefficient d'écoulement n'a même pas atteint « *une goutte d'eau sur quatre* ».

La Vienne annonce déjà les bilans médiocres de la partie angevine et armoricaine de la Loire. Comparons la Creuse et le Clain.

➢ Entre le 8 mai et le 30 juin, le bassin de la Creuse reçut 194,1 mm de pluie et celui du Clain 184,3 mm seulement. Mais alors que la Creuse à Leugny écoulait 75,8 mm ou 39 % de l'apport pluvial, le Clain à Dissay n'écoulait que 31,3 mm d'eau soit 17 % seulement des précipitations qu'il avait reçues !

➢ Si on ne retient que le cœur de l'événement du 25 mai au 15 juin, l'apport pluvial fut de 71,3 mm sur la Creuse et de 64,1mm sur le Clain. Au cours de cette onde de crue, la Creuse écoula une lame de 52,7 mm d'eau, soit un coefficient d'écoulement de 74 %. Dans le même temps, le Clain n'écoulait que 15,8 mm avec un coefficient d'écoulement réduit à 25 % !

La crue à Leugny était encore une crue quinquennale, et pour ce qui nous concerne, une crue d'origine limousine. À l'inverse, la crue du Clain à Dissay n'avait atteint que 54 % d'une crue biennale : on était déjà dans l'Ouest. Le rôle dominant appartient à la variable du bassin versant : ses précipitations (document 8.14).

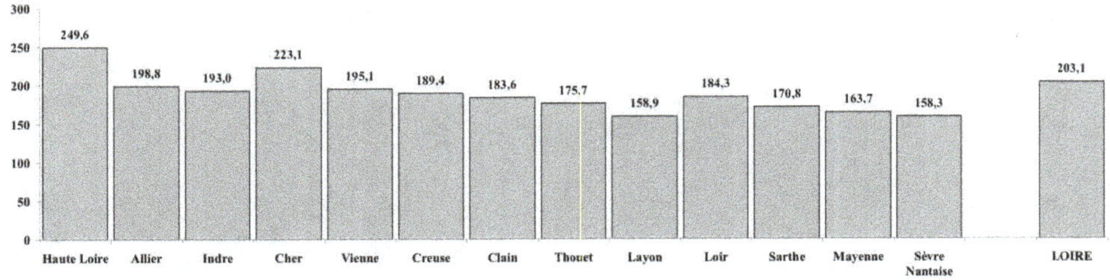

Document 8.13 - Précipitations par bassins versant : 8 mai - 30 juin 2016

Certes, par rapport à la Creuse, le bassin du Clain est moins aquiclude et moins accidenté car il s'écoule entièrement dans le sud du Bassin de Paris, mais il est surtout moins arrosé. À l'évidence, les précipitations tendaient à reculer au fur et à mesure qu'on se rapprochait de l'océan, et ce plus précisément en Anjou.

V - Du Bec de Vienne à l'estuaire

Entre Saumur et Nantes, la crue eut plutôt tendance à se réduire, alors que les affluents sont encore nombreux et importants sur la rive droite (document 1.1). Ne perdons pas de vue qu'entre Saumur (81 200 km^2) et Nantes (114 920 km^2), le bassin versant, qui gagne encore 33 720 km^2, s'accroît de 42 %. En effet, entre Saumur et Montjean, la Loire reçoit le Thouet et le Layon sur la rive droite et le bassin de la Maine sur la rive gauche. En aval, seule la Sèvre rejoint le fleuve dans Nantes.

Pourtant, entre Saumur (document 8.8) et Nantes (document 8.1), le bilan hydrologique s'est considérablement dégradé. À Saumur, le coefficient d'écoulement de l'ensemble de la crue était de 39 % ; à Nantes, il n'était plus que de 28 %. Pourtant, les pluies estimées sur l'ensemble du bassin étaient de 199,3 mm à Saumur et de 200,6 mm à Nantes. Même pour l'onde de crue majeure, du 29-30 mai au 14-15 juin 2016, le coefficient qui avait atteint 56 % à Saumur n'était plus que de 44 % à Nantes.

On sait que les affluents angevins et armoricains n'ont pas connu la même abondance que ceux de l'amont, mais la méthode des bilans permet de mieux rendre compte de ces différences.

1°) Dès Saumur, la Loire reçoit l'apport du Thouet (document 8.14), et nous retrouvons une observation faite sur le Clain. Premièrement, le Thouet a été moins arrosé en mai-juin 2016, avec seulement 172,8 mm. Nous savions que la crue de juin y avait été modeste : 17,5 m³/s le 30 mai et 15,8 m³/s le 18 juin. Mais, dans son ensemble, entre le 12 mai et le 26 juin, la crue n'écoula qu'un total de 19 mm avec un coefficient d'écoulement de 11 % seulement

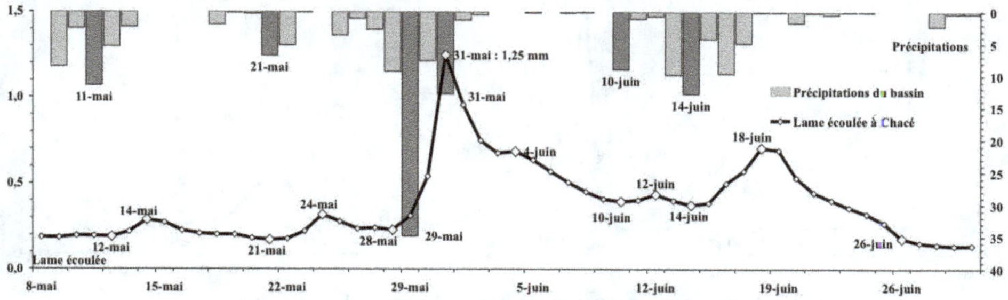

a) Hydrogramme et hyétogramme du Thouet à Saumur

Lames écoulées		Précipitations		Coefficient d'écoulement
Dates	Qmm	Dates	Pmm	Q/P.%
12 mai - 26 juin	**19,0**	**9 mai - 24 juin**	**172,8**	**11%**
12 - 21 mai	2,2	9 - 13 mai	30,2	7%
21 - 28 mai	**1,9**	**18 - 23 mai**	**14,3**	**13%**
28 mai - 10 juin	**8,4**	**25 mai - 2 juin**	**73,5**	**11%**
10 - 14 juin	**2,0**	**10 - 12 juin**	**10,6**	**19%**
14 - 26 juin	**5,7**	**11 - 24 juin**	**43,8**	**13%**

b) Episodes s pluvieux et phases de crues afférentes

Document 8.14 - Bilans hydrologiques du Thouet à Saumur en mai-juin 2016

C'est ce coefficient qui devient intéressant, car la crue se divise en cinq parties :

➢ *12-21 mai* : le sol, loin d'être saturé, reçut 30,2 mm de pluies, mais l'écoulement n'a réagi que par une petite onde de crue de 2,2 mm, soit un coefficient d'écoulement de 7 %.

➢ *21-28 mai* : le sol commençait à se saturer, et malgré une série pluvieuse modeste de 14,3 mm, la crue ne mobilisa que 1,9 mm. On a atteint un coefficient d'écoulement de 13 % (ce qui d'ailleurs reste faible).

➢ *28 mai-10 juin* : il s'agit du centre de gravité de la crue provoquée par une suite d'averses de 73,5 mm. Mais la réponse du bassin : 8,4 mm écoulés, ne concerne que 11 % des précipitations.

➢ *10-14 juin* : cette courte crue de 2 mm écoulés représenta pourtant 19 % de l'averse responsable : 10,6 mm.

➢ *14-26 juin* : un retour des précipitations (43,8 mm) provoqua un « ruissellement » de 5,7 mm, mobilisant 13 % de l'averse.

L'aptitude du bassin à connaître le ruissellement est indéniable ; le Thouet peut connaître des crues. Toutefois l'analyse de l'épisode rappelle que cette faculté n'est valable que si les précipitations ont un volume suffisant. Avec 172,8 mm, « l'apport n'aurait pas suffi à engendrer un coefficient d'écoulement (11 %) assez élevé pour générer une crue ». Rappelons que sur le centre de gravité de la crue (environ 28 mai - 15 juin) le coefficient d'écoulement était de 54 % à Nevers et à Cuffy, de 64 % sur le Cher à Tours, 94 % sur la Sauldre.

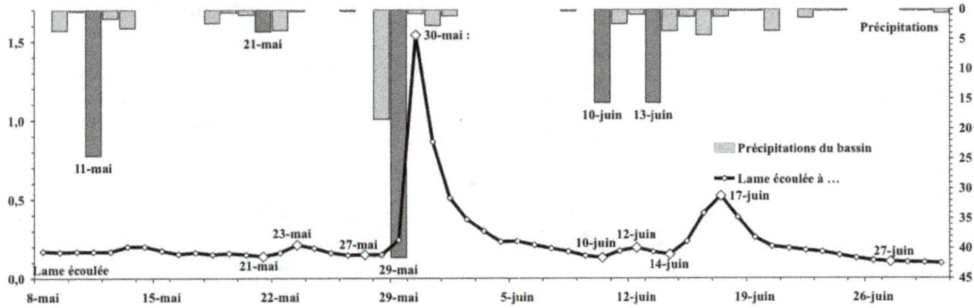

a) Hydrogramme et hyétogramme du Layon à Saint-Généroux

Lames écoulées		**Précipitations**		**Coefficient d'écoulement**
Dates	**Qmm**	Dates	**Pmm**	**Q/P.%**
21 mai - 27 juin	**10,1**	**18 mai - 16 juin**	**118,5**	**9%**
21 - 27 mai	1,2	18 - 23 mai	10,6	11%
27 mai - 10 juin	**5,4**	**28 - 30 mai**	**60,4**	**9%**
10 - 14 juin	0,8	1 - 12 juin	18,8	4%
14 - 27 juin	3,2	13 - 16 juin	24,7	13%

b) Episodes s pluvieux et phases de crue afférentes

Document 8.15 - Bilans hydrologiques du Layon à Saint-Généroux en mai-juin 2016

2°) Sur la rive gauche, arrive ensuite le Layon (document 8.15). Le cas de figure est très voisin de celui du Thouet, car le Layon, sur la Corniche Angevine, peut connaître un ruissellement abondant et générateur de crues. La crue de juin y fut cependant très modeste : 16,4 m^3/s le 16 mai, c'est-à-dire 29 % de la crue biennale. L'onde du 21 mai au 27 juin ne mobilisa que 10,1 mm, mais l'apport pluvial qui ne dura que du 18 mai au 16 juin n'a été que de 118,5 mm. Le coefficient d'écoulement n'a été que de 9 %. Cependant, le détail confirme une faculté au ruissellement qui fonctionna aux périodes suivantes :

➢ *21-27 mai* : la lame écoulée n'a été que d'1,2 mm, soit 11 % cependant des 10,6 mm chus.

➢ *27 mai - 10 juin* : l'onde principale avait écoulé 5,4 mm, mais l'averse fut de 60,4 mm, et le coefficient d'écoulement ne fut que de 9 %.

➢ *10-14 juin* : les précipitations se sont réduites à 18,8 mm, en conséquence, avec 0,8 mm, le Layon n'en écoula que 4 %.

➢ *14-27 juin* : les pluies ont totalisé 24,7 mm, ce fut suffisant pour provoquer une onde de 3,2 mm, soit 13 % de l'apport pluvial.

Du fait d'une pluviométrie incapable de provoquer un fort coefficient d'écoulement malgré une aptitude certaine du bassin à générer du ruissellement, le Layon n'a pas contribué à la crue ligérienne. On voit se dessiner un seuil.

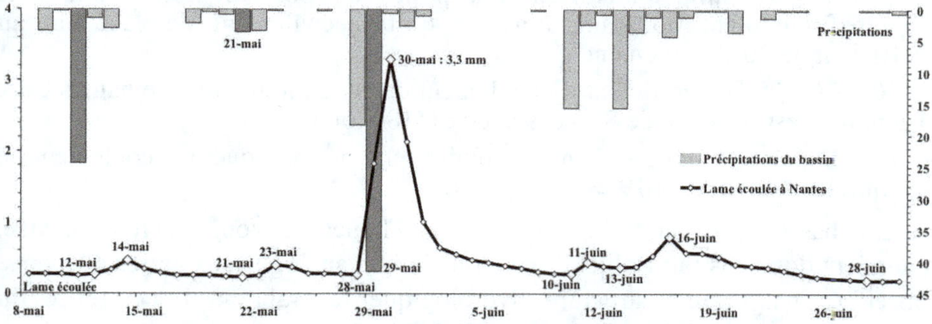

a) Hydrogramme et hyétogramme de la Sèvre Nantaise à Nantes

Lames écoulées		Précipitations		Coefficient d'écoulement
Dates	Qmm	Dates	Pmm	Q/P.%
12 mai - 28 juin	**24,1**	**9 mai - 24 juin**	**157,9**	**15%**
12 - 21 mai	2,9	9 - 13 mai	32,4	9%
21 - 28 mai	2,3	18 - 23 mai	10,6	22%
28 mai - 10 juin	**12,2**	**26 - 30 mai**	**60,6**	**20%**
10 - 13 juin	1,5	10 - 12 juin	18,8	8%
13 - 28 juin	5,9	13 - 24 juin	31,7	19%

b) Episodes s pluvieux et phases de crues afférentes

Document 8.16 - Bilans hydrologiques de la Sèvre Nantaise à Nantes en mai-juin 2016

3°) Pour rester sur la rive gauche, quel fut le bilan de la Sèvre Nantaise ? La crue de juin se déroula du 12 mai au 28 juin, avec une onde principale du 28 mai au 10 juin (document 8.16). Cette onde fut précédée, puis suivie par deux épisodes de hautes eaux.

Nous retiendrons surtout le recul de l'apport pluvial : 157,9 mm répartis en trois ensembles nettement séparés du 9 mai au 24 juin 2016. L'ensemble des ondes de crue et hautes eaux totalisa une lame de 24,1 mm ne constituant que 15 % de l'apport des précipitations. C'est un coefficient certes supérieur au même épisode mesuré sur le Thouet et le Layon, mais il reste très inférieur aux coefficients rencontrés sur l'Indre, le Cher, la Vienne, la Creuse et même le Clain. Avec un débit de 30 m^3/s, la pointe de crue du 30 mai n'avait atteint que 30 % de l'estimation du débit d'une crue biennale.

La décomposition de l'épisode confirme la faiblesse du ruissellement sur le Massif Vendéen.

➢ *12-21 mai* : l'averse avait apporté 32,4 mm d'eau (dont 24,4 mm le 11 mai) ; pourtant, l'onde de crue ne fut que de 2,9 mm, avec un coefficient d'écoulement de 9 %.

➢ *21-28 mai* : l'averse suivante survint sur un sol saturé ; malgré un apport de 10,6 mm seulement, elle assura une lame d'eau de 2,3 mm et un coefficient d'écoulement de 22 %.

➢ *28 mai - 10 juin* : toutefois, l'onde principale, pourtant issue d'une série d'averses cumulant 60,6 mm, n'assura qu'un écoulement de 12,2 mm au coefficient de 20 % seulement.

➢ *10 - 13 juin* : le coefficient d'écoulement de cette faible onde de hautes eaux (1,5 mm) n'est plus que de 8 % des averses (18,8 mm).

➢ *13 - 28 juin* : Ce sont 31,7 mm de pluies qui ont provoqué un écoulement de 5,9 mm, lequel mobilisa 19 % de l'apport.

Les bassins versants du « Bocage », Thouet, Layon, Sèvre Nantaise, n'auraient donc pas fait l'objet d'une crue de juin analogue aux autres affluents. En effet, malgré une structure hydrologique favorable à l'occurrence du ruissellement, les précipitations se révélèrent inférieures à un seuil nécessaire à l'apparition d'un coefficient d'écoulement suffisamment élevé. Ce seuil, il nous est maintenant possible de le chiffrer. Nous avons comparé les coefficients d'écoulement en des points cruciaux avec la pluviométrie des mois de mai et de juin 2016 ...

	Haute Loire	Allier	Cours/Loire	Loire-Tours	Indre	Cher
Pmm	253	199	226	203	193	223
Q/P.%	40 %	38 %	32 %	40 %	32 %	36 %
	Vienne	**Creuse**	**Clain**	Thouet	Layon	Sèvre
Pmm	195	**189**	**184**	176	160	159
Q/P.%	25 %	**38%**	**17 %**	11 %	6 %	15 %

... Un seuil apparaît « entre la Creuse et le Clain » : la pluviométrie s'abaisse de 189 à 184 mm, ce qui est peu, mais le coefficient d'écoulement est presque divisé par 2. Nous ne généraliserons pas, mais pour ce qui concerne la crue de juin 2016, la baisse de la pluviométrie serait responsable d'un effondrement du coefficient d'écoulement qui expliquerait que la crue, et surtout sa pointe principale, furent négligeables dans la partie occidentale du bassin. Les différences ne concernent que celles des constantes de la structure hydrologique des bassins versants.

4°) Le bilan de la Maine à Bouchemaine confirme cette remarque (document 8.17). La Loire reçoit les eaux d'un bassin versant de 22 138 km^2. Entre le 10 mai et le 30 juin 2016, la Maine écoula une lame d'eau de 30,8 mm dont le débit maximum se situa le 10 juin (391 m^3/s), une date déjà tardive pour influencer la pointe de crue de la Loire. Surtout, le coefficient d'écoulement est médiocre : 18 % des 171,5 mm de précipitations efficaces pour générer cette onde de crue.

Mais l'hydrogramme est très complexe :

➢ *Hautes eaux du 10 au 17 mai* : avec 2,8 mm, la Maine n'écoula que 15 % des 18,9 mm de pluies chues entre le 9 et le 14 mai.

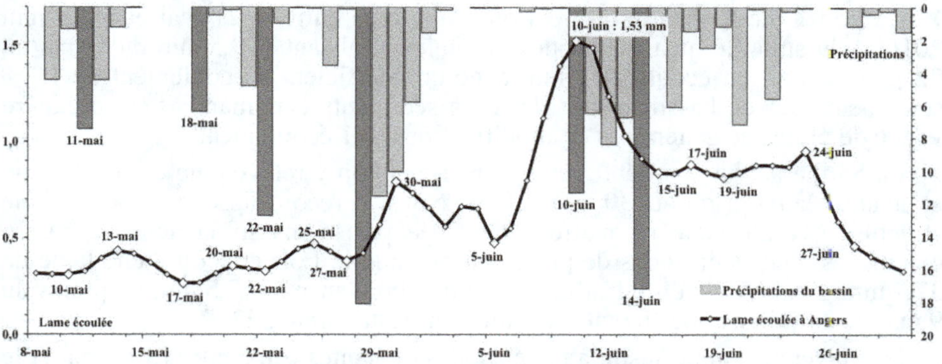

a) Hydrogramme et hyétogramme de la Maine à Angers

Lames écoulées		Précipitations		Coefficient d'écoulement
Dates	Qmm	Dates	Pmm	Q/P.%
10 mai - 27 juin	**30,8**	**9 mai - 24 juin**	**171,5**	**18%**
10 - 17 mai	2,8	9 - 14 mai	18,9	15%
17 - 22 mai	**1,9**	**18 - 20 mai**	**7,0**	**27%**
22 - 27 mai	2,4	21 - 24 mai	18,6	13%
27 mai - 5 juin	5,9	25 - 30 mai	43,4	14%
5 - 15 juin	**11,4**	**4 - 14 juin**	**51,7**	**22%**
15 - 19 juin	**4,2**	**15 - 17 juin**	**8,7**	**49%**
19 - 24 juin	**5,2**	**18 - 24 juin**	**16,8**	**31%**

b) Episodes s pluvieux et phases de crues afférentes

Document 8.17 - Bilans hydrologiques de la Maine à Angers en mai-juin 2016

➢ *Hautes eaux du 17 au 22 mai* : malgré une lame plus faible : 1,9 mm, le coefficient d'écoulement des averses des 18 et 20 mai (7 mm) fut de 27 %.

➢ *Hautes eaux du 22 au 27 mai* : les pluies ont été plus fortes : 18,6 mm, et la lame écoulée resta faible : 2,4 mm, abaissant le coefficient d'écoulement à 13 %.

➢ *Hautes eaux du 27 mai au 5 juin* : les pluies ont été assez copieuses (43,4 mm du 25 au 30 mai), mais la réponse de l'écoulement se limita à 5,9 mm ou 14 % de l'apport pluvial.

➢ *Crue du 5 au 15 juin* : le bassin reçut 51,7 mm, mais après la pointe de crue du 10 juin, et le coefficient d'écoulement de 22 % n'a guère de sens.

➢ *Hautes eaux du 15 au 19 juin* : le bassin a reçu 8,7 mm de pluies et, avec 4,2 mm, la Maine en écoula 49 %. C'est aussi absurde.

➢ *Hautes eaux du 19 au 24 juin* : le bassin fut arrosé par 16,8 mm de pluies et la Maine en écoula 5,2 mm, soit 31 % !

Ce bilan général ne fait que confirmer que le ruissellement fut modeste sur le bassin versant. En réalité, à Angers, arrivent les eaux du Loir, de la Sarthe et de la Mayenne dont les pointes de crue ne furent pas simultanées. Les bilans par affluents sont résumés sur le document 8.18. Si le Loir et la Sarthe ont fait l'objet d'une onde de crue au début, celle-ci fut étrangère à l'hydrogramme de la Mayenne :

➢ Le Loir a été le théâtre de trois ondes de crue entre le 21 mai et le 29 juin 2016. À la suite de quatre épisodes de pluies totalisant 179,5 mm du 9 mai au 22 juin, le Loir en écoula 28,1 mm avec un coefficient d'écoulement de 16 % seulement. Sur ce bassin inscrit dans les sédiments cénomaniens, la première vague de pluies ne généra pas de modifications de l'écoulement

➢ La Sarthe accrut son débit dès le 9 mai, puis on y relève cinq ondes de crue et hautes eaux jusqu'au 30 juin 2016. Nous y reconnaissons le rôle d'une structure hydrologique en partie déterminée par le massif ancien. Le bassin connut les mêmes épisodes de précipitations que le Loir et écoula une lame de 37,7 mm d'eau. Mais du fait d'une moindre abondance : 168,5 mm de pluies du 9 mai au 24 juin, le coefficient d'écoulement resta faible : 22 %.

➢ La Mayenne connut jusqu'à six épisodes de hautes eaux entre le 10 mai et le 30 juin 2016. Dans leur ensemble, ils définissent une onde de crue de 33 mm afférente aux mêmes cycles d'averses que les deux autres affluents, mais avec un total de 161,6 mm seulement. Bien que drainant le Massif Armoricain, la Mayenne n'a connu qu'un coefficient d'écoulement de 20 %.

Dans son ensemble (document 8.17) comme dans le détail (document 8.18) la pluviométrie de la Maine resta très en dessous du seuil que nous avons défini ci-dessus : un total compris entre 185 et 190 mm pour provoquer un ruissellement capable de générer une « forte crue ». Le détail des ondes secondaires confirme un coefficient d'écoulement resté trop faible du fait de précipitations trop modestes.

➢ Le Loir n'a connu que des passages pluvieux importants : 70,4 mm du 18 mai au 2 juin et 66,2 mm du 4 au 24 juin. Cependant, les coefficients d'écoulement ont péniblement atteint 20 %. Avec 144 m^3/s, le 4 juin, la pointe n'avait atteint que 90 % de la crue biennale.

➢ Les cinq pointes de hautes eaux et de crues de la Sarthe ne doivent pas faire illusion. Les trois premiers écoulèrent moins de 5 mm d'eau chacun, et seuls les épisodes du 26 mai au 10 juin (13,6 mm) et du 10 au 30 juin (16,4 mm) ont un sens. Il est vrai que l'épisode du 26 mai au 10 juin écoula 30 % de son averse. Cependant, avec 136 m^3/s le 1er juin, le maximum ne constituait que 68 % de la crue biennale.

➢ Enfin, la Mayenne eut un « fonctionnement anormal ». Si les trois premières ondes de crue répondirent par des coefficients d'écoulement de 30 à 50 % à leurs averses, les 34,7 mm d'eau chus entre le 28 mai et le 8 juin furent quasiment sans effet : coefficient d'écoulement de 23 %, et la seule pointe de crue fut celle du 20 au 30 juin, avec un coefficient d'écoulement de 28 % (cependant 87 m^3/s le 24 juin ne couvrent que 28 % de la cure biennale). La Mayenne n'avait connu que des hautes eaux.

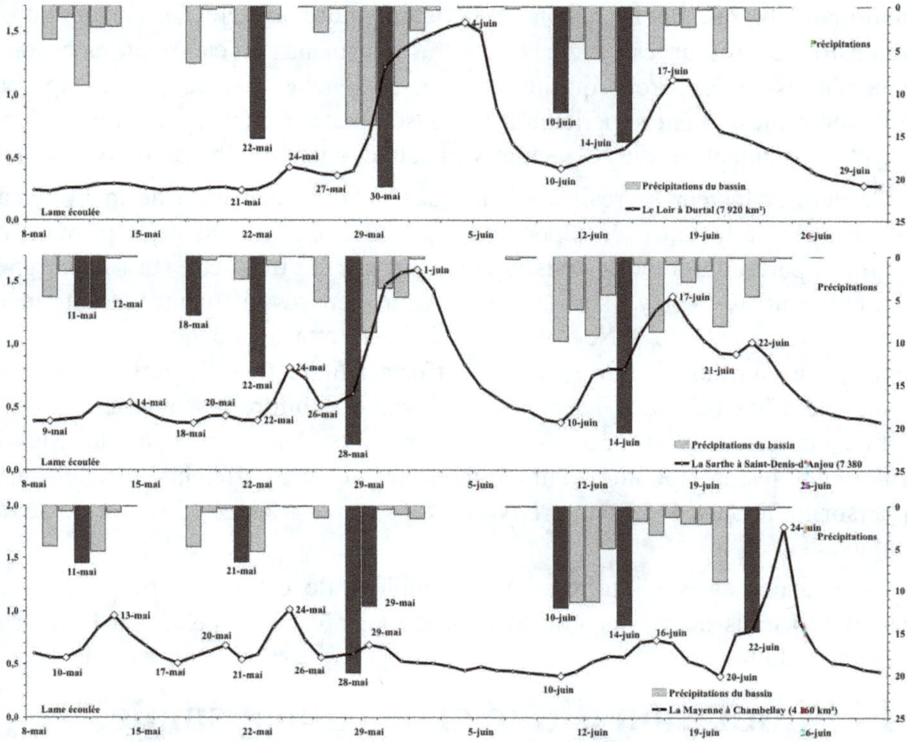

a) Hydrogramme et hyétogramme de la Maine à Angers

	Lames écoulées		Précipitations		Coefficient d'écoulement
	Dates	Qmm	Dates	Pmm	Q/P.%
LOIR	**21 mai - 29 juin**	**28,1**	**9 mai - 22 juin**	**179,5**	**16%**
	21 - 27 mai	2,4	9 - 13 mai	19,2	13%
	27 mai - 10 juin	**14,4**	**18 mai - 2 juin**	**70,4**	**20%**
	10 - 29 juin	**12,2**	**4 - 24 juin**	**66,2**	**18%**
SARTHE	**9 mai - 30 juin**	**37,7**	**9 mai - 24 juin**	**168,5**	**22%**
	9 - 18 mai	4,4	9 - 14 mai	18,8	23%
	18 - 22 mai	2,0	18 - 20 mai	7,5	27%
	22 - 26 mai	3,0	21 - 24 mai	17,8	17%
	26 mai - 10 juin	**13,6**	**15 mai - 1er juin**	**45,2**	**30%**
	10 - 30 juin	**16,4**	**7 - 22 juin**	**79,4**	**21%**
MAYENNE	**10 mai - 30 juin**	**33,0**	**9 mai - 24 juin**	**161,6**	**20%**
	10 - 17 mai	5,5	9 - 14 mai	18,6	30%
	17 - 21 mai	2,9	18 - 20 mai	5,9	49%
	21 - 26 mai	4,3	21 - 24 mai	12,4	35%
	26 mai - 10 juin	**8,1**	**28 mai - 8 juin**	**34,7**	**23%**
	10 - 20 juin	**6,1**	**10 - 16 juin**	**59,0**	**10%**
	20 - 30 juin	**8,4**	**17 - 24 juin**	**29,6**	**28%**

b) Episodes s pluvieux et phases de crues afférentes

Document 8.18 - Bilans hydrologiques du Loir à Durtal, de la Sarthe à St. Denis d'Anjou et de la Mayenne à Chambellay en mai-juin 2016

La qualité des structures hydrologiques jouerait certes en faveur du ruissellement, et c'est probablement vrai en hiver. Mais une crue de juin est

« anormale du fait de la saison » : la température est élevée, l'évaporation s'intensifie, et surtout les végétaux sont très gourmands en eau pour les besoins de la photosynthèse. Pour qu'une crue se déclenche, il faut que les apports pluviométriques soient supérieurs à la consommation photosynthétique, d'une part, et surviennent sur des sols saturés en eau au cours de l'hiver, d'autre part.

Ce dernier facteur se réalisa sur la quasi-totalité du bassin de la Loire car l'hiver avait été très arrosé. Cependant, l'abondance pluviométrique printanière ne fut pas partout au rendez-vous. Son occurrence est très nette sur l'Auvergne, et plutôt sur le Velay, sur la haute Loire et ses affluents (coefficients d'écoulement de 41 % à Nevers). On retrouve cette abondance des pluies en Limousin et surtout en Berry, où elle affecta l'Indre (coefficients de 39 % à Monts), le Cher (42 % à Tours, et 64 % sur la Sauldre à Romorantin) et la Vienne (coefficients de 30 % à Chinon). En Anjou et dans le Massif Armoricain, les précipitations ont été modestes et les coefficients se réduisent à 11 % sur le Thouet, 9 % sur le Layon, 18 % sur la Maine, 15 % sur la Sèvre Nantaise).

On pourrait alors s'interroger sur l'ampleur de cette crue de juin si les averses des mois de mai et juin avaient été au niveau de celles du Berry sur l'ensemble du bassin versant.

VI - Simulation d'une crue cataclysmale

La Loire est jaugée à Blois et à Montjean depuis 1863, et les débits les plus élevés ont été de 6 000 m^3/s à Blois, 29 septembre 1866 et de 6 300 m^3/s à Montjean le 1er décembre 1910. Nous avons été tenté par la réalisation d'une « simulation » en calculant quelles auraient pu être les précipitations d'une crue de 6 000 m^3/s à Blois les 4 et 5 juin 2016 et d'une autre de 6 300 m^3/s les 6 et 7 juin 2016 à Montjean. Dans le premier exemple, on aurait affaire à une crue de « type cévenol » en provenance des bassins de l'Allier et de la haute Loire, et dans le second exemple, l'onde de crues serait le fruit des pluies cycloniques survenues en Limousin et sur e Massif Armoricain.

A - Cas de figure de 6 000 m^3/s à Blois les 4 et 5 juin 2016

La méthode consiste à reconstituer les hydrogrammes et les hyétogrammes d'une crue hypothétique dont le débit maximal aurait atteint 6 000 m^3/s alors qu'il n'était que de 1 710 m^3/s les 4 et 5 juin 2016. Les résultats sont illustrés par le document 8.19.

➢ Une crue de 6 000 m^3/s est 3,5 fois plus abondante qu'une crue de 1 710 m^3/s, et nous avons pris le parti que le profil de l'hydrogramme serait le même. Les débits réels, du 30 mai au 14 juin 2016 ont été multipliés par 3,5. L'écoulement moyen de ses 16 jours serait de 3 922,1 m^3/s, soit une lame écoulée de 141,5 mm.

➢ À Romorantin, la Sauldre écoula 95 % des précipitations du bassin, et nous avons repris ce coefficient d'écoulement, ce qui implique un total pluviométrique de 148,9 mm. La suite des averses responsables de la crue de juin 2016 est estimée à 85,3 mm soit 57,3 % des 148,9 mm supposé responsable d'une crue culminant à 6 000 m³/s. Faute de mieux, nous avons choisi la même répartition des averses, du 24 mai au 3 juin, avec un maximum de 125,8 mm du 28 au 31 mai.

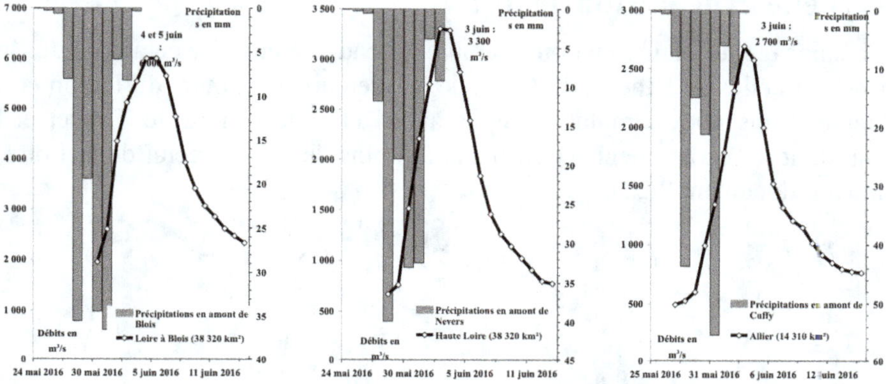

Document 8.19 - Simulation d'une crue de 6 000 m³/s à Blois

L'intérêt de cette simulation est sa « faisabilité ». La structure hydrologique du bassin versant est favorable, et il n'était pas nécessaire d'avoir des pluies anormalement élevées pour y parvenir. Une série pluvieuse de 148,9 mm en 11 jours n'a rien d'exceptionnel. Il en serait de même des 125,8 mm chus entre le 28 et le 31 mai : ce sont 31,4 mm/jr, et le maximum aurait été de 36,5 mm le 31 mai. Un « épisode cévenol » (plus fréquent en automne, mais possible au printemps) peut amener 200 mm à 400 mm de pluies sur le versant sud des Cévennes. « Réchauffement climatique » aidant, un tel épisode peut franchir la crête et atteindre le versant de la Loire et de l'Allier, en ne perdant pas de vue que ces bassins avaient été saturés au cours de l'hiver.

Nous avons effectué le même calcul sur la Loire à Nevers et l'Allier à Cuffy. Nous avons estimé arbitrairement que le débit de pointes aurait été de 6 000 m³/s à Cours-les-Barres.

➢ Avec un drainage de 17 570 km², la haute Loire aurait écoulé55,1 % de la crue, soit un débit de pointe de 3 300 m³/s à Nevers le 2 juin 2016. La crue se serait produite du 28 mai au 13 juin, avec une lame écoulée de 142,5 mm. Pour un coefficient d'écoulement de 95 %, l'averse responsable aurait apporté 150 mm de pluies, dont 124,5 mm entre le 28 et le 31 mai, avec une pointe de 39,9 mm le 28 mai.

➢ Le drainage de l'Allier à Cuffy est 14 310 km²; la pointe de crue aurait atteint 2 700 m³/s le 3 juin 3016, avec un total écoulé de 154,6 mm. L'averse responsable aurait totalisé 162,7 mm entre le 25 mai et le 3 juin, avec un maximum de 55,4 mm le 31 mai.

Ces estimations qui relèvent de calculs simples montrent qu'on n'est pas à l'abri d'un retour des événements de 1856. Avec un tel débit, les levées auraient probablement « explosé ». Les « Vals » auraient été sous l'eau, c'est-à-dire, près de la moitié des habitants de Blois et une grande partie des activités économiques.

B - Quelle crue à Montjean ?

Ce jaugeage du Maine-et-Loire cumule les eaux de la Loire en amont du Bec du Cher, et celles de l'Indre, du Cher, de la Vienne, du Thouet, du Layon et de la Maine. Dans notre simulation, nous avons éliminé l'Indre, le Thouet et le Layon, dont les écoulements contribuent à moins de 3 % de celui de la Loire à Montjean (document 8.20).

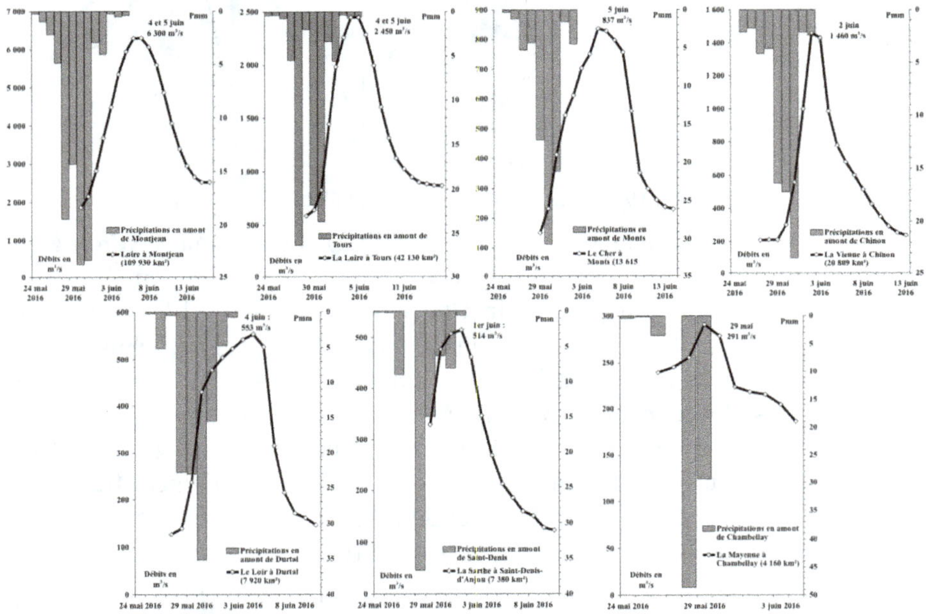

Document 8.20 - Simulation d'une crue de 6 300 m^3/s à Montjean

La plus forte crue mesurée fut de 6300 m^3/s le 1er décembre 1910. Aussi avons-nous commencé par estimer le total pluviométrique à partir de l'hydrogramme de Montjean pour une crue de 6 300 m^3/s les 6 et 7 juin 2016. Ce serait un débit 1,7 fois plus élevé que celui qui fut mesuré à ces deux dates : 3 700 m^3/s. Pour obtenir 6 300 m^3/s, il faudrait 2 450 m^3/s sur la Loire à Tours, 810 m^3/s sur la Cher à Monts, 1 230 m^3/s sur la Vienne à Chinon et 1 360 m^3/s sur la Maine à Angers (pour être complet on ajouterait 200 m^3/s sur l'Indre, 20 m^3/s sur le Thouet et 55 m^3/s sur le Layon). Or, ces valeurs furent atteintes, voire dépassées sur le Cher et le Vienne (document 7.18) :

➢ À Monts, le Cher écoula largement ce qu'exigerait la simulation : 837 m^3/s le 5 juin et encore 828 m^3/s le 6 juin (avec un coefficient d'écoulement de 64 % « seulement »).

➢ À Chinon, la Vienne se retrouva dans la même situation : 1 460 m^3/s le 2 juin et 1 430 m^3/s le 3 juin ; le coefficient découlement restant à 60 %.

Comme il semble peu vraisemblable qu'un coefficient d'écoulement de 95 % se soit réalisé en juin, nous avons simulé des crues afférentes à 60 % des apports pluviométriques.

➢ À Montjean, la Loire aurait alors écoulé 57,8 mm d'eau entre le 30 mai et le 16 juin. Avec un coefficient d'écoulement réduit 60 % les averses responsables auraient été de 96,3 mm, dont 80,6 mm du 28 au 31 mai, et deux maxima de 23,5 mm les 30 et 31 mai 2016. Ce sont des averses très vraisemblables largement dépassées sur le Cher.

➢ À Tours, on approcha le débit « simulé » avec 2 050 m^3/s les 4 et 5 juin 2016. Pour obtenir 2 450 m^3/s, le fleuve devait écouler 54,3 mm d'eau entre le 29 mai et la 16 juin, et avec un coefficient d'écoulement de 60 % le total pluviométrique aurait dû s'élever à 90,4 mm, avec des averses de 21,6 à 26,2 mm les 28, 30 et 31 mai (des valeurs qui restent vraisemblables).

On sait que le bassin de la de la Maine a connu une plus faible pluviométrie, et le document 8.20 rend compte des simulations sur ses trois affluents dans le cadre d'une pluviométrie responsable de pointes de crues de 554 m^3/s sur le Loir, 514 m^3/s sur la Sarthe et 292 m^3/s sur la Mayenne. En effet, pour un débit de 6 300 m^3/s à Montjean, la Maine aurait dû atteindre 1 360 m^3/s à Angers ; chaque affluent y contribuant proportionnellement à son drainage :

➢ À Durtal, sur le Loir, pour atteindre 554 m^3/s le 4 juin, il faut multiplier le débit de 2016 par 3,8. Le total écoulé du 27 mai au 10 juin serait de 55,2 mm. Un coefficient découlement de 60% exigerait 107 mm de pluies entre le 25 mai et le 2 juin, dont 96,1 mm du 28 au 31 mai avec une averse de 35 mm le 30 mai, une valeur qui reste vraisemblable.

➢ À Saint-Denis-d'Anjou, sur la Sarthe, il faudrait aussi multiplier la lame écoulée par 3,8 pour obtenir une pointe de crue de 514 m^3/s le 1er juin. La suite d'averses ne se réalisa que du 24 mai au 1er juin 2016. La Sarthe n'aurait écoulé que 45,2 mm afférents à une suite pluvieuse de 75,3 mm (coefficient d'écoulement de 60 %). Le maximum est réaliste : 36,6 mm le 28 mai.

➢ Enfin, la Mayenne n'avait écoulé que 33 m^3/s le 29 mai 2016, pour atteindre 292 m^3/s, il faudrait multiplier par 8,8 l'écoulement de la crue du 10 mai au 4 juin. Dans cette hypothèse (et celle d'un coefficient d'écoulement de 60 %) les averses qui se succédèrent du 24 au 29 mai auraient dû atteindre 48,6 mm le 28 mai et 29,3 mm le 29 mai, ce qui n'est pas impossible au cours d'un orage.

Ce sont des calculs qui restent de « *coin de table* », mais leur objectif est de montrer que la situation était critique. Si la pluviométrie du Massif Armoricain avait approché celle du Limousin et du Berry, la Loire aurait écoulé 6 300 m^3/s à Montjean les 4 et 5 juin 2016. Il est probable que les levées de la Loire angevine auraient été soumises à rude épreuve. Surtout, dans l'hypothèse d'un débit de 6 000 m^3/s à Blois, une valeur qui peut se maintenir à Tours et au Bec du Cher, le débit à Montjean aurait atteint une « valeur astronomique » : on dépasserait 9 500 m^3/s, du « jamais vu en Anjou » (mais en est-on certain ?) Les « Vals » se seraient retrouvés sous les eaux entre Nevers et Ancenis, comme en juin 1856. En effet, il est improbable que les levées auraient résisté. C'est d'ailleurs dans cette hypothèse que l'ingénieur Comoy avait préconisé des déversoirs et des levées fusibles dans la seconde moitié du XIXe siècle.

Conclusion et axes de recherches

Cette crue fut vite oubliée devant d'autres événements plus médiatiques. Il y a peu on me demanda : « *sur quoi travaillez-vous ?* ». J'ai répondu : « *sur les crues du bassin de la Loire en juin 2016* ». On s'étonna: « *Mais quelles crues ?* ». En effet, la crue de juin 2016 est tombée dans l'oubli, on ne se souvient plus qu'elle est montée sur les anciens quais du port de la ville de Tours, en aval du Pont Wilson. Le Cher avait inondé une bonne partie de la basse ville de Bléré, il avait coupé la circulation entre Montlouis et Veretz, il avait inondé la rive droite à Savonnières. S'il n'y eut pas plus de difficultés, c'est que là où elles existaient les levées ont joué leur rôle, et là où il n'en existait pas, les plaines alluviales furent submergées et certaines villes ont eu des inquiétudes. Un an après l'événement certains habitants sinistrés par la crue de la Sauldre à Romorantin n'avaient toujours pas été relogés.

Il existe dans les archives de la Banque Hydro des chroniques qui couvrent tout le XXe siècle ; en effet, on y a relevé les hauteurs d'eau est débits afférents à Blois et à Montjean depuis 1863. Dans un autre ouvrage (*Crues et étiages en France au XXe siècle : entre nature et aménagements* – L'Harmattan, Paris 2013) le traitement statistique de cette double série de chroniques nous avait permis de mettre en évidence quatre classes de hautes eaux : Classe 1 : 486 à 911 m^3/s, classe 2 : 911 à 1 708 m^3/s, classe 3 : 1 708 à 3 201 m^3/s et classe 4 : 3 201 à 6 000 m^3/s à Blois d'une part, et classe 1 : 1 140 à 1 748 m^3/s, classe 2 : 1 748 à 2 680 m^3/s, classe 3 : 2 680 à 4 109 m^3/s et classe 4 : 4 109 à 6 300 m^3/s à Montjean, d'autre part.

À Blois, les crues de classe 4 ont disparu dès la fin des années 1920. À l'inverse, les crues de classe 3 se sont maintenues, et elles furent « sévères » en 1910, au début des années 1940 et des années 1980 et, dans une moindre mesure, au début des années 2000. L'originalité est leur stabilité sur une longue période. Cette remarque concernait aussi les crues de classes 2 et 1. On avait alors évoqué les conséquences du reboisement du Massif Central, ce qui aurait naturellement mis un terme aux crues de classes 4, brutales et violentes. Ceci justifiait l'annulation de la construction des édifices écrêteurs de Serre de la Fare sur la Loire, du Veudre sur l'Allier et de Chanbonchard sur le Cher. Mais on ne le retrouvait pas à Montjean, et il se dégageait de la discrétisation de la longue série que les crues de la Loire à Montjean avaient eu une très légère tendance à augmenter. Nous en étions restés là, car l'ouvrage concernait l'ensemble des cours d'eau français pour lesquels nous disposions de longues séries de données. Les calculs mettaient très en valeur le rôle des aménagements hydroélectriques, ou liés à la navigabilité et/ou à l'irrigation sur la Garonne et ses affluents, sur le Rhône et son bassin français, et sur les cours d'eau méditerranéens.

Cependant, pour en revenir à la Loire, la seule comparaison des classes de crues à Blois, et Montjean montrait que les mécanismes étaient différents. À Blois ne s'écoule que l'eau venue de l'Auvergne et du Velay. Les crues les plus sévères (classe 4 : 3 201 à 6 000 m^3/s) ont été de 6 000 m^3/s en 1866, 4 500 m^3/s en 1872, 3 300 m^3/s en 1902, 4 700 m^3/s en 1907, 3 300 m^3/s en 1923 et 3 900 m^3/s en 1924. Il est vrai qu'elles ont « disparues par la suite ». Toutefois, les seuils ne sont que statistiques et le 9 décembre 2003, la Loire débitait encore 2 940 m^3/s à Blois. À Montjean, les plus fortes crues (classe 4 : 4 109 à 6 300 m^3/s) se sont produites 44 fois depuis 1866 ; et l'on peut noter des « relations » : 6 300 m^3/s en 1910 et 6 10 m^3/s en 1982, 5 050 m^3/s en 1879 et 5 030 m^3/s en 2000, 4 690 m^3/s en 1882 et 4 550 m^3/s en 2004, 4 110 m^3/s en 1869 et 4 060 m^3/s en 2003.

Oublions le reboisement du Massif Central ; ce sont les barrages sur la haute Loire et l'Allier qui réduisent les crues pour protéger les centrales nucléaires, comme ils les alimentent en eau l'été en augmentant artificiellement le débit d'étiage. On n'observe rien de tel à Montjean où arrivent simultanément les eaux du Limousin (Cher et Vienne) et du Massif Armoricain (Maine). En fait, la Loire comme ses affluents ne sont pas à l'abri d'une nouvelle crue cataclysmale au cours d'une année particulièrement pluvieuse. On fait grand cas des averses cévenoles ; l'une d'elles ravagea Brives-Charensac en 1980 ; à notre avis, il faut surtout se prémunir des crues de saison froide. Nous avons relevé les dates du débit maximum à Blois. Sur 146 débits maximums, 76 sont situés en hiver, c'est-à-dire un événement sur deux. On n'en connut que 23 en automne (octobre et novembre), contre 45 au printemps. En effet, les averses d'automne surviennent sur des bassins versants desséchés par l'été, alors que les crues de printemps sont facilitées par la saturation du milieu au cours de l'hiver (rassurons-nous, nous n'en avons relevé que 4 en juin).

La Loire est un cours d'eau de régime pluvial-océanique et n'est pas à l'abri des crues et des inondations de saison froide. Nous avons essayé de montrer comment la crue de juin aurait pu être une crue cataclysmale et elle le fut localement, sur la Sauldre. Nous avons passé l'âge de continuer des recherches, nous regrettons de ne pas avoir pu former de chercheurs à la pratique de l'analyse systématique des longues séries de données, qui existent, et qui sont de plus en plus précises.

Un autre axe de recherches pourrait entreprendre la suite des travaux de Maurice Champion : compiler et analyser les inondations à partir des sources historiques. Sur la Loire et ses affluents, la presse régionale regorge d'articles, complètement oubliés, mais relatifs à des événements qui se sont produits depuis le milieu du XIXe siècle, à époque où cessent les recherches de Maurice Champion. Les archives des organismes publics, l'Agence Loire-Bretagne par exemple, conservent aussi de nombreux rapports jamais vraiment publiés, ce qu'on nomme la « littérature grise ».

Pour ceux qui aiment traiter les données chiffrées, il faudrait effectuer une analyse systématique des crues et des hautes eaux, et en particulier pour les événements postérieurs aux années 1970, quand les pouvoirs publics se décidèrent à aménager la plupart des affluents de la Loire. Ces données sont quasiment en « libre-service » à la Banque Hydro. Ce travail pourrait remédier à la méconnaissance des mécanismes à l'origine de la genèse des grandes crues. Un travail de recherches pointu et détaillé pourrait consister dans le calcul systématique des coefficients d'écoulement de toutes les crues (affluents compris) pour lesquelles les données sont connues.

Certes, c'est un travail fastidieux, même si l'outil informatique apporte un certain confort. Mais il pourrait être scindé en plusieurs espaces géographiques dans le cadre de mémoires de Master. Pour d'autres, il y aurait là de nombreux sujets de thèse. Nous aimons rappeler que le traitement des données, s'il nécessite un investissement personnel important, n'engage pas de dépenses élevées, car les données sont majoritairement en ligne (celles de Météo France sont facturées), ce qui rend leur accès financièrement assez modéré.

Que les jeunes chercheurs se souviennent que la Loire n'a certainement pas encore dit son dernier mot.

Bonne chance …

Bibliographie sommaire

Yves BABONAUX - *Article Loire, fleuve et bassin*, Encyclopædia Universalis.

Eugène BIMBENET - *Mémoire à consulter sur les inondations de la Loire* - Revue Orléanaise. Recueil historique, archéologique et littéraire, 1847

Maurice CHAMPION - *Les Inondations en France depuis le VIe siècle jusqu'à nos jours* - V. Dalmont, Paris, 6 volumes, 1858-1864

Roger DION - *Le Val de Loire. Étude de géographie régionale*, Tours, Arrault, 1933, 752 p.

Roger DION - *Histoire des levées de la Loire*, Paris, 1961, 312 p

ETUDES LIGERIENNES - *Hier la crue de 1856* - Actes du colloque tenu à Nevers 23 et 24 novembre 2006 Numéro 14, 132 p. (2007).

Monique DACHARRY - *Précipitations et écoulement dans le bassin supérieur de la Loire en amont de Gien*, Thèse. Lettres. Brest. 1973.

Monique DACHARRY - *Les grandes crues historiques de la Loire* - La Houille Blanche, N° /7-1996, 7 pages.

Emmanuèle GAUTIER - *Construction sédimentaire d'une plaine d'inondation, bio-métamorphose et réponse topo-sédimentaire du fleuve Loire*, in Séminaire technique *Le transport sédimentaire : principes et expériences dans le basin ligérien*, tenu le jeudi 24 novembre 2011 à Vierzon, dans le cadre du Plan Loire, Grandeur nature 2007-2013.

Alain GIRET - *Crues et étiages en France au XXe siècle : entre nature et aménagements* - L'Harmattan, 278 pages, 2013.

MOATAR F & DUPONT N, coord. - *La Loire fluviale et estuarienne, un milieu en évolution* - Ed Quae, 320 p. 2017,

Pierre NEHLIG - *Géologie du bassin de la Loire* - Géosciences. 2010.

PLAN LOIRE GRANDEUR NATURE (Equipe pluridisciplinaire du) - *Document d'information communal sur les risques majeurs, guide de rédaction pour une réalisation en régie par une commune* - Agence de l'Eau Loire-Bretagne, Orléans, 2005, 37 pages.

SOGREAH - *Extension prévisible des inondations pour les crues fortes en Loire moyenne* - Note de présentation du val d'Orléans - sur le site de l'EPL dédié au Plan Loire, janvier 2003

DIRECTION REGIONALE DE L'ENVIRONNEMENT, DE L'AMENAGEMENT ET DU LOGEMENT CENTRE SERVICE LOIRE ET BASSIN LOIRE-BRETAGNE, DELEGATION DE BASSIN - *Schéma directeur de prévision des crues - Bassin Loire-Bretagne et bassins Charente et Seudre* - http://www.centre.developpement-durable.gouv.fr/

Table des matières

La géographie aux éditions L'Harmattan

Dernières parutions

NATURES
Miroir des hommes ?
Sous la direction de Sylvie Guichard-Anguis, Anne-Marie Frérot et Antoine Da Lage
La Nature, par définition, n'a rien à dire. Elle est silencieuse. Pourtant, l'homme l'a toujours couverte d'intentions. Cette nature qui nous environne et nous domine répond aussi à nos besoins. Mais, selon les lieux, les époques, s'agit-il des mêmes besoins et mêmes populations ? Cette problématique invite le lecteur au voyage : voyage au cœur des lieux de nature, au cœur des cultures humaines, peut-être au cœur de l'homme lui-même. La condition humaine dans la Nature est une construction aux multiples facettes, reposant sur les perceptions, les représentations, sur les imaginaires et les cultures.
(Coll. Géographie et cultures, 30.00 euros, 336 p.)
ISBN : 978-2-343-03367-9, ISBN EBOOK : 978-2-336-35223-7

ÉTAT (L') ET SA POLITIQUE EXTÉRIEURE
La géographie des diplomates
Villard Jean-Pierre
Dans le cadre de négociations en vue de formaliser un traité de paix, les diplomates font bon usage de documents géographiques. Lors de certaines négociations, des géographes sont associés. Aujourd'hui, les géographes ont moins les faveurs des gouvernements et des médias. Les attaques maladroites contre la géographie classique, dans le sillage des évènements de mai-juin 1968, ont causé du tort à cette discipline. L'auteur de cet ouvrage propose de montrer que la géographie est d'une grande utilité pour les diplomates.
(Coll. Territoires de la géographie, 27.00 euros, 260 p.)
ISBN : 978-2-343-03246-7, ISBN EBOOK : 978-2-336-35275-6

GÉOGRAPHIE D'INTERFACES
Formes de l'interface humanité/espaces terrestres
Brun-Picard Yannick
Cet ouvrage met en lumière des potentialités ouvertes de l'emploi et de la validation du concept d'interface humanité/espaces terrestres pour la géographie et par extension pour toutes les sciences humaines, pour lesquelles les liens entre la surface terrestre, les activités anthropiques, les finalités et les acteurs sont imbriqués au sein de la construction de territoires de nature et de destination parfois opposées.
(Coll. Logiques sociales, 27.00 euros, 264 p.)
ISBN : 978-2-343-00322-1, ISBN EBOOK : 978-2-296-53292-2

RÉPONSE (LA) DE L'OISEAU
Qu'attendent de nous les animaux ?
Sastre Danièle
Depuis toujours le projet de domestication inclut le fait de faire naître les animaux pour les tuer, à un moment ou à un autre. Tant que l'homme n'aura pas clairement défini ce qu'est l'animal pour lui - ce que sont les animaux pour les hommes - les choses ne pourront pas avancer. Cet

ouvrage a été supervisé par des spécialistes en chacune des matières abordées, philosophie, droit, biologie, peinture.
(19.00 euros, 200 p.)
ISBN : 978-2-296-99850-6, ISBN EBOOK : 978-2-296-53394-3

MORT (LA) EST DANS LE PRÉ
Guéret Eric
«Quand on découvrira toute la vérité sur les dangers des pesticides, ce sera un scandale pire que celui du sang contaminé. Je n'ai pas de raisons de me taire». L'agriculteur qui nous parle est atteint d'un cancer à 47 ans. C'est une victime des pesticides qu'il manipule tous les jours. Des centaines d'agriculteurs sont frappés, victimes des produits phytosanitaires. Diagnostics : maladie de Parkinson, leucémie, cancers... Une immersion auprès de ces agriculteurs atteints de maladies mortelles.
(20.00 euros)
ISBN : 978-2-336-00811-0

PRZEWALSKI
Le dernier cheval sauvage
Charbonnier Laurent, Garing Dominique
Les chevaux de Przewalski sont une espèce considérée comme éteinte à l'état sauvage depuis environ un demi-siècle. Nous assisterons au retour d'une dizaine d'entre eux en Mongolie dont ils sont originaires, grâce au travail de l'association Takh qui depuis vingt ans œuvre pour rendre ces animaux à la liberté.
(20.00 euros)
ISBN : 978-2-336-29410-0, ISBN EBOOK : 978-2-296-53462-9

MOTS (LES) DE L'EAU
Dictionnaire des eaux douces – De la métrique à la symbolique
Bethemont Jacques
Ce siècle sera celui de l'eau rare, précieuse, convoitée et difficile à partager. Mais de quoi est-il question ? Il y a l'eau des ingénieurs et celle des poètes, l'eau des agriculteurs et celle des urbanistes, l'eau des stratèges et celle des pèlerins. Il y a le miracle de l'eau qui vivifie les déserts et la malédiction de la grêle ou de la crue. Ce dictionnaire présente diverses formes, usages et symboles de l'eau en assumant les approches du scientifique, de l'ingénieur et du poète.
(34.50 euros, 334 p.)
ISBN : 978-2-336-00562-1, ISBN EBOOK : 978-2-296-50868-2

COURS (LES) D'EAU FRANÇAIS
Approche quantitative
Giret Alain
Il existe peu d'ouvrages synthétiques consacrés à l'hydrologie des fleuves métropolitains dans leur ensemble. Les cours d'eau français font l'objet de mesures hydrométriques depuis le milieu du XIXe siècle et surtout au XXe siècle. Sont ici analysés plus de 2900 jaugeages depuis 1863.
(31.00 euros, 300 p.)
ISBN : 978-2-296-96556-0

IMAGINAIRE (L') DES CARTES
Castoldi Alberto
Dès l'Antiquité jusqu'à nos jours, «l'oeil-monde» s'est attaché à donner forme au monde que nous habitons par le truchement et l'imaginaire des cartes. À côté des cartes scientifiques, on découvre, dans un séduisant voyage, les cartes imaginaires, allégoriques, utopiques, littéraires, virtuelles. (Cartes et illustrations en couleur.)
(Coédition Bergamo University Press Edizioni Sestante, 15.00 euros, 100 p.)
ISBN : 978-2-296-55754-3

L'HARMATTAN ITALIA
Via Degli Artisti 15; 10124 Torino
harmattan.italia@gmail.com

L'HARMATTAN HONGRIE
Könyvesbolt ; Kossuth L. u. 14-16
1053 Budapest

L'HARMATTAN KINSHASA
185, avenue Nyangwe
Commune de Lingwala
Kinshasa, R.D. Congo
(00243) 998697603 ou (00243) 999229662

L'HARMATTAN CONGO
67, av. E. P. Lumumba
Bât. – Congo Pharmacie (Bib. Nat.)
BP2874 Brazzaville
harmattan.congo@yahoo.fr

L'HARMATTAN GUINÉE
Almamya Rue KA 028, en face
du restaurant Le Cèdre
OKB agency BP 3470 Conakry
(00224) 657 20 85 08 / 664 28 91 96
harmattanguinee@yahoo.fr

L'HARMATTAN MALI
Rue 73, Porte 536, Niamakoro,
Cité Unicef, Bamako
Tél. 00 (223) 20205724 / +(223) 76378082
poudiougopaul@yahoo.fr
pp.harmattan@gmail.com

L'HARMATTAN CAMEROUN
TSINGA/FECAFOOT
BP 11486 Yaoundé
699198028/675441949
harmattancam@yahoo.com

L'HARMATTAN CÔTE D'IVOIRE
Résidence Karl / cité des arts
Abidjan-Cocody 03 BP 1588 Abidjan 03
(00225) 05 77 87 31
etien_nda@yahoo.fr

L'HARMATTAN BURKINA
Penou Achille Some
Ouagadougou
(+226) 70 26 88 27

L'HARMATTAN SÉNÉGAL
10 VDN en face Mermoz, après le pont de Fann
BP 45034 Dakar Fann
33 825 98 58 / 33 860 9858
senharmattan@gmail.com / senlibraire@gmail.com
www.harmattansenegal.com

www.ingramcontent.com/pod-product-compliance
Lightning Source LLC
LaVergne TN
LVHW010924061026
849535LV00007B/2222
* 9 7 8 2 3 4 3 1 4 4 5 5 9 *